U0258207

南 山 博 文

中国美术学院博士生论文

广西融水苗族服饰的
文化生态研究

尹 红 著

中国美术学院出版社

南山博文

南山博文

总　序

打造学院精英

当我们讲"打造中国学院的精英"之时，并不是要将学院的艺术青年培养成西方样式的翻版，培养成为少数人服务的文化贵族，培养成对中国的文化现实视而不见、与中国民众以及本土生活相脱节的一类。中国的美术学院的使命就是要重建中国学院的精英性。一个真正的中国学院必须牢牢植根于中国文化的最深处。一个真正的学院精英必须对中国文化具有充分的自觉精神和主体意识。

当今时代，跨文化境域正深刻地叠合而成我们生存的文化背景，工业化、信息化发展深刻地影响着如今的文化生态，城市化进程深刻地提出多种类型和多种关怀指向的文化命题，市场化环境带来文化体制和身份的深刻变革，所有这一切都包裹着新时代新需求的沉甸甸的胎衣，孕育着当代视觉文化的深刻转向。今天美术学院的学科专业结构已经发生变化。从美术学学科内部来讲，传统艺术形态的专业研究方向在持续的文化热潮中，重温深厚宏博的画论和诗学传统，一方面提出重建中国画学与书学的使命方向，另一方面以观看的存疑和诘问来追寻绘画的直观建构的方法，形成思想与艺术的独树一帜的对话体系。与此同时，一些实验形态的艺术以人文批判的情怀涉入现实生活的肌体，显露出更为贴近生活、更为贴近媒体时尚的积极思考，迅疾成长为新的研究方向。我们努力将这些不同的研究方向置入一个人形的结构中，组织成环环相扣、共生互动的整体联系。从整个学院的学科建设来讲，除了回应和引领全球境域中生活时尚的设计艺术学科外，回应和引领城市化进程的建筑艺术学科，回应和引领媒体生活的电影学和广播电视艺术学学科，回应和引领艺术人文研究与传播的艺术学学科都应运而生，组成具有视觉研究特色的人文艺术学科群。将来以总体艺术关怀的基本点，还将涉入戏剧、表演等学科。面对这样众多的学科划分，建立一个通识教育的基础阶段十分重要。这种通识教育不仅要构筑一个由世界性经典文明为中心的普适性教育，还要面对始终环绕着我们的中西对话基本模式、思考"自我文明将如何保存和发展"这样一类基本命题。这种通识教育被寄望来建构一种"自我文化模式"的共同基础，本身就包含了对于强势文明一统天下的颠覆观念，而着力树立复数的今古人文的价值关联体系，完成特定文化人群的文明认同的历史教育，塑造重建文化活力的主体力量，担当起"文化熔炉"的再造使命。

马一浮先生在《对浙江大学生毕业诸生的讲演词》中说："国家生命所系，实系于文化。而文化根本则在思想。从闻见得来的是知识，由自己体究，能将各种知识融会贯通，成立一个体系，名为思想。"孔子所谓的"知"，就是指思想而言。知、言、行，内在的是知，发于外的是言行。所以中国理学强调"格物、致知、诚意、正心、修身、齐家、治国、平天下"的序列及交互的生命义理。整部中国古典教育史反反复复重申的就是这个内圣外王的道理。在柏拉图那里，教育的本质就是"引导心灵转向"。这个引导心灵转向的过程，强调将心灵引向对于个别事物的理念上的超越，使之直面"事物本身"。为此必须引导心灵一步步向上，从低层次渐渐提升上去。在这过程中，提倡心灵远离事物的表象存在，去看真实的东西。从这个意义上讲，教育与学术研究、艺术与哲学的任务是一致的，都是教导人们面向真实，而抵达真实之途正是不断寻求"正确的看"的过程。为此柏拉图强调"综览",通过综览整合的方式达到真。"综览"代表了早期学院精神的古典精髓。

中华文化,源远流长。纵观中国艺术史,不难窥见,开时代之先的均为画家而兼画论家。一方面他们是丹青好手,甚至是世所独绝的一代大师,另一方面,是中国画论得以阐明和传承并代有发展的历史名家,是中国画史和画论的文献主角。他们同是绘画实践与理论的时代高峰的创造者。他们承接和彰显着中国绘画精神艺理相通、生生不息的伟大的通人传统。中国绘画的通人传统使我们有理由在艺术经历分科之学、以培养艺术实践与理论各具所长的专门人才为目标的今天,来重新思考艺术的教育方式及其模式建构的问题。今日分科之学的一个重大弊端就在于将"知识"分类切块,学生被特定的"块"引向不同的"类",不同的专业方向。这种专业方向与社会真正需求者,与马一浮先生所说的"思想者"不能相通。所以,"通"始终是学院的使命。要使其相通,重在艺术的内在精神。中国人将追寻自然的自觉,衍变而成物化的精神,专注于物我一体的艺术境界,可赋予自然以人格化,亦可赋予人格以自然化,从而进一步将在山水自然中安顿自己生命的想法,发显而为"玄对山水"、以山水为美的世界,并始终铸炼着一种内修优先、精神至上的本质。所有这些关于内外能通、襟抱与绘事能通的特质,都使得中国绘画成为中国文人发露情感和胸襟的基本方式,并与文学、史学互为补益、互为彰显而相生相和。这是中国绘画源远流长的伟大的自觉,也是我们重建中国学院的精英性的一个重要起点。

在上述的这个机制设定之中,让我们仍然对某种现成化的系统感到担忧,这种系统有可能与知识的学科划分所显露出来的弊端结构性地联系在一起。如何在这样一个不可回避的学科框架中,有效地解决个性开启与共性需求、人文创意与知识学基础之间的矛盾,就是要不断地从精神上回返早期学院那种师生"同游"的关系。中国文化是强调"心游"的文化。"游"从水从流,一如旌旗的流苏,指不同的东西以原样来相伴相行,并始终保持自己。中国古典书院,历史上的文人雅集,都带着这种"曲水流觞"、与天地同游的心灵沟通的方式。欧洲美术学院有史以来所不断实践着的工作室体制,在经历了包豪斯的工坊系统的改革之后，持续容纳新的内涵，可以寄予希望构成这种"同游"的心灵濡染、个性开启的基本方式，为学子们提高自我的感受能力、亲历艺术家的意义，提供一个较少拘束、持续发展的平台。回返早期学院"同游"的状态，还在于尽可能避免实践类技艺传授中的"风格"定势，使学生在今古人文的理论与实践的研究中，广采博集，发挥艺术的独特心灵智性的作用，改变简单意义上的一味颠覆的草莽形象，建造学院的真正的精英性。

随着经济外向度的不断提高，多种文化互为交叠、互为揳入，我们进入一个前所未有的跨文化的环境。在这样的跨文化境域中，中国文化主体精神的重建和深化尤为重要。这种主体精神不是近代历史上"中西之辩"中的那个"中"。它不是一个简单的地域概念，既包含了中国文化的根源性因素，也包含了近现代史上不断融入中国的世界优秀文化；它也不是一个简单的时间概念，既包含了悠远而伟大的传统，也包含了在社会生活中生生不息地涌现着的文化现实；它亦不是简单的整体论意义上的价值观念，不是那些所谓表意的、线性东方符号式的东西。它是中国人创生新事物之时在根蒂处的智性品质，是那种直面现实、激活历史的创生力量。那么这种根源性在哪里？我想首先在中国文化的典籍之中。我们强调对文化经典的深度阅读，强调对美术原典的深度阅读。潘天寿先生一代在上世纪50年代建立起来的临摹课，正是这样一种有益的原典阅读。我原也不理解这种临摹的方法，直至今日，才慢慢嚼出其中的深义。这种临摹课不仅有利于中国画系的教学，还应当在一定程度上用于更广泛的基础课程。中国文化的根性隐在经典之中，深度阅读经典正是意味着这种根性并不简单而现成地"在"经典之中，而且还在我们当代人对经典的体验与洞察，以及这种洞察与深隐其中的根性相互开启和砥砺的那种情态之中。中国文化主体精神的缺失，并不能简单地归因于经典的失落，而是我们对经典缺少那种充满自信和自省的洞察。

学院的通境不仅仅在于通识基础的课程模式设置。这一基础设置涵盖本民族的经典文明与世界性的经典文明，并以原典导读和通史了解相结合的方式来继承中国的"经史传统"，建构起"自我文化模式"的自觉意识。学院的通境也不仅仅在于学院内部学科专业之间通过一定的结构模式，形成一种环环相扣的链状关系，让学生对于这个结构本身有感觉，由此体味艺术创造与艺术个性之间某些基本的问题，心存一种"格"的意念，抛却先在的定见，在自己所应该"在"的地方来充实而完满地呈现自己。学院的通境也不仅仅在于特色化校园建造和校园山水的濡染。今天，在自然离我们远去的时代，校园山水的意义，是在坚硬致密的学科见识中，在建筑物内的漫游生活中，不断地回望青山，我们在那里朝朝暮暮地与生活的自然会面。学子们正是在这样的远望和自照之中，随师友同游，不断感悟到一个远方的"自己"。学院的通境更在于消解学院的蕃篱，尽可能让"家园"与"江湖"相通，让理论与实践相通，让学院内外的艺术思考努力相通。学院的精英性绝不是家园的贵族化，而是某种学术谱系的精神特性。这种特性有所为有所不为，但并不禁锢。她常常从生活中，从艺术种种的实验形态中吸取养料。她始终支持和赞助具有独立眼光和见解的艺术研究，支持和赞助向未知领域拓展的勇气和努力。她甚至应当拥有一种让艺术的最新思考尽早在教学中得以传播的体制。她本质上是面向大众、面向民间的，但她也始终不渝地背负一种自我铸造的要求，一种精英的责任。

在学院80周年庆典到来之际，我们将近年来学院各学科的部分博士论文收集起来，编辑了这本丛书，题为"南山博文"。丛书中有获得全国优秀博士论文荣誉的论文，有我院率先进行的实践类理论研究博士的论文。论文所涉及的内容范围很广，有历史原典的研究，有方法论的探讨，有文化比较的课题。这套书的出版中满含青年艺术家的努力，凝聚导师辅导的心血，更凸显了一个中国学院塑造自我精英性的决心和独特悠长的精神气息。

谨以此文献给"南山博文"首批丛书的出版，并愿学院诸子：心怀人文志，同游天地间。

许 江
2008年3月8日
于北京新大都宾馆

目 录

引言

　　任何一个民族服饰的形成和发展都会受到地理环境、气候、生产生活方式、宗教信仰、伦理道德等多方面因素的影响。服饰是穿在人身上的史书，是其文化特征显现的载体。尊重、研究和保护民族服饰，就是尊重和保护民族文化的具体方式，也是使民族文化传承的可行方式。

　　在全球化的大背景之下，社会经济、文化转型会使每个民族面临着一场深刻的变革，民族文化不断与当代文化磨合，形成了多元化和同质化的发展趋势。在这种文化的变迁中，许多土生土长的民族文化发生变化，有些正在消失。任何一个民族都无法拒绝全球化的冲击，因为全球化是提高物质生活的必由之路，然而全球化带来的文化同质化会导致民族传统文化的消亡。少数民族地区的传统民族服饰也不可避免"流行趋势"的影响，人们的服饰不断地受到时尚潮流的推动与指引而发生变革。民族服饰作为艺术的一种形态，其变迁规律以及如何生存与发展，需要有深刻的理论思考和实践探究。

　　中国台湾学者黄英峰曾经二十五次进入贵州黔东南地区，收集到二百余个支系的苗族服饰。苗族服饰之所以有如此庞大的支系，是由于长期以来在"不与外接"的封闭状况下，其民族服饰传统文化得以完整保存和不断自我发展。近现代由于社会的发展，原有的封闭状态被打破，一些原始的落后的生产方式被时代淘汰，这也致使建立在这种手工式传统制作工艺基础上的苗族服饰文化在衰退消失。

融水苗族自治县（本文简称融水），是广西最北的的一个苗族自治县，也是全国五个苗族自治县之一，其服饰具有强烈的地域特征，拥有深厚的民族本源文化和艺术基因，从文化生态系统来看，苗族服饰与苗族史诗、苗族歌舞、苗族风俗等共生共存，与剪纸、织锦等其他民艺品物共同构成了苗族艺术的基因库，其独特的艺术形式是不能在民族艺术宝库中缺失它的生存空间的。如果融水苗族服饰文化消失，那么我们则会失去融水苗族服饰文化基因谱系。因此如何在新的动态平衡中寻找到合适的立足点，以保护和传承融水苗族服饰文化，是本文关注的问题。

一、文献综述

（一）研究现状

1. 通过搜索中国期刊网1994年至2009年的期刊，筛选出与苗族服饰相关的期刊论文（附件一）和博硕论文（附件二）。论文分类见图1-2，图1-3，其分析如下（图1-4）：

（1）在宏观方面进入苗族服饰的研究。此类型的论文约占35%。内容涉及苗族服饰的文化内涵、文化特征、历史溯源、历史演变、现状分析、保护开发、传承方式、服装形态、款式花纹、工艺特点、审美价值、形式美感、工艺市场等方面。其中也包括分区域的研究，如贵州、湘西、云南的苗族服饰，不同地区苗族服饰的形制与特征，也有分语言片系的，如三大方言区苗族服饰特点及其成因分析等。论文多采用实地考察、历史文献研究的方法，结合苗族的传说与神话、民族信仰与民俗习惯来分析。

（2）从服饰纹样的角度进入研究。此类型的论文约占15.8%。内容涉及纹样的种类、造型、色彩、构图、寓意、审美（美学特点、美学价值）、文化（文化源流、文化心理、文化蕴含）、艺术价值、哲学诠释、表达手法、语言分析等方面。多从符号学的角度分析纹样的文化内涵。

（3）从苗族刺绣的角度进入研究。此类型的论文约占20%。内容涉及刺绣的造型、色彩、图案、结构、构图、工艺、起源、历史、艺术风格、文化内涵、符号象征、保护传承、开发利用、旅游市场等方面。多从考古学、历史学角度，也有专家从心理学角度分析，如龙叶先《论苗族刺绣传承的文化意义——心理人类学的分析视角》。

（4）从苗族蜡染的角度进入研究。此类型的论文约占

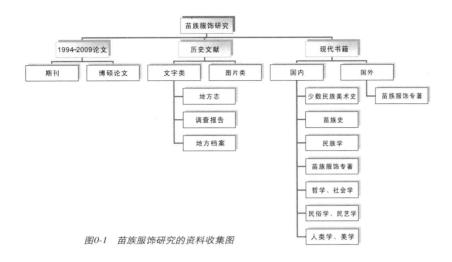

图0-1　苗族服饰研究的资料收集图

图0-2　苗族服饰期刊分类

图0-3　苗族服饰博硕论文分类

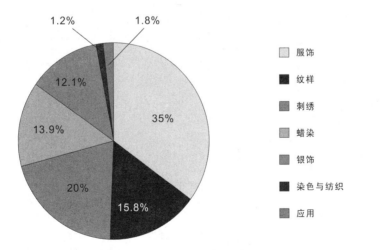

图0-4　苗族服饰研究方向的比例图

13.9%。内容涉及蜡染的原料、工具、工序、文化、起源、历史、巫术意识、艺术特征、现状和保护等方面。运用历史学、民俗学的方法颇多。

（5）从苗族银饰的角度进入研究。此类型的论文约占12.1%。内容涉及银饰的种类、造型、纹样、工艺、历史、文化、功能、审美、传承等方面。

（6）从苗族服饰染色和纺织的角度进入研究。此类型的论文约占1.2%。内容涉及蓝靛染色和纺织机器的研究，属调研报告类型。

（7）从苗族服饰应用的角度进入研究。此类型的论文约占1.8%。涉及苗族服饰的时尚化以及在教学方面的运用。如蜡染工艺在现代教学中的运用，刺绣在纤维艺术中的运用的研究，苗族装饰艺术在室内设计中的研究等。

2．国内苗族服饰书籍研究

（1）20世纪50、60年代对于苗族服饰的研究多以图片纹样数据的收集为主。

如1956年贵州省群众艺术馆编《苗族刺绣图案》（人民美术出版社），此书包括刺绣、挑花、蜡染、编织的纹样，主要是台江、黄平、安顺、炉山、独山、贵阳、威灵、丹寨、镇宁、普定各县的图样，纹样以苗族为主。1956年《贵州少数民族服饰图案选集》（贵州人民出版社），这里收集了一小部分苗、布衣、侗、水等民族的刺绣、蜡染、编织和挑花的实物照片，文字只有几百字的前言和目录，以及每张图片下方寥寥几字的说明，图片为何种类型的装饰。1965年，贵州省群众艺术馆编《贵州少数民族服饰图案选》（上海人民美术出版社）。这些书籍对于苗族服饰的研究仅限于纹样资料的收集和整理。

（2）20世纪80年代对苗族服饰的研究只是围绕苗族服饰这一"物"本身进行的，内容涉及苗族服饰的起源、种类、造型、色彩、图样、工艺、传说、用途等，大多只是情况的说明和资料的堆砌，对苗族服饰的研究缺乏理论上的提升，可以说还是一种较初级的研究。

邵宁的《贵州苗族刺绣》（人民美术出版社1982年版），书中大量的图片，包括台江、凯里、雷山、黄平、剑河、贞丰、安龙、贵阳、普定、大方等市、县的图片，还有一些专题性小论文，如马正荣的《贵州苗族刺绣艺术》对苗绣的色彩、图样、工艺进行了一定深度的探讨，陈默溪的《苗乡掠影》对苗族吃新年、过苗年、吃鼓藏、爬坡节、龙船节、姊妹节等风俗进行了描绘，稽信群的《贵州苗族的习俗及其刺绣》直接描述了苗族的跳月、坐家、苗年、四月八、吃鼓藏的风俗和刺绣中"水爬虫"、"泥鳅"的传说，蒋志伊的《玲珑精美的苗族银饰》对银饰的造型花纹、用途和工艺作了简略的描述，詹慧娟的《贵州苗族龙船节见闻》则是游记式的描述。

1983年，汪禄收集整理的《苗族侗族服饰图案》（四川人民出版社），书中包含一些衣袖、围腰、背带、花鞋、枕巾装饰图案图片。1985年，民族文化宫编《中国苗族服饰》（民族出版社）把苗族服饰分为黔西型、黔东型、川黔型、黔中南型和海南型五种类型进行图文解说。1994年，龙光茂的《中国苗族服饰文化》（外文出版社），该书在苗族服饰的历史渊源及其演变，服饰的种类，服饰部件和式样以及图案在苗族服饰上的运用等方面进行了研究。

20世纪90年代以后，苗族服饰的专题研究更加系统和深入，在田野调研的基础上运用历史学、人类学、社会学、美学等学科进行交叉研究。

1995年，王伯敏主编1995年的《中国少数民族美术史》（第四编）第四十五章从历史学的角度谈到苗族的工艺美术：蜡染、织锦、刺绣及苗族的服装。1996年，李廷贵、张山、周光大主编的《苗族历史与文化》（中央民族大学出版社）第六章苗族的服饰艺术，谈到了苗族的衣裙款式，刺绣、挑花、织锦及蜡染，银饰，主要按方言来分别描述。

笔者认为杨鹍国的《苗族服饰——符号与象征》（贵州人民出版社1997年）和杨正文的《苗族服饰文化》（贵州民族出版社1998年版），是90年代苗族服饰研究的典范，作者的研究基于长期的田野调查，前者从苗族服饰的制作、历史、苗族服饰与人生和社会、苗族服饰的文化内涵、苗族服饰的主题纹样的含意阐释、就其精神特性全面而系统地进行分析；后者从苗装的历史、苗族支系与分布、服饰类型与风格、纹饰造型、苗族服饰的人类学分析以及苗族服饰的美学分析上进行了阐述。两本专著体系较为完善。

以图片为主的书籍记录了当时苗族服饰的状态。如吴仕忠《中国苗族服饰图志》（贵州人民出版社2000年版），刘太安主编《中国雷山苗族服饰》（民族出版社2004年版），宛志贤主编《苗族盛装》、《苗族银饰》、《苗族剪纸》、《苗族织锦》（贵州民族出版社2004年版），潘映熹编著《民间服饰（上）——中国民间美术鉴赏》（江西美术出版社2006年版）。《中国贵州民族民间美术全集·银饰》（贵州人民出版社2007年版），杨帆《雷山银饰》（湖南美术出版社1999年版），与众不同之处在于对银饰制作工艺步骤的图片记录。

具有一定研究深度的，如孙和林著《西部民俗艺术云南省银饰》（云南人民出版社2001年版）谈到了银饰简史、云南银饰分类和银饰收藏的一般知识。杨正文《鸟纹羽衣：苗族服饰及制作技艺考察——人文中华》（四川人民出版社2003年版）谈及《百苗图》、现代苗族的支系及其分布、苗族蜡染刺绣、手工艺人、银匠村以及传统技艺的衰落与文化多样性保护问题。从历史的角度进入谈到现代文化的多样性，时空感较强。田鲁著《艺苑奇葩——苗族刺绣艺术解读》（合肥工业大学出版社2006年版）研究的角度是立足于苗族刺绣的民族文化背景，结合苗族刺绣的生存环境和生存状态，认为其各种艺术形式的形成与苗族的生活方式、伦理道德、风俗习惯、宗教信仰、地域环境有关。

还有一些著作是与非物质文化遗产保护相关的。如张建世、杨正文、杨嘉铭著《西南少数民族民间工艺文化资源保护研究》（四川民族出版社2005年版）以调查报告的形式介绍了贵州省台江县施洞苗族衣饰技艺、贵州省凯里市民族服饰交易市场的形成与发展、滇南苗族服饰的市场化与传统工艺变迁的趋势、黔东南苗族传统服饰市场化状况调查等等。冯骥才主编《中国民间美术遗产普查集成·贵州卷》（华夏出版社2007年版）上册有大量的刺绣织锦类、蜡染类、服装类、银饰类的图片。有尺码标识、时代标注。梁汉昌摄《没有围墙的民族博物馆（广西隆林）》（接力出版社2007年版）图片与民俗史料结合，谈到隆林的苗族服饰及其工艺等。胡萍、蔡清万编著《武陵地区非物质文化遗产及其文献集成》（民族出版社2008年版）谈到苗族服饰与银饰锻制技艺以及印染工艺等。

（3）广西数据的搜寻，关于融水苗族服饰的数据颇少，且研究深度不够。

如吴承德、贾晔主编《南方山居少数民族现代化探索——融水苗族发展研究》（广西民族出版社1993年版）主要从民族学、经济学的角度剖析了融水苗族发展中面临的各种重大社会经济问题，其中也提到了融水苗族服饰的支系分布、制作工艺、纹样含意等。张永发主编《中国苗族服饰研究》（民族出版社2004年版）论文集中《苗族服饰美术习得与民族认同》涉及融水苗族。韦茂繁等著《苗族文化的变迁图像：广西融水雨卜村调查研究》（民族出版社2007年版），谈到融水苗族服饰的日常着装、盛装、舞台装和红白喜事的着装等。《融水苗族自治县概况》（广西民族出版社1986年版）属于县志类型，提到了苗族的衣食住行与婚丧仪式，这些书籍行文以描绘手法为主，缺乏研究深度。

3. 国外苗族服饰研究现状

国外的研究偏重贵州的刺绣、纺织的工艺技术，其研究的深度不如国内，可作为一定的参考。如: *Butterfly Mother: Miao (Hmong) Creation Epics from Guizhou, China.*作者:Grayson, James H.1来源:Folklore; Aug2008, Vol. 119 Issue 2, p233-249, 17p，论文主要研究贵州苗族的蝴蝶妈妈纹样。*Costume art of the Hmong people.*作者:Courtenay, P.P.来源:Craft Arts International; 1996 Issue 36, p100，文章主要介绍了苗族服饰艺术，以图片展示为主。*Tomoko Torimaru : One Needle, One Thread: Miao (Hmong) embroidery and fabric piecework from Guizhou, China*，University of Hawaii Art Gallery; 1st edition (September 1, 2008)该书籍主要是研究贵州的苗族刺绣工艺。*Sadae Torimaru : Spiritual Fabric: 20 Years of Textile Research among the Miao People of Guizhou, China*，The Nishinippon Newspaper Co. (May 30, 2006)该书籍主要研究贵州苗族的纺织品。*Ruth Smith: Miao Embroidery from South West China: Textiles from the Gina Corrigan Collection*，Occidor Ltd (February 1, 2005)该书籍主要研究西南苗族的刺绣。*Gina Corrigan: Miao Textiles from China*，Univ of Washington Pr (2001)该书籍主要研究中国苗族纺织品。

4．苗族服饰的研究发展动向

其一，从论文的分类上看，苗族服饰研究多以整体性、宏观性的研究为主，刺绣是研究的热点，其次是纹样、蜡染、银饰的研究，应用类型的较少。

其二，苗族服饰的研究从资料的收集整理上升到系统的理论研究。研究的范畴从物质文化研究到非物质文化研究。研究的方法从单一学科研究到多学科交叉研究。

（二）苗族服饰研究的学术前沿

1．研究对象微观化和研究方向的多样化发展。从以往的研究来看，苗族服饰以宏观研究居多，对其各支系服饰的系统而全面的梳理少之甚少。苗族服饰的支系繁多，地域分布于八个省份，不同支系存在着地域差异、生活习俗的差异、服饰各不相同，表现出多彩多姿的状态，这些支系从学术的角度来看都值得调查和研究。另外，苗族各支系之间服饰的原生态承继性，服饰之间的相互影响、涵化现象等方向更是少有人去研究，这也是研究方向的突破口。

2．从非物质文化遗产的研究角度进行，苗族服饰元素在现代设计的活化问题。在过去的苗族服饰的研究中，基本上都是从民俗学或民族学的角度来分析服饰的物质文化，近年来对苗族服饰的研究开始转入非物质文化领域，逐步采用多学科综合交叉的研究方法，在研究的深度上仍然有很大的空间可以挖掘，特别是在开发区域性苗族服饰及现代设计的应用方面还有大量的空白可以填补。

3. 进一步加强对区域性苗族服饰历史流变的研究。我国服饰史的研究基本都是集中在主流社会服饰的演变，而对少数民族服饰历史的发展与变迁的研究，由于史料的难寻而加大了研究的难度。通过研究少数民族服饰的流变，更进一步认识其民族精神和文化观念的变革，更有利于促进民族文化的保护、传承和创新、发展，从而更好地把握其服饰的时尚演变，对服饰的开发提供理论依据。因此，要想将民族的元素活化于当代的设计，研究民族服饰的历史流变也是必不可少的。从历史学角度去研究少数民族服饰，也是一个难得的角度。

二、选题意义

理论意义：苗族学科百年历史，在社会、历史、民俗和文化的田野调查，以及专题性、微观性的学术研究根基扎实，研究成果主要集中在贵州、湖南、云南等省，广西对苗族的研究相比而言稍显弱势。广西融水的苗族服饰属于苗族服饰里一个重要支系，本论文立足于广西融水苗族服饰的研究，以加强广西苗族服饰研究的学术力度。

从文化生态学的角度方面来探讨融水苗族服饰，是一个值得重视的视角。在整个历史发展的长河中，服饰是一面镜子，折射出文化变迁的方方面面，苗族服饰，包含有文化性、艺术性、技术性、民族性等多重属性，是苗族的生活方式、宗教信仰、风土人情、审美意识等方面的集中反映，其产生、发展和演变与该地域的自然环境特点，时代的生产力水平，特定时期的经济、政治、文化、政策等因素密切相关。因此，从文化生态学这个角度对苗族服饰进行系统的分析和整理，理清服饰与各种经济、文化现象的关系，就可以对其整个服饰的发展及其未来的变迁趋势更好地把握。

现实意义：在中国，随着全球经济政治一体化步伐的加快，各种物质和非物质文化遗产遭到破坏，各民族文化多样化、文化生态受到严重威胁，融水的苗族服饰男装处于消失状态，女装也将面临这样的困境，融水苗族服饰的保护、传承、开发、利用的问题迫在眉睫。因此，在民族服装日益受到全球化冲击的背景下，从具体地域的具体问题入手，通过实地调研和情况分析研究，站在历史学的宏观视野看待事物的历史演变和未来的发展动向，为具体的地域提出具体问题的解决方法。以小见大，就可以为政府部门制定民族政策、开展文化工作（如非物质文化遗产保护）以及民族旅游产品开发等提供借鉴和参考，为我国少数民族文化的保护和开发提供具体的可实施性方案。

三、论文的创新点

（一）研究角度的创新

在已有的文献中，从服装形态、款式花纹、工艺特点、文化内涵、文化特征、历史溯源、历史演变、现状分析、保护开发、传承方式、审美价值、形式美感、工艺市场等研究角度进入的很多，从文化生态学的角度来认识苗族服饰的甚少，这是本文的创新点之一。

文化生态学是一门新兴的交叉学科，其研究方法是将生态学的理论方法和系统论的思想应用于文化学的研究领域，研究文化的生成、发展与环境（包括自然环境、社会环境、文化环境）的关系。本论文旨在通过调研来构建一个融水苗族服饰的文化生态系统，研究其文化的生成、发展与环境的关系，并以此作为基础，提出相应的措施来维持其文化生态的动态平衡，达到保护和开发融水苗族服饰的目的。

（二）应用领域的创新

在民间艺术领域里，也有专家学者运用文化生态学的理论和方法进行文化的研究。如唐家路的《民间艺术的文化生态研究》[1]，作者运用文化生态学的研究方法对我国民间艺术进行综合、系统的分析和研究，从民间文化的生长环境来分析民间艺术的发生、发展及存在状态。还有学者研究具体的民艺品物与其生存环境的关系，如何红一的《我国南方民间剪纸的文化生态环境》[2]等，对笔者启发颇大。因此，笔者将其理论方法引入特定地域的苗族服饰的研究，拓宽文化生态学研究的应用领域，这是本文的创新点之二。

四、研究方法

（一）个案研究法

这是一种将注意力集中在社会现象的一个或几个案例上，以对某种社会现象的例子进行深度检验的方法，是当今人文社会科学研究的常用方法之一。一般而言，个案研究的主要目的经常是描述性的，"特定个案的深入研究也可以提供解释性的洞见"。[3]个案研究在当代"文化研究"中具有很重要的地位，中国人民大学的金元浦先生认为：国内的文化研究需要从两个方面加以突破，这就是深刻的逻辑的形而上理论思辨和直面现实的细致具体的"个案"研究。[4]笔者认为个人能力尚不足以驾驭宏大素材，且国内从微观角度进行细致研究的个案研究较少，故以此作为本研究的出发点，以微观洞察宏观，以特殊阐释普遍。

选择杆洞村的杆洞屯作为笔者论文田野调查的重点个案对象的理由有四：

首先，杆洞屯属于中等大小的村落（见图1-1），村寨布局和其他苗族村落相似，主要以林业为主，农业、副业也都有一定的发展；其次，杆洞屯的日常型苗装的造型与融水很多地域的颇为相似，在融水，笔者走访过香粉乡的雨卜村，安陲乡的吉曼村，拱洞乡的培基、高武村，这些村寨的苗装在款型和装饰上都颇为相似。再次，杆洞乡是融水县最边远的一个乡镇，2007年才通油路，之前交通不便，因此苗族文化原生态在融水保存得最好。最后，杆洞屯苗族的盛装是融水最美丽的，并以百鸟衣出名，屯上有明代的百鸟衣盛装，百年的百鸟衣，解放前的苗装等，这是融水很多村寨所不及的。以上四个条件，确保笔者选择的调查地点既具有一般性，又具有典型性。

（二）文献法

本文研究的纵向文化视野则是一项历史研究，"研究历史可以把过去的考古遗迹和最早的记载作为起点，推向后世，同样也可以把现状作为活的历史，来追溯过去。两种方法互为补充，并需同时使用。"[5]故具体的研究方法是采用文献法。史学研究最为重要的是"正史"研究，笔者力图从"正史"中找寻苗族服饰的资料来源，但鉴于我国历史上修史传统中的汉族中心主义和政治中心主义情结等缺陷，要想从"正史"中去了解苗族服饰的历史发展较为困难，故本研究也大量采用了方志、档案和笔记小说中的相关记载。这些材料，往往保留有大量地方人口构成、族群来源、文化变迁等方面的原始材料，还需要比较和鉴别，对于研究文化传播和文化变迁具有重要的价值和意义。本论文不可避免地采用了相关领域专家的研究成果和观点，所有这些在本文中一一加以注明。

（三）田野调研法

笔者的研究不仅仅只是从书本到书本，更多的则是到生活实践中去，亲眼观察人和事物，亲身体验社会的发展。从杆洞屯的苗族服饰实地调研出发，运用田野调研"从实求知"[6]的方法，从田野获取一手资料，进行研究来验证理论。笔者深入到融水各村屯中，与农民同吃同住，通过观察、访问、问卷等方式，对相关事实材料进行客观的收集、拍摄、考察、整理、分析，从而了解研究对象的真实情况，为研究提供翔实、客观的材料。

（四）比较法

通过观察、对比、分析，研究对象的相同点和不同点，找寻事物发生、发展的本质。本文一是通过实地调研的融水苗族服饰与不同支系苗族服饰之间的比较，二是通过融水苗族服饰与不同历史发展时期的汉族服饰比较，三是通过苗族服饰与不同历史发展阶段的苗族服饰比较，四是通过苗族服饰与周边瑶族、侗族服饰比较等等，通过服装形貌的比较，分析其文化生态的相互关系，来寻求融水苗族服饰的发生发展的本质所在。

五、概念思辨：文化生态

文化，从广义上理解，是指人类社会历史实践过程中所创造的物质财富和精神财富的总和。狭义的理解则是指社会的意识形态，包括哲学、思想、文学艺术、道德和宗教、风土人情、传统习俗、生活方式、行为规范、思维方式、价值观念等意识形态现象。一般来说我们把文化分为物质文化和精神文化，物质文化指满足衣食住行需要的物质生产，包括经济和科技，精神文化包括哲学、宗教、伦理、文学、艺术等。文化是一种社会现象，也是一种历史现象。每一个社会都有与之相适应的文化，并且随着社会的发展而发展。

在古汉语中，"文"指文字、文采、文章、法律条文等。"化"即"教化"、"教行"。最早合用"文化"二字的是西汉文学家刘向(公元前77—公元前6年)。他在《说苑·指武》中谈到："圣人之治天下，先文德而后武力。凡武不兴，为不服也，文化不改，然后加诛。"由此可见，中国古代的"文化"一词一般用来指精神文化。到近代，我国著名学者蔡元培、梁启超、梁漱溟等对文化的意义进行了新的阐述。蔡元培说："文化是人生发展的状况。"[7] 梁启超认为："文化者，人类心能所开释出来之有价值的共业也。""文化是包含人类物质精神两面的业种业果而言。"[8] 梁漱溟认为："文化，就是吾人生活所依靠之一切。"[9] 从中可以看出文化是人类社会实践活动的结果。

在西方，文化的英语Culture一词来源于拉丁文Cultura，是"耕种"、"栽培"的意思。国外学者对文化的定义，如英国的人类学早期创始人E. B. 泰勒于1865年在他的《文明之早期历史与发展研究》一书中对"文化"的定义为："以广泛的民族志意义而言，……文化或文明乃一复杂之整体，包括知识、信仰、艺术、道德、法律、风俗及作为社会成员之个人而获得的任何能力与习惯。"[10]，反映了文化走向综合的趋势。

美国文化人类学家A. L. 克罗伯和K. 科拉克洪在1952年发表的《文化：一个概念定义的考评》中对文化下了一个定义："文化存在于各种内隐的和外显的模式之中，借助符号的运用得以学习与传播，并构成人类群体的特殊成就，这些成就包括他们制造物品的各种具体式样，文化的基本要素是传统（通过历史衍生和由选择得到的）思想观念和价值，其中尤以价值观最为重要。"[11]克罗伯和科拉克洪的文化定义颇受现代西方许多学者的认可。

无论我们如何界定文化，自古以来，文化都不属于个人，而是属于整个人类。文化具有一定的民族性、历史性和社会性。

最早提出"生态"一词为"OKOLOGIE"（德文），此概念是1869年德国生物学家E. 海克尔（1834-1919）在其所著的《普通生物形态学》一书中首先提出来的。[12] 生态可以简单地理解为一切生物的生存状态，以及它们之间和它与环境之间一种链的关系。

文化生态的概念源于文化生态学。美国文化人类学家朱利安·斯图尔德（1902－1972）于1955年在其理论著作《文化变化理论：多线性变革的方法》[13]中首次明确提出"文化生态学"的观点。早在20世纪20年代，斯图尔德认为生态学在人类学中是具有重要价值和重要地位的，1955年，他提出"文化生态学"的概念，并倡导成立专门的学科，去研究不同地域特色的文化。斯图尔德认为环境与文化不可分离，环境与文化之间存在着相互影响、相互作用、互为因果的关系。他的研究侧重分析环境对文化的影响，他认为具体的文化形式是对具体的生态环境适应的结果，而文化进程则是文化对生态环境的"适应"过程。

文化生态学的基础理论就是环境适应论，其研究方法则是把各种文化看做是自然生态中的各种生物体一般，都有其存在的位置，相互制约形成一条链状结构，并保持生态平衡，如果生态环境遭到破坏，文化物种的生存也要受到威胁。文化生态学运用这样的观念和方法来研究人类文化的产生、发展和变迁。

斯图尔德的早期文化生态学提倡采用生态学的观点来观察和研究人类文化的理论，为人类文化的研究提供了新的视角和新的方法，促进了自然学科和社会学科的交叉性研究。然而早期文化生态学在理论上也存在着不足，它认为环境与文化的相互影响和相互作用，但它强调自然环境起到最重要的作用，此时忽视了人对环境的影响。因此，早期的文化生态学的研究体系还是不够完善的。

文化生态学在20世纪80年代以后越来越成熟和完善，逐渐发展为一门独立的学科。主要表现为：其一，文化生态中环境概念随着时代的发展被扩大化。在早期的文化生态学中环境的概念仅仅是指自然环境，而在20世纪80年代以后，文化生态学逐步把环境的概念扩大为自然环境、社会环境及媒体环境（电视、数字广播、电脑、网络和移动通信等），环境概念的扩大化，使文化的研究的视域更为广阔。其二，从文化与环境二者之间的互动去研究文化。早期的文化生态学研究的缺陷就是只强调自然环境对文化的影响，而80年代之后，发展为不仅强调环境对文化的作用，而且也强调文化对环境的影响，这样的方法比原来更为辩证、客观和科学。如美国加利福尼亚大学伯克利分校教授卡尔·奥特温·苏尔（Carl Ortwin Sauer）发表了《景观的形态》（*Morphology of Landscape*）和《历史地理学序言》（*Foreword to Historical Geography*）等，其研究侧重点在于文化景观与生态环境的互动关系以及人类对自然环境的改造问题。其三，系统论被纳入文化生态学领域。系统是由一些相互联系、相互制约的若干要素以一定的结构形式结合而成的，并与环境发生关系的具有特定功能的一个有机整体。完备的系统要具备要素、结构、环境、功能这四个条件。从认识事物的方法和研究体系上看，系统论是客观地反映科学规律的理论，因此将系统论运用到文化生态学领域也是科学的方法。其四，文化生态研究的学科领域扩大化。文化生态学从人类学扩大到多学科领域。如教育学、工程学、社会学、民艺学、传播学、经济学等学科的学者借鉴文化生态学的学科理论和方法，进行交叉学科研究的探索，使文化生态学的研究越来越完善，使文化生态学从一种具体的文化研究理论发展为一门独立的学科。

在我国，文化生态学的研究还处于初级阶段，很多学者对这一概念进行了辨析。有学者强调文化生态中各文化之间的相互关系。如孙卫卫认为："文化生态应是指一定时期一定社会文化大系统内部各种具体文化样态之间相互影响、相互作用、相互制约的方式和状态。"[14] 管宁认为："所谓文化生态，是指就某一区域范围中，受某种文化特质（这种文化特质是在特定的地理环境和历史传统及其发展进程中形成）的影响，文化的诸要素之间相互关联、相互作用所呈现出的具有明显地域性特征的现实人文状况。"[15]

有学者强调文化生态中文化与其生态环境的相互关系。柴毅龙认为文化生态是"指精神文化与外部环境（自然环境、社会环境、文化环境）以及精神文化内部各种价值体系之间的生态关系"。[16] 冯天瑜强调："文化生态是由多种多元的文化要素组成的。任何一种文化都是一个动态的生命体，都有自己的特质。无数个不同品种、不同特质的文化个体共同组成一个相互联系、相互作用的文化生态系统。"[17] 冯天瑜强调文化生态由自然场与社会场交织而成。"自然场"指人的生存与发展所附丽的自然环境（又称地理环境），"社会场"指人在生存与发展过程中结成的相互关系，分为经济层与社会层。[18] 还有学者把文化生态看做是"与自然生态相对应的概念"，强调文化的生态性，"认为文化本身也是一个生态组织系统。每一种文化是一个独立的生命体，各种文化在整个文化系统中形成不同的文化群落，通过文化链，相互影响、相互作用、相互制约，以达到文化的均衡发展"。[19] 高建明认为："所谓文化生态是借用生态学的方法研究文化的一个概念，是关于文化性质、存在状态的一个概念，表征的是文化如同生命体一样也具有生态特征，文化体系作为类似于生态系统中的一个体系而存在。"[20] 戢斗勇认为"文化生态的概念指的是文化存在和发展的环境和状态"。[21]

也有学者认为文化生态是由历时性因素和共时性因素形成的一种立体的网状的结构。如魏美仙指出："任何一种文化都同时处于共时历时两种生态关系的构成中，对于一种民族文化来说，历时性的方面是绝对的，共时性的因素是相对的，共时性生态因素随时都可能被卷入历时性生态中，成为影响民族文化发展链条的一环扣。"[22]

鉴于众多学者对文化生态理解的基础，笔者认为文化生态就是由文化历时性因素和共时性因素形成的一种动态的网状结构。在这个结构中，每个文化节点内部以及每个文化节点与环境（自然环境、社会环境、文化环境）发生着生态关系，这种生态关系是相互影响、相互制约环环相扣的，维护着整个文化生态的动态平衡。因此本文所研究的广西融水苗族文化生态，就是以这样的概念来建构的。

六、论文结构图

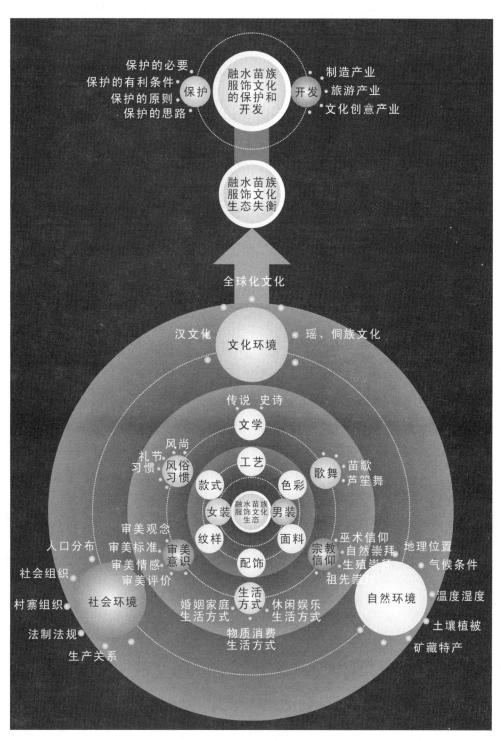

图0-5　论文结构图

注　释

1. 唐家路:《民间艺术的文化生态研究》,《山东社会科学》,2005 年第 11 期,第 28—31 页。
2. 何红一:《我国南方民间剪纸的文化生态环境》,《中南民族大学学报 (人文社会科学版)》,2004 年第 6 期,第 48—53 页。
3. [美] 艾尔·巴比著,邱泽奇译:《社会研究方法》(第 10 版),北京:华夏出版社,2005 年版,第 286 页。
4. 参见金元浦主编:《文化研究:理论与实践》,开封:河南大学出版社,2004 年版,第 15—16 页。
5. 费孝通编:《费孝通论文化与文化自觉》,北京:群言出版社,2007 年版,第 252 页。
6. 费孝通编:《费孝通论文化与文化自觉》,北京:群言出版社,2007 年版,第 354—355 页。
7. 蔡元培著:《蔡元培美学文选》,北京:北京大学出版社,1963 年版,第 113 页。
8. 夷夏编:《梁启超讲演集》,石家庄:河北人民出版社,2004 年版,第 209 页。
9. 梁漱溟著:《中国文化要义》,上海:学林出版社,2000 年版,第 1 页。
10. 转引自许平著:《造物之门》,西安:陕西人民美术出版社,1998 年版,第 283 页。
11. 赵利生著:《民族社会学》,北京:民族出版社,2003 年版,第 117 页。
12. 李素芹、苍大强、李宏编著:《工业生态学》,北京:冶金工业出版社,2007 年版,第 21 页。
13. Steward,J.H,*Theory of Culture Change:The Methodology of Multilinear Evolution*,Illinois University Press,1955.[美] 史徒华(即斯图尔德)著,张恭启译《文化变迁的理论》,中国台湾:远流出版事业股份有限公司,1989 年版。
14. 孙卫卫:《文化生态——文化哲学研究的新视野》,《江南社会学院学报》,2004 年版,第 59 页。
15. 管宁:《文化生态与现代文化理念之培育》,《教育评论》,2003 年第 3 期,第 8 页。
16. 柴毅龙:《生态文化与文化生态》,《昆明师范高等专科学校学报》,2003 年第 2 期,第 3 页。
17. 吴圣刚:《中原文化生态研究纲要》,《安阳师范学院学报》,2004 年第 4 期,第 135 页。
18. 冯天瑜:《中国文化:生态与特质》,《中国文化研究》1994 年第 5 期,第 17 页。
19. 韩振丽:《文化生态的哲学探析》,新疆大学硕士论文 2008 年版,第 5 页。
20. 高建明:《论生态文化与文化生态》,《系统辩证学学报》,2005 年版,第 83 页。
21. 戢斗勇:《文化生态学论纲》《佛山科学技术学院学报 (社会科学版)》,2004 年版,第 1 页。
22. 魏美仙:《文化生态:民族文化传承研究的一个视角》,《学术探索》,2002 年版,第 107 页。

第一章

广西融水苗族服饰的生成环境

特定的人群，在他们长期生活的特定区域内，一定会创造出一种适应环境的文化。在这个特定的地域空间中，人、文化和环境共同构成了该地域文化生态系统。融水的苗族，从宋代进入大苗山后在这块土地上生活了几百年，经过几百年的传承发展，形成了富有特色的民族传统文化。在这个特有的生存空间里形成的民族文化也正是苗族服饰传承和发展的土壤，因此，研究融水的苗族服饰，笔者先从它的生成环境的调研开始。

融水的苗族多数自称为"dabmub"，因为衣服以黑色为主调，也称为"黑苗"。苗族是融水人口最多的民族，与壮、汉、瑶、侗、水等族杂处，主要以成片聚居的方式生活，大多居住在境内的中部、东部和北部边远山区，主要分布在县境内十四个乡镇，以白云、红水、拱洞、大年、良寨、杆洞、洞头、安太、香粉、安陲、四荣为最多。融水的苗装，几乎各个苗寨中都有，只要是苗族的女性，在苗寨里每逢节日都喜欢穿着出来。融水的苗装，杆洞屯是保持民族特色最浓厚、最原生态的地方之一。本论文是通过实地调查杆洞屯的苗族服饰，站在史学的视野，运用比较的研究方法，通过对个案的分析和考察，力求找寻融水苗族服饰文化生态变迁的原因，为民族服饰的传承、保护、开发和设计提供可借鉴的理论依据。

"一个地域的自然状况、物质资源、气候特征，与因此形成的人们的基本生活方式、生存状况、经济关系以及所产生的生命意识、宗教信仰、文化习俗等，则是该地区民族艺术产生的必然条件与生态环境。"[1]艺术源于自然,自然因素通过对人及其生存环境的限制,影响着人们的审美观念以及人们对艺术形式和内容的追求。同样,在苗族服饰的创作、使用过程中,社会的经济政治生活、宗教信仰心理、道德伦理观念等因素,都对苗族服饰的功能、形式、内容、风格产生深刻的影响。因此,生存环境的研究是必不可少的。

一、地理沿革与自然环境

融水苗族自治县地处广西壮族自治区桂东北,柳州市北部,云贵高原苗岭山地向东延伸部分。东邻融安县,南连柳城县,西与环江县,西南与罗成县接壤,北与贵州省从江县,东北与三江县毗邻。县城融水镇位于东经109°14′,北纬25°04′,距自治区首府南宁市(公路)380公里。[2]融水,在春秋战国时期属百越之地,汉至南北朝刘宋时期为潭中县。南齐建元三年(481年)置齐熙县,兼置齐熙郡。南梁大同元年(535年)设东宁州,隋改齐熙县为义熙县,改东宁州为融州,州、郡、县治地均在今融水镇。唐武德六年(623年)改义熙县为融水县,五代十国沿袭。北宋崇宁初置清远军节度。大观元年置黔南路,帅府设于融水。元设融州路,后复为融州。明洪武十年,降融州为融县,清朝融县名称不变,属柳州府。民国时期仍称融县,先后隶属柳州府(1912年)、柳江道(1913年)、柳江区行政监察委员会(1926年)、柳州民团区(1930年)、柳州行政监督区(1934年)、柳州第四行政区(1940年)、柳州第二行政区(1942年)、柳州第十五行政区(1949年)。中华人民共和国成立初期,1949年至1952年7月,融县隶属柳州专区。此间,1951年7月,融县人民政府从融水镇迁至长安镇,于次年9月成立融安县;1952年11月,以原融县中区为主,先后从罗城县、融安县、三江县和贵州省的从江县各划出一部分地区,成立了大苗山苗族自治区(县级),属宜山专区;1955年,大苗山苗族自治区更名为"大苗山苗族自治县",至1958年改属柳州地区;1966年,大苗山苗族自治县改名为"融水苗族自治县",至2002年12月改属柳州市至今。

融水是个山城,山地占全县总面积的85.5%,海拔也比较高,一般为500-1500米,最高处达到海拔2000多米,水资源很丰富,溪河交错,大小河道二十余条。全县属于中亚热带季风气候,气候温和,雨量充沛。年平均气温16-19℃。优越的自然环境对动植物的生长、繁衍提供了有利的条件,历史上以优质高产杉木而著称全国,被誉为"杉木之乡"。当地有句俗语："死在融水。"意为融水的棺木非常出名。融水自然旅游资源丰富，山峦起伏，洞奇石美，位于苗山腹地的广西第三峰——元宝山，古木参天；风景秀丽的贝江，江水清澈见底，碧如玉带，两岸茂林修竹，木楼掩映，令人心旷神怡，流连忘返。元宝山——贝江在1987年被列为广西壮族自治区风景区，每年吸引众多游人。（如图1-1）如此优美的自然环境，为苗族服饰的创造提供了参考素材。如服饰中的蓝绿色飘带，如碧绿的江水青幽幽，服饰中的花鸟鱼蝶，体现出自然生命的和谐与活力。

笔者重点调查的是杆洞乡杆洞村杆洞屯。杆洞乡位于融水县的北部山区，距离县城144公里，距离城市较远，交通不便，因而受全球化和现代化冲击较小，较好地保持了原生态。该乡位于摩天岭的北麓，其东、西、北面与贵州省从江县接壤，与贵州有123公里的交界里程。全乡总面积为294平方公里，耕地面积为2306亩，人均有田0.48亩，水田面积1796亩，有林面积为7005亩，居住地平均海拔为750米，气候属于亚热

图1-1 美丽的贝江
（图片来源于融水文体局）

带季风气候，最高温度35.8℃，最低温度为-9℃，年平均气温14℃，无霜期为276天，雨量集中在5、6、7、8月。

马蓝一般生长在海拔400—600m，喜欢温暖潮湿、阳光充足的气候环境，适宜在水资源丰富、土壤深厚、土质肥沃的地方生长，水源清澈无污染的山区特别适合马蓝的种植与蓝靛的生产。因此，杆洞乡这样的自然环境，温度、湿度和雨量，非常适合天然染料植物马蓝的生长，为苗族的亮布制作提供了源源不断的染料。

杆洞乡是贫困县中的贫困乡，2004年，全乡农民人均有粮和人均纯收入都低于国家划定的温饱线，经济状况与地理地形、交通不便密不可分。2007年杆洞乡才修好油路，之前从县里到乡上坐车要十个小时，据杆洞屯的杨书记描述，1998年，广西大学有老师带着一批学生进来做社会调研，走了十几个小时的路。现在油路修好后，车程也要五个半小时到县城。144

图1-2 杆洞乡的生产活动和村寨组织（照片来源于笔者实地拍摄）

公里，需要将近六个小时的车程，可见山路的崎岖盘旋。地理位置、地貌地形虽然造成了杆洞屯与外界交流不便和经济贫困，但从另一方面来说，这样的自然环境才有利于保留苗族服饰原生态的特性。因此，在融水县大部分地区亮布都处于消失的状态下，杆洞屯仍然有两位老人（2009年10月调研）在制作亮布。

杆洞乡主要种植的林木以杉木、松木、竹子、柴木为主；旱地以种植喂猪的红薯玉米为主，水田以种植大米和糯米为主。苗族本来也是游耕民族，在进入广西以后，受到相邻的侗族、壮族的影响，在低山丘陵地区发展了稻作农业。"苗人依借山坡走势修筑梯田，种植水稻，大部分苗区以种植糯谷和粳谷为主，清明时节播种，端午插秧，重阳收割，一年一熟，亩产300－400公斤。"[3] 由于杆洞屯海拔高，寒冷的时间比较长，水田基本上是冷水田，每年只能种一季，耕作形式较原始，产量低，粮食难以自给。（如图1-2）家庭主要经济收入依靠劳务输出为主。在农家，主要的食物还是以糯米为主，喜欢酿制糯米酒。地理环境、自然气候影响当地的收成，杆洞乡的菜很贵，很多蔬菜要从外面运输过来。在杆洞乡，过去家家户户种蓝靛，种棉花，自从改革开放以后，种棉花的越来越少，从贵州那边买进较多，因为自己染色太费工费时，现在只有几户人种蓝靛，都是老人在种。

二、人口分布

融水苗族自治县境内，有苗、瑶、侗、壮、汉、水等十二个民族成分。据2004年统计，全县总人口47.35万人（农村人口41.82万），其中苗族人口为16.69万人，占全县总人口的35.25%。[4] 杆洞乡有苗、瑶、侗、壮、汉等民族，其中苗族是主体民族，占总人口的85%以上。杆洞乡有12个村委会（杆洞村、百秀村、党鸠村、锦洞村、归江村、中讲村、、花雅村、尧告村、小河村、高强村、 高培村、达言村）76个自然屯，5806户，24772人，其中苗族人口占96%，杆洞村为杆洞乡政府所在地，全村7个自然屯，1095户，4768人，女性2226人，除必街屯为瑶族外，其余的6个自然屯（杆洞屯、高显屯、必合屯、松美屯、乌散屯、仔伢屯）全部为苗族，杆洞屯有406户，1604人。在笔者的走访中有杨、肖、罗、韦、吴、何、贺的姓氏，其中杨姓和罗姓是杆洞屯所占人口最多的姓氏，有三百多户。

杆洞屯的人口结构表明，苗族与其他民族（除了瑶族以外）通婚，必然会造成服饰上出现相互借鉴、文化互融的现象。例如当地的壮族背带里也会出现有苗族典型的螃蟹花装饰，而苗族也会借鉴壮族的刺绣手法，表现出相互欣赏和借鉴对方优势的倾向，同时也表明融水县苗族的包容性。杆洞屯还是以苗族为主要的优势民族，在服饰上体现出整体的民族性。历史上苗族迁徙到深山老林，为了生存，长期与异族发生土地争斗，这必然会加强民族的向心力和凝聚力，在服饰上更加强调统一性和整体感。在苗寨里非常强调姓氏和宗族观念，每个姓氏和宗族会尽量地生活在一个地域范围中，其服饰差异，通过刺绣的纹样、手法和色彩搭配来体现。在一个村落里，会有一两个人剪花非常受大家欢迎，因此，服饰纹样会存在造型手法的一致，或者说出于一人之手，这种情况也是十分常见。

三、生产活动

历史上的苗族曾是一个居山游耕的民族，以种杂粮为主。随着社会的稳定，苗族逐渐由游耕的方式转变成农耕的方式。杆洞村以种植糯米为主，当地的糯米品种还是传统的品种，与外面市场上的有所不同。主要农副产品有高显的茶、必街的辣椒、松美的烟等，杆洞屯也有人种植厚朴，但都没能形成规模。

在寨子里，80%以上的年轻人外出打工，平日里留下来的老老小小居多，还有带小孩的年轻妈妈们。到过年时，外出的人才回家。一般外出的人回家会过到初十才回去，因为在苗家有个风俗，初九是不能出门的，意为离家久，故不吉利。如果是辞工回家，则会过了十五才出去另谋职业。

杆洞屯一年的生活规律是：

正月初一至十五过新年，村里举行吹芦笙、踩堂活动，大家相聚在一起，杀猪、喝酒。因为正月是一年的开始，除了进行节日的娱乐活动之外，还要举办一些农业宗教性的祭祀活动。包括大年初一凌晨的许愿活动，芦笙堂祭祀，开年锄田等。

正月十六至农历二月初，杆洞屯的天气非常寒冷，有时还会下雪，因此在这段时间里大多数人家上山砍柴，割草喂牛。

农历二月二，龙抬头，人们开始进入正常的生产活动，下地割草，耕田挖地。二月中最重要的节日就是社节，这是一个祭祀春社的节日，人们在村寨里举行聚会活动，杀猪请客，交流感情，烧香求神，祈福保佑。

农历三月清明，春忙便开始了，种玉米，播谷种，种菜种瓜。清明节跟汉族的清明一样，村民杀猪杀鸭请客，欢庆节日。

农历四月，人们除了干农活以外，也抽时间外出打工，以增加家庭的收入。这段时间，杆洞屯的山上有很多从北方迁徙过来的鸟在这里停歇，男人们则打着松槁到山顶去照鸟，夜晚时分，漆黑的山上，依稀可见灯光星星点点，鸟群在夜里遇灯，不知飞向何处，便落在灯火上被捕获。

农历五月，是杆洞屯一年中最忙的时候，人们上半月挑粪下田，下半月播秧插田。糯米是苗族非常喜欢的食物，三月下种，五月种秧，插秧的时间半个月左右。春插之后，人们开始割草积肥，耕牛闲置，进入了夏闲时节。五月中大家要过端午节，人们从山上摘来竹叶，用糯米和饭豆包粽子，端午那天一早起来，还要杀鸡宰鸭做祭祀活动。苗族的端午节同汉族一样，在过去还有老人向河里投几个粽子，以纪念屈原。在这个月里，还种红薯，给农作物杀虫。

农历六月，人们开始收稻谷和玉米。外出打工的年轻人不回家，故要请人来收稻谷。收完粮食，人们进入夏闲阶段，男人们外出挣钱，女人们开始纺纱织布。六月六，新禾节，这个节日的规模仅次于春节，也是一个祭祀性的节日，祈求丰收，为期三天。这天早晨，人们到田里摘几片禾叶和几粒新玉米合着糯米蒸熟，称为"新饭"，节日的人们都吃"新饭"，因此这是一年中第一次品尝"新饭"，故也称为"尝新节"。节日里有祭祀、吹芦笙等活动。

农历七月，妇女们开始做亮布。男人有的外出挣钱，有的在家砍木头，为造新房做准备。

农历八月，割草积肥。过八月十五中秋节（该节日是外来的，不是苗族本身具有的），人们开始做新衣，造新房。

农历九月，是收割的季节，需要请村里的亲戚朋友一起到田里收割。九月，稻谷成熟，鲤鱼肥美，因为在种稻谷的时候同时也把鲤鱼的鱼苗放到田中，鱼苗吃稻花长大，也称为禾花鱼。在收割时，人们放掉了田里的水，鱼便成为了大家的美餐。中午在田边烤鱼，就着带来的糯米饭，大家在一起一同享受丰收的快乐。

农历十月，天气转冷，男人上山砍柴，女人挑柴种菜，田地里一片寂静。入秋以后，杆洞屯里的人们相互走动慢慢增多，收礼送礼，为结婚开始忙碌。农历十一月至十二月，是苗家结婚的好月份。

在做农活的时段里，苗家一天的生活很忙碌，杆洞屯在平地上的田地很少，如果田地离家远，则要早上八点就出门，包好糯米饭和酸鱼，晚上七点才能回到家做晚饭。

自然环境赋予了杆洞屯苗族人生产生活的资源，从历史上游耕的民族逐渐发展成农耕的民族，在如此高海拔的山地上，层层梯田的耕耘依然是苗族人民主要的生活生产方式，这种辛苦的劳作方式形成了结群而作的传统习俗。春耕秋收时，相互帮忙是家常便饭，更加强了彼此之间的感情交流和族群意识。

过去传统的生活周期，规定了苗族妇女制作服饰的时间和方式。如亮布的制作时间、刺绣时间都是在农历八月农闲之后，一直到第二年春种之前。平日的空闲时间也会被用来制作服饰，时间的不连续性是苗族服饰制作的一个重要特点，故完成一套苗装要持续很长的时间。农闲之余妇女们三三两两地坐在一起交流切磋技艺，是服饰文化传承的空间保证。而如今传统的生活周期不变，只是制作者年龄趋于老年化，交流技艺的人越来越少，这必然影响到服饰的传承。

四、村寨社会组织

苗族在历史上是一个历经历史动荡而不断迁徙的民族，在苗族的历史上有过四次大迁徙，其中还不乏小支系与当地的其他民族为争夺土地资源的战争频仍，因此，战争与迁徙对苗族的影响是非常深远的。出于保护自己的目的，族群的集体意识是非常强烈的，守势心理和抱团心理根植于苗族的意识当中。

苗族不是一个强势民族，为了躲避战争而生存，尽量躲藏到偏远的山区。由于地理位置的艰险，外族文明难以入侵，社会生产力落后，这种封闭落后却导致苗族社会内部自然形成了一整套的约束该族群的管理体系，使苗族社会历经数百年的变迁依然井然有序。

（一）苗族社会根基牢固

苗寨是一个内部存在特殊的组织结构的社会，有其自身的发展历史和形成机制，具有深厚的历史性和族群性。融水县杆洞屯在漫长的社会进程中，经历了从部落联盟、氏族发展到村落，从母系氏族向父系社会的过渡，形成了一个自给自足、自我管理的社会，社会内部形成了一套独特的有条有理的社会组织。历史传承下来的寨老制和竖岩仪式，对苗族社会秩序的稳定起到了强有力的作用。

1. 寨老制

融水苗族社会的根基牢固，解放前融水的苗族社会组织是以地缘关系为基础的"寨老制"。这与当时的经济基础有关，苗族多半深居山林，交通不便，与外界隔绝，汉族的统治势力对他们没有直接的影响。寨老是一村的领袖，宗族之长，享有崇高的威望，能言善辩，见多识广，明辨是非，主要管理本民族内部事务，在解决冲突时唱诵古理古歌，调解村寨内部和外部的纠纷，安排生产、生活，同时按照本民族不成文的法规，享有司法、裁断的权力。寨老虽然充当着历史的叙述者、神的代言人和权力的守护者这些角色，但真正发挥作用的不是寨老本人，而是通过代代相传的古理古歌背后强加在苗族人心中的集体记忆。因此，在解放后，虽然"寨老制"基本消失，但有些德高望重、能吟唱古理古歌的老人依然受到大家尊敬，仍然发挥着寨老的作用。

2. 竖岩

"竖岩"，也称为"埋岩"，苗语称为"依直"。是融水苗族古代社会的"权力机关"和"立法"形式，如果苗族社会有大事，那么各村寨的寨老或者代表以至于全体村民相约某个时间到某个地方集会商量对策，大会的代表会推举出头人，把古理古规以唱古歌的形式表达出来，再由古及今，形成决议，然后杀鸡饮血酒盟誓，之后用鸡血倒在一块长条的石头上，把石头埋于此地，石头大半截露在外面，以表示决定或决议。日后大家共同遵守决定，如有违规，则按决议处罚。"竖岩"对苗族社会有着深刻的影响，甚至比政府的"官法"还管用。因此，苗族社会的秩序和治安都比较好，在苗寨，没有偷盗行为，出去"做活路"都不用锁门，夜不闭户。

在杆洞屯的苗族社会里，宗族意识高于家庭和个人，人与人之间没有等级之分，坚守相互帮助的原则，生产和生活都是以族群共同体为单位。村寨中的人们彼此之间来往非常频繁，亲如兄弟姐妹，形成了良好的社会风尚和道德规范。这种风气并非外力强加所致，而是来自人们内心对本民族历史的祭奠，对祖先训诫的遵守以及对诸神的敬畏，由内及外地形成了苗族人自身的约束力，这也是苗族社会长期保持和谐的核心力量，也是造成苗族服饰款型长期不变的内聚力所在。

（二）苗族村寨聚族而居

苗族迁徙到一定的地域后，总是聚族而居，依靠集体的力量来生存。历史上苗族的居住地多是在山谷当中，如《后汉书》记载："（长沙武陵蛮）好入山壑，不乐平旷。"[5]《方舆胜览》曰："挟山阻谷，依林积木以为之居，人迹罕至。"[6]解放前，苗族生产力落后，仍然保持着这样的居住方式，杆洞屯也是如此。

苗族建房的最大特征就是集中。虽然大片的土地山林，但苗族的住房分布却十分紧密，远远观看，是团状的集中块分布，一个集中团则代表着一个宗族或者一个姓氏，具有明确的同宗同族性，表现出苗族社会内部的团结和稳固。

苗人居住地都选择在靠山面水的地方，因为山高坡陡，地基很难挖，故苗人建房都是垒砌石块，树立悬空的木头支架，建造吊脚楼，即干栏式建筑。干栏式建筑是由"巢居"演变而来的，在赫章可乐西汉墓中已有这种房屋的模型，魏晋、隋唐的史书中多有"依树积木以居其上"的记载，而明、清时期更为普遍，壮、侗、水、仡佬及苗、瑶族多使用这种房屋。这种建筑的特点是"构木为楼，人居其上，畜养其下"，既适应南方炎热多雨、地气上蒸、土多潮湿的环境，又有利于生产、生活。"人居其上"可以防潮、避暑，又可以防御毒蛇猛兽的侵袭，"畜养其下"则便于照顾牲口。干栏式建筑非常适合杆洞屯这样的地理位置和气候特点。

杆洞屯苗族传统的干栏式吊脚楼二层主要由一个大厅堂和几间卧房组成，大厅堂中间是火塘。这种建筑最大的缺点就是容易发生火灾，只要一家起火，火势会蔓延成片。因此，如今"水改""电改"全面铺开，在传统的干栏式建筑的旁边加盖了砖房的厨房和厕所。有些地域过于紧密的家庭则拆迁到小河对面的平地和山上盖新房。

杆洞屯苗族建筑的族群化和宗族性特点，使苗族服饰更加巩固其民族性特点。从婚姻学的角度来看，不同宗族的女性嫁到杆洞屯会使其服饰更为丰富。入乡随俗的要求使外姓人对苗族的认同体现在对服装款式的认同，而氏族性的特色主要体现为刺绣的纹样与构图的不同。

小结

1. 自然生态环境对民族服饰文化的形成和发展具有很大的影响。大苗山独特的自然环境，是苗寨人民创造自己丰富多彩的民族文化的先天条件，苗族人民在这里长期生息和劳作，形成了该地域独特的服饰文化。

相对封闭的地理环境，服饰文化自成单元。斯图尔德认为，文化之间的差异是由社会和环境相互影响的特殊适应过程引起的，越是简单和早期的人类社会，受环境影响越是直接。生态环境多样则越容易产生多样的民族文化。而生态环境单一，则文化更容易统一和融合。地理环境相对独立封闭的地区，外来文化的影响比较薄弱。在融水县，至今还有一些村落仍然没有开通公路，没有通电，不能收到广播电视，这些地域人们的生产方式依然是自给自足，加上聚族而居的生活，故在服饰文化上自成单元。封闭的地域，在客观上起到了保护民族文化传统的作用。

2. 村寨社会组织稳固，对服饰款型的恒定性起到约束作用。苗族人长期的守势心理和抱团心理，决定了苗族服饰文化高度的统一性。其约束力同样来自人们内心对本民族历史的记忆和对祖先的敬仰。这种约束力，使融水片系的苗族服饰款型高度统一且百年难变，并且通过不断重复的图案来表达。

苗族服饰从用料、颜色到样式，都仅有年龄的差异，没有贫富等级和贵贱的差别，具有高度的统一性。在他们的文化中，追求的不是个性凸显，而是共性的凝聚，这种共性是其族群标志之一，体现出苗族社会的规范和秩序的一部分，是其共同价值观和社会凝聚力的物化形态。

广西融水杆洞屯苗族服饰与生成环境的关系表

生成环境 \ 服饰		款式	色彩	面料（亮布）	工艺	纹样	传承
自然环境	海拔			马蓝（蓝靛染料）的生长			
	水资源			马蓝（蓝靛染料）的生长			
	地理位置			马蓝（蓝靛染料）的生长			
	气候			马蓝（蓝靛染料）的生长			
	雨量			马蓝（蓝靛染料）的生长			
	温度湿度			马蓝（蓝靛染料）的生长			
	动物植物			马蓝的种植		纹样种类和造型	
人口分布	民族	结构相似		亮布相似	刺绣借鉴	纹样借鉴	
	姓氏	款式统一	色彩一致	面料一致	工艺一致	纹样一致	
生产活动	农耕 农忙						
	农耕 农闲			制作亮布	刺绣缝纫		交流传承
	外出打工						传承人变少
村寨社会组织	村寨 建筑组织	款式一致				纹样相似	
	社会 族群	款式一致				纹样相似	
	社会 制度	款式一致					

注　释

1.　宋生贵著：《当代民族艺术之路——传承与超越》，北京：人民出版社，2007 年版，第 33 页。

2.　融水苗族自治县地方志编纂委员会：《融水苗族自治县县志》，北京：生活·读书·新知三联书店，1998 年版，第 49 页。

3.　覃乃昌主编：《广西世居民族》，南宁：广西民族出版社，2004 年版，第 102 页。

4.　融水苗族自治县概况编写组：《融水苗族自治县概况》，北京：民族出版社，2009 年版，第 12—13 页。

5.　（宋）范晔撰：《后汉书·南蛮传》卷八十六，北京：中华书局，1965 年版，第 2829 页。

6.　（宋）祝穆撰：《方舆胜览·辰州条》卷三十，上海：上海古籍出版社，1986 年影印。

第二章

广西融水杆洞屯苗族服饰的田野调查

融水苗族其衣着装束大致与贵州的从江、榕江、黎平、锦屏等地的样式相同，属融水式。融水县境内的苗族服饰大同小异，从总体上看，男装简朴，女装华丽。

一、广西融水杆洞屯苗族男装概况（表2-1）

笔者对杆洞屯的服饰做了一次广普性的调研，发现男子平日不穿着苗装，只有芦笙队的男子才有苗装的盛装——百鸟衣，也有男子拿亮布制作的苗装出来给笔者拍摄，但服装已有三十年左右的历史。

（一）头饰

传统头饰：为青布长巾，用约33厘米宽、200厘米长的蓝黑布料，折成12厘米宽度的布条包头。

现代头饰：很少有人戴头巾，有装饰性的头饰，造型类似原来的外观，用一块长筒状的布，里面填充棉花做成，工艺简单，穿戴方便，但显粗糙。

（二）上衣

1. 款式

直领对襟短衣，结构为T字形，裁剪为十字交叉形，穿着合体。分为日常型和百鸟衣型。

（一）传统亮布日常型上衣（表2-2）

裁剪制作：衣领是立领设计。在上衣的前片与后片的接

表2-1　广西融水杆洞屯苗族男装
（图片来源于笔者实地拍摄）

服装		图片	结构图	款式	色彩	面料	纹样	工艺
头饰	传统头饰		200cm / 33cm	长条布头部裹风湿侵蚀	蓝黑偏紫红	传统苗族亮布	狗牙边纹样	长方形形布料做成。用约33厘米宽、200厘米长的蓝黑布料，折成1厘米宽度的布条包头
	现代头饰		90cm / 12cm	长条布头部裹风湿侵蚀	红色	现代绒面布料	波浪纹	用一个长筒状的布里面填充棉花做成，工艺简单，穿戴方便，但显粗糙
上衣	传统亮布日常型			直领对襟短衣，穿着合体，结构为T字形	蓝黑偏紫红	传统苗族亮布		立领，上衣裁片主要分为四片袖各一片。四片拼合后，在腋下缝合，贴边包合。无省道设计，肩袖相连。衣身四袋，上小下大，小为11x12厘米，大为14x15厘米。衣扣以多为美。一般是单数，有七、九、十一、十三粒扣。盘扣，间距6厘米。扣袢缝左侧襟边，扣子为右侧
	传统百鸟衣			直领对襟短衣，穿着合体，结构为T字形	蓝黑	现代布料	花草如意纹寿字纹回形纹	立领，上衣裁片为一片。腋下缝合。无省道设计，肩袖相连。七粒扣装饰。盘扣。双层云肩。前胸后背、腰部、门襟、下摆为装饰重点，手工刺绣，滚边工艺。草珠、柏果、羽绒装饰
	现代百鸟衣			直领对襟短衣，穿着合体，结构为T字形	黑色发红光	现代布料	花草如意纹寿字纹回形纹	立领，上衣裁片为两片，衣身一片，袖两片，腋下缝合。无省道设计，肩袖相连。五粒扣，盘扣。单层云肩。镶嵌花边，串珠绒球。前胸后背、腰部、门襟、下摆为装饰重点
	传统裤子			裤子由裁七个片构成，结构比较特别	蓝黑色发红光	传统亮布		传统布料幅宽较窄，故裤子裁剪上受幅宽限制

表2-2　广西融水杆洞屯苗族男子传统亮布日常型上衣分析
（图片笔者实拍）

	结构	领口	口袋	纽扣	侧缝
图示	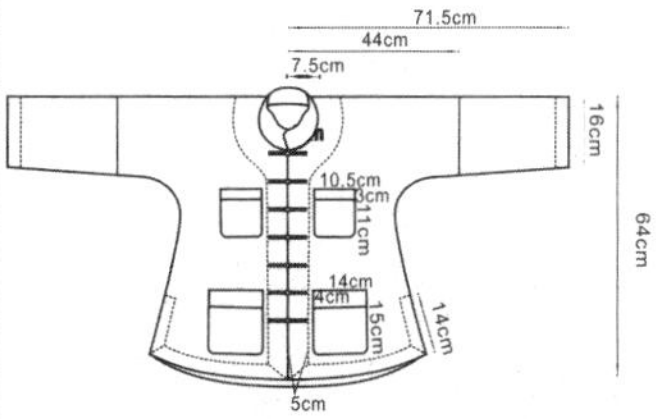 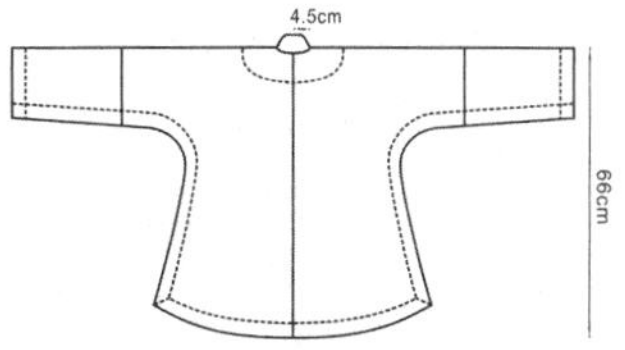	 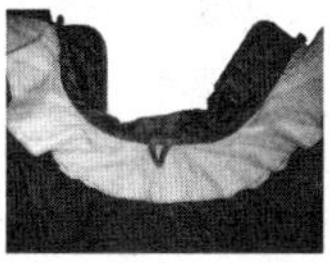			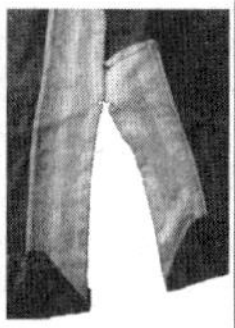
造型	结构为T字形 裁片为十字交叉形	立领	方形贴袋	一字形 盘扣	开叉
工艺	主要裁片分为四片，身部两片各宽一幅(45厘米)，袖各一片，宽半幅左右。四片拼合后，在腋下缝合，缝合部分由宽3.5厘米的贴边包合，不露毛缝	衣领是在上衣的前片与后片的接合处剪一个圆形，圆形4/5是剪在前片，1/5剪在后片，领围的大小为穿衣者的净体领围加上1—2厘米的宽松量，领子多半裁成长方形，有些在前领口处倒圆角	压0.1厘米的明线	衣扣单数，有七、九、十一、十三粒扣。纽扣间距6厘米左右。扣袢缝左侧襟边，扣子为右侧	开叉一般为距离底摆15厘米左右。贴布包缝

合处剪一个圆形，圆形4/5是剪在前片，1/5剪在后片，领围的大小为穿衣者的净体领围加上1－2厘米的宽松量，领子多半裁成长方形，有些在前领口处倒圆角，工艺不精致。上衣主要裁片分为四片，身部两片各宽一幅(45厘米)，袖各一片，宽半幅左右。四片拼合后，在腋下缝合，缝合部分由宽3.5厘米的贴边包合，不露毛缝。上衣没有省道设计，肩袖相连，故穿着时，腋下容易起褶。上衣设计四只口袋，上小下大。杆洞屯的苗族男子上衣一般上口袋设计在胸前，大小为11厘米×12厘米左右，下口袋设计在腰处以下，大小为14厘米×15厘米左右。衣扣以多为美，一般是单数，有七、九、十一、十三粒扣。扣子是用布条缝成筷子粗的圆状条带，按照6厘米左右的距离用针线缝在对襟上而成。扣袢缝左侧襟边，扣子为右侧。

（二）百鸟衣（表2-3、2-4）

男装百鸟衣，又称芦笙服，是参加坡会活动的芦笙队必备的节日盛装。

制作百鸟衣需要用到四种材料，即亮布、土珍珠、五彩丝线、百鸟的羽毛。羽毛取自山上各种各样的鸟羽，现在也有用鸭子翅膀下面的绒毛做的百鸟衣，还有更为现代的材料，用一些腈纶棉做的白色的小球状装饰。

传统亮布的百鸟衣裁片分为四片，身部两片各宽一幅（45厘米），袖各一片，宽半幅左右。如果是用现代的布料，因为幅宽较大，衣袖和衣身相连，上衣一片布料就可以裁好。

上衣衣领裁剪方法如男装日常装，视制作者的裁剪水平高低来看领子设计的优劣。

上衣有设计四只口袋的，也有设计纹样的。口袋设计如同日常装，略小些。

衣扣以单数为美，有五、七粒扣。扣子为布艺盘扣，装饰复杂的服装扣子也颇花哨，扣子间距在6厘米左右。扣袢缝在左襟，扣子缝在右襟。工艺上不讲究的百鸟衣也会露毛缝，因为百鸟衣只是芦笙会时用，故不需要经常清洗。（传统亮布的服装一般清洗方法是放到蒸锅里蒸一下，拿出来晾干即可，因为穿着次数少，清洗的次数更少。）

2. 工艺

传统的百鸟衣的制作工艺十分精巧，要经过制作亮布、绣花、镶边、镶挂羽绒这些工序。其中绣花需要的时间是最长的。

首先在布条或者片上一针一线绣出图案，然后按比例将这些绣有图案的布条、布片缝镶在衣服上。在服装的肩袖部、胸

表2-3　广西融水杆洞屯苗族男子传统百鸟衣分析
（图片笔者实拍）

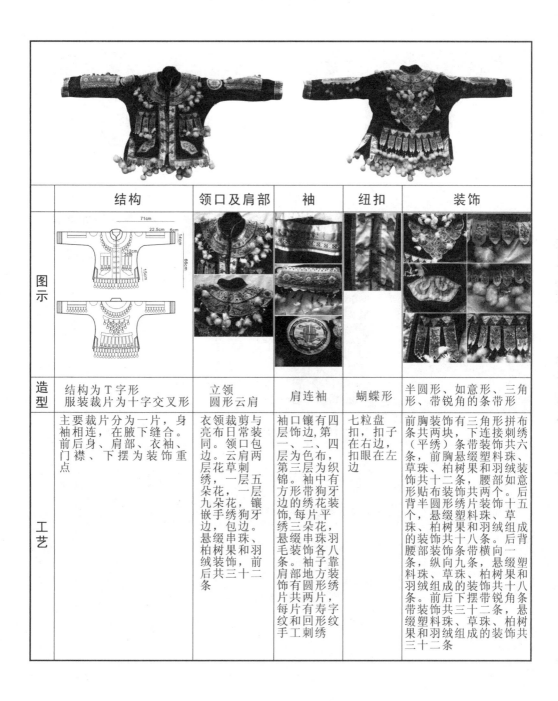

	结构	领口及肩部	袖	纽扣	装饰
图示					
造型	结构为T字形 服装裁片为十字交叉形	立领 圆形云肩	肩连袖	蝴蝶形	半圆形、如意形、三角形、带锐角的条带形
工艺	主要裁片分为一片，身袖相连，在腋下缝合。前后身、肩部、衣袖、门襟、下摆为装饰重点	衣领裁剪与日常装领口包边相同。领口云肩两层花草刺绣，一层五朵花，九朵花，嵌绣狗牙边，包边。悬缀串珠、柏树果和羽绒装饰，前后共三十二条	袖口饰边，第四层布，为中带狗牙装饰的方形边绣的平绣，每片绣三朵花，有四层布，第四层为织有带狗牙装饰的第三层第二色层锦。袖子绣八条羽毛装饰。袖子靠地方形圆形刺绣两片，每片有寿字纹和回形纹手工刺绣	七粒盘扣，扣子在扣眼在左边，扣子在右边	前胸装饰有三角形拼布条共两块，下连接平绣六条（平绣）条带装饰共五条，前胸悬缀塑料珠、草珠、柏树果和羽绒装饰共十二条，腰部如意形贴布装饰共两个。后背半圆形绣片装饰十五个，悬缀塑料珠、草珠、柏树果和羽绒组成的装饰共十八条。后背腰部装饰条带横向一条，纵向九条，悬缀塑料珠、草珠、柏树果和羽绒组成的装饰共十八条。前后下摆带锐角条带装饰共三十二条，悬缀塑料珠、草珠、柏树果和羽绒组成的装饰共三十二条

表2-4　广西融水杆洞屯苗族男子现代亮布百鸟衣分析
（图片笔者实拍）

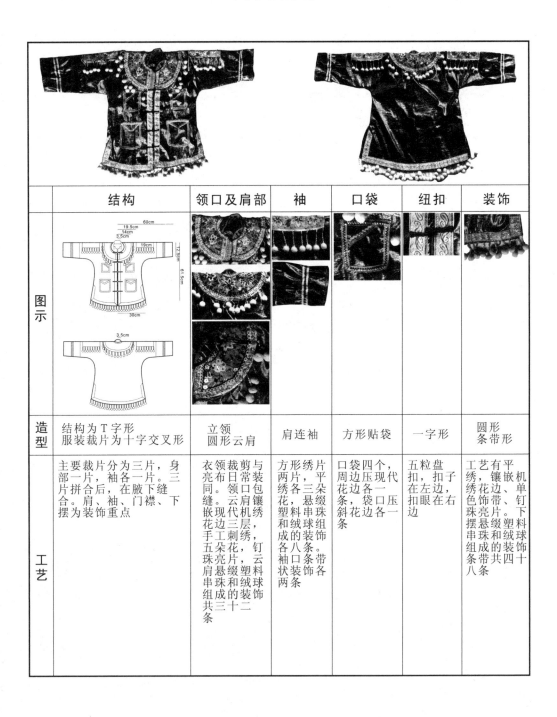

	结构	领口及肩部	袖	口袋	纽扣	装饰
图示						
造型	结构为T字形 服装裁片为十字交叉形	立领 圆形云肩	肩连袖	方形贴袋	一字形	圆形 条带形
工艺	主要裁片分为三片，身部一片，袖各一片。三片拼合后，在腋下缝合。肩、袖、门襟、下摆为装饰重点	衣领剪裁与亮布日常装相同。领口包缝。云肩镶嵌现代机绣花边三层，手工刺绣，钉五朵珠亮片，云肩悬缀塑料串珠和绒球组成的装饰共三十二条	方形绣片两片，平绣三朵花，悬缀塑料和绒球组成各八条。袖口状装饰各两条	片平绣花各一口袋边压现代花边，袋边各一口，袋边压斜花条	五粒盘扣，扣子在左边，扣眼在右边	工艺有平嵌绣花边、单钉下摆亮片。绣色珠亮片。下摆悬缀塑料串珠和绒球组成的装饰带共四条，串珠绒球组成装饰带共十八条

土珍珠（草珠）

柏树果

图2-1杆洞百鸟衣装饰
细节及土珍珠和柏树果
（笔者实地拍摄）

前、背后、下摆都要镶悬挂羽绒。把很多只鸟的羽绒分别扎成一小束，串上柏果、草珠，镶挂在衣服上。（如图2-1）

（三）裤

裤子为大裆裤，由七个裁片构成，结构比较特别，传统布料幅宽较窄，故裤子裁剪上受幅宽限制。

（四）刺绣

1．刺绣装饰部位（如表2-5）

从百鸟衣的比较可以明显地看出，融水县杆洞屯苗族男装刺绣部位一般在上衣的肩部、袖中、后背和下摆。

2．刺绣纹样（如表2-6）

刺绣纹样的类型有花卉纹、卷草纹、叶子纹、果实纹、蝴蝶纹、鸟纹、文字纹、如意纹、回纹等。分为写意和写实两类。从刺绣手法上分，有平绣、凸绣、贴布绣三种。平绣又分为平套针、斜缠针、直缠针几种类型。刺绣花头的色彩有大红色、玫红色、粉红色、黄色、蓝色、紫色等。叶子多为绿色和蓝色。文字纹多为玫红色和黑色。花卉有五瓣梅花、四瓣兰花、菊花、牡丹等。其中菊花的造型最多，有八、九、十、十一、十三、十四、十五等瓣数。从菊花的组织结构上看，有直线发射形和旋转发射形。鸟纹一般都是站在树枝上。如意纹装饰的部位多半是在云肩上和前腰下口袋的位置。

3．刺绣的手法

多为纯手工制作，平绣、贴布绣居多，凸绣居少，刺绣手法随意性较强。（工艺见女装部分）

表2-5　广西融水杆洞屯苗族男子百鸟衣刺绣部位
（图片笔者实拍）

百鸟衣	云肩刺绣	肩袖刺绣	前片腰下装饰	后片背部刺绣	下摆刺绣

广西融水苗族服饰的文化生态研究

表2-6 广西融水杆洞屯苗族男子百鸟衣刺绣纹样归类和色彩提取
（图片笔者实拍）

纹样类型	图片	色彩提取
花卉纹		
卷草纹与叶子纹		
果实纹		
蝴蝶纹		
鸟纹		
如意纹		
文字纹		
回纹		

二、广西融水杆洞屯苗族女装概况（表2-7）

（一）服装

1. 上衣

款式：上衣无领，对襟，结构为T字形，结构为十字交叉型，衣长66厘米左右，袖子为七分袖。一般分为日常装和盛装。因为年轻人基本上平时都不会穿着苗装，老人很多还在穿用，因此，年轻人会把原来曾经是日常装的苗装在过年过节当成盛装穿用。所以，在表2-7里，笔者把现在的苗装上衣分为日常型（细节分析见表2-8、2-9）和百鸟衣型两类（细节分析见表2-10、2-11）。按面料分为传统亮布和现代布料两类。上衣有老、中、青、幼之分，其款式区别不大，在于装饰的多少和色彩的艳丽程度。（细节比较分析见表2-12）

裁剪与制作：传统上衣裁片分为四片，身部两片各宽一幅（45厘米），袖片宽半幅左右。四片拼合后，在腋下缝合。传统的上衣裁剪受亮布幅宽（45厘米左右）的限制。现代苗装的裁剪不受布料幅宽的限制，裁剪方法有分为三片或者一片来裁剪的，上衣下摆开叉，开叉为20厘米左右。

装饰：颈后和前襟镶一条3厘米左右宽度的刺绣，中老年者刺绣仅到颈侧点下18厘米左右，而年轻女人则花边镶满前襟。袖口镶嵌有彩布和花边，彩布宽8厘米左右，色彩与腿套上彩布一致。衣摆开叉处镶刺绣或者彩布。右衣襟和左腋下各缝上一条4厘米左右宽，20－90厘米长的彩带，色彩多为湖蓝。百鸟衣的装饰较为特别。在肩部装有刺绣的绣片，下悬坠串珠、土珍珠、柏树果和百鸟的羽绒。在袖中线处还镶有两块方形绣片，有些四周装饰有狗牙边，后袖处悬坠串珠、土珍珠、柏果和羽绒装饰。

穿着方式：穿着时左边门襟搭在右边上，衣襟交叉时两带系于左边腋下，垂落部分用作装饰。中老年者穿着时喜欢衣襟打开。

2. 肚兜

形状大体为菱形，一般比外衣长4－5厘米。用一块布剪成方形，周边用两色布镶边，上方镶嵌带宽4厘米左右，下方镶嵌带宽15厘米左右的布片。肚兜的亮点为胸上边饰。由花边和一条3－4厘米宽的绣片成。绣片的花纹多为鸟纹和花纹。领口为弧形造型，由带子包边，左右两侧各有两耳，分别系两条带子，或用S形银饰挂在颈上。

表2-7 广西融水杆洞屯苗族女装概况
（图片笔者实拍）

服装		图片	结构图	款式	色彩	面料	纹样	工艺
上衣	传统亮布日常型			无领对襟结构为T字形	蓝黑偏紫红	传统苗族亮布	花草	裁片分为四片，身部两片各宽一幅（45厘米），袖片两片宽半幅左右。四片拼合后，在腋下缝合。上衣下摆开叉，开叉为20厘米左右。颈后和前襟镶一条3厘米左右宽度的刺绣，中老年者刺绣仅到颈侧点下18厘米左右，而年轻女人则花边镶满前襟。袖口镶嵌有彩布和花边，彩布宽8厘米左右，色彩与腿套上彩布一致。衣摆开叉处镶刺绣或者彩布。右衣襟和左腋下各缝上一条4厘米左右宽，20—90厘米长的彩带，色彩多为湖蓝
	现代亮布日常型			同上	黑色发红光	现代亮面布料	同上	裁片分为三片，身部片一片，袖片宽半幅左右。三片拼合后，在腋下缝合。上衣下摆开叉。颈后和前襟镶一条3厘米左右宽度的刺绣，中老年者刺绣仅到颈侧点下18厘米左右，而年轻女人则花边镶满前襟。袖口镶嵌有彩布和花边，彩布宽8厘米左右，色彩与腿套上彩布一致。衣摆开叉处镶刺绣或者彩布。右衣襟和左腋下各缝上一条4厘米左右宽，20—90厘米长的彩带，色彩多为湖蓝
	传统亮布百鸟衣			同上	蓝黑偏紫红	传统苗族亮布	花草凤凰	裁剪四片，方法同亮布盛装。云肩为装饰有刺绣的绣片，下悬坠有串珠、土珍珠、柏树果和百鸟的羽绒。在袖中线处部还有两块方形绣片，有些四周装饰有狗牙边，后袖悬坠有串珠、土珍珠、柏果和羽绒装饰
	现代布料百鸟衣			同上	红色黑色紫色	现代布料	花草	上衣裁片为一片。腋下缝合。无省道设计，肩袖相连。云肩装饰。前胸腰部、门襟、下摆为装饰重点，手工刺绣，装饰有机织花边，串珠、羽绒装饰悬缀

名称	图	结构图	形状	颜色	布料	纹样	说明
肚兜			菱形	黑色红红发光	传统布和现代布料	花草鸟蝶	肚兜大体为菱形，一般比外衣长4—5厘米。用一块布剪成方形，周边用两色布镶边，上方镶嵌带宽4厘米左右，下方镶嵌带宽15厘米左右的布片。肚兜的亮点为胸上边饰。由花边和一条3—4厘米宽的绣片成。绣片的花纹多为鸟纹，花纹。领口为弧形造型，由带子包边，左右两侧各有两耳，分别系两条带子，或用S形银饰挂在颈上
腰带			长方形条状	红色绿色色彩鲜艳	现代布料	花草鸟	腰带为十二岁以下女孩使用，腰带的色彩艳丽，红、绿色居多。腰带主要突出一块长方形绣片，花卉纹样居多，绣片上缀有串珠
围裙			长方形40×60厘米	亮蓝黑色发红光。搭配红、蓝、绿颜色	传统亮布		围裙为中年妇女以上穿的，工艺有贴布绣、凸绣等
裙饰			长方形	亮布为色蓝黑红发光。搭配红、蓝、绿颜色	传统亮布	花草	传统日常装的裙饰为两条飘带，百鸟衣的裙饰为十六至二十二条飘带，双数居多。飘带色彩由红、黄、蓝、绿组成，上绣有彩色的植物纹样居多。飘带上缀有串珠、柏果和白鸟的羽绒
裙子			长方形百褶裙	蓝黑色发红光	传统亮布或化纤		传统百褶裙为十六幅的布片（每片幅宽45厘米）组合而成，长度为50厘米左右，年轻和中老年的区别在于中老年人裙子中间有六幅布料要短过周围两寸左右，化纤亮布一片即可
裤子			大裆裤	蓝黑色，发红光	传统亮布		传统布料幅宽较窄，故裤子裁剪上受幅宽限制
腿套			长方形	亮布为色蓝黑发光。搭配绿色或紫色料	主要为传统亮布或现代化纤亮布	花草	在彩布的上方嵌有花边，老年人则只是镶嵌2厘米左右的彩色布条。腿套于膝下用一条彩带系紧，打结于两侧，一般彩带为天蓝色，老年则是深蓝色

表2-8 广西融水杆洞屯苗族女子传统亮布日常型上衣分析
（图片笔者实拍）

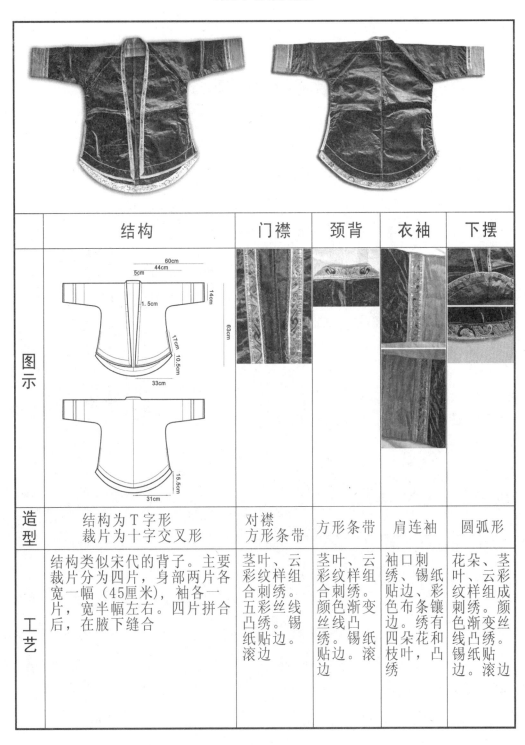

	结构	门襟	颈背	衣袖	下摆
图示					
造型	结构为T字形 裁片为十字交叉形	对襟 方形条带	方形条带	肩连袖	圆弧形
工艺	结构类似宋代的背子。主要裁片分为四片，身部两片各宽一幅（45厘米），袖各一片，宽半幅左右。四片拼合后，在腋下缝合	茎叶、云彩纹样组合刺绣。五彩丝线凸绣。锡纸贴边。滚边	茎叶、云彩纹样组合刺绣。颜色渐变丝线凸绣。锡纸贴边。滚边	袖口刺绣、锡纸贴边、彩色布边镶绣有和凸绣四朵花叶，凸绣四枝花叶	花朵、茎叶、云彩纹样组成丝线凸绣。颜色渐变丝线凸绣。锡纸贴边。滚边

表2-9　广西融水杆洞屯苗族女子现代化纤亮布日常型上衣分析
（图片笔者实拍）

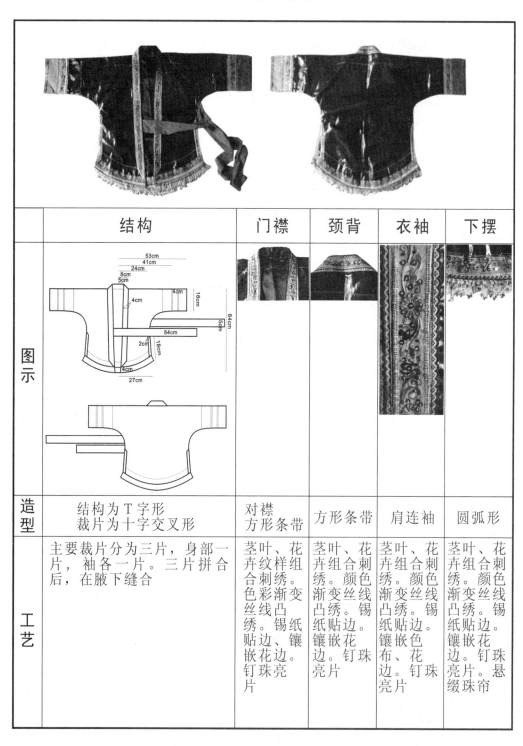

	结构	门襟	颈背	衣袖	下摆
图示					
造型	结构为T字形 裁片为十字交叉形	对襟 方形条带	方形条带	肩连袖	圆弧形
工艺	主要裁片分为三片，身部一片，袖各一片。三片拼合后，在腋下缝合	茎叶、花卉纹样组合刺绣。色彩渐变丝线凸绣。锡纸贴边、镶嵌花边。钉珠亮片	茎叶、花卉组合刺绣。颜色渐变丝线凸绣。锡纸贴边。镶嵌花边。钉珠亮片	茎叶、花卉组合刺绣。颜色渐变丝线凸绣。锡纸贴边。镶嵌色花布边。钉珠亮片	茎叶、花卉组合刺绣。颜色渐变丝线凸绣。锡纸贴边。镶嵌花边。钉珠亮片。悬缀珠帘

表2-10 广西融水杆洞屯苗族女子传统亮布百鸟衣上衣分析
（图片笔者实拍）

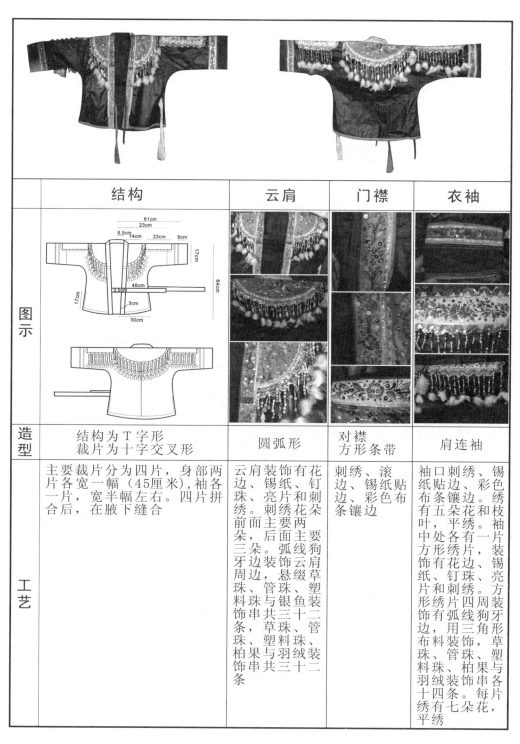

	结构	云肩	门襟	衣袖
图示				
造型	结构为T字形 裁片为十字交叉形	圆弧形	对襟 方形条带	肩连袖
工艺	主要裁片分为四片，身部两片各宽一幅（45厘米），袖各一片，宽半幅左右。四片拼合后，在腋下缝合	花朵有钉和花朵两要主面狗肩草塑装饰有锡纸片刺绣，主面弧线云肩缀珠、银十三草料羽与共三珠、塑果串条，珠柏饰条。云肩边、锡珠、亮刺绣。前面朵三牙周珠料饰条，珠塑料果串饰条	刺绣、滚边、锡纸贴布边、彩色布条镶边	袖口刺绣布条有五片处方饰纸形布边用狗角布料珠料羽绣平绣刺绣、彩色绣枝叶一平花边装钉处有花钉绣绣片条镶边。和花朵片各有片处方绣花纸四绣有三饰，珠珠饰每朵花，锡色袖片装亮方形牙草与各片塑管柏果串十四条。每片绣有七朵花，平绣

表2-11　广西融水杆洞屯苗族女子现代化纤布料百鸟衣上衣分析
（图片笔者实拍）

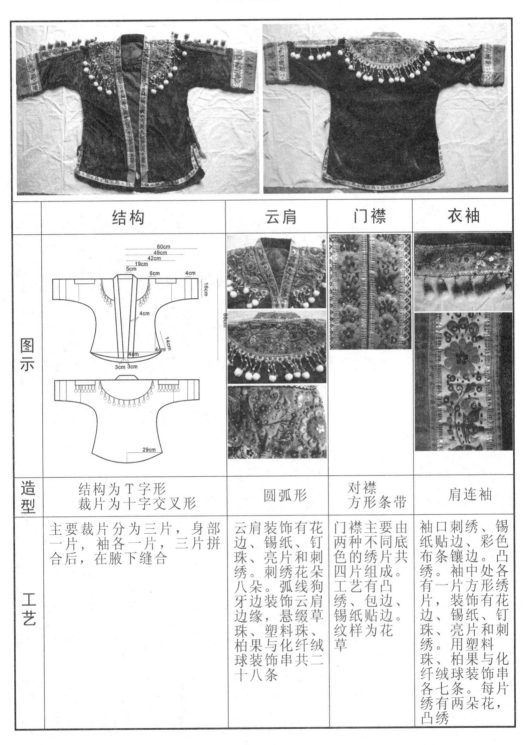

	结构	云肩	门襟	衣袖
图示				
造型	结构为T字形 裁片为十字交叉形	圆弧形	对襟 方形条带	肩连袖
工艺	主要裁片分为三片，身部一片，袖各一片，三片拼合后，在腋下缝合	云肩装饰有花边、锡纸、钉珠、亮片和刺绣花朵八朵。弧线狗牙边装饰云肩边缘，悬缀珠、塑料珠、柏果与化纤绒球装饰串共二十八条	门襟主要由两种不同色的片共四工艺有凸边、包边、锡纸贴边纹样为花草	袖口刺绣、锡纸贴边、彩色布条镶边。凸形中处各绣有一片，方形装饰边片、锡纸、亮片用塑料珠、柏果与化纤绒球装饰片各七条。每绣有两朵花，凸绣

3．腰带

长方形。主要是少女使用，腰带的色彩艳丽，红、绿居多。用现代色丁布料制作。腰带主要突出一块长方形绣片，花卉纹样居多，绣片上缀有串珠。

4．围裙

一般为中年妇女以上穿用，传统围裙为亮布裙面，长方形，40×60厘米左右大小，上方打褶，与一条宽10厘米左右的腰带缝合，在侧缝的腰带处或有刺绣装饰。裙腰主要为蓝色、绿色，配以红色、白色的布料，长度80厘米左右。在围裙的腰带上或用贴布绣，或用凸绣来进行装饰。

5．裙饰

传统盛装的裙饰一般为两条飘带，百鸟衣的裙饰为十六至二十二条飘带，双数居多。飘带面料为彩色棉布，色彩由红、黄、蓝、绿组成，上绣有彩色的植物纹样居多。每条飘带上都缀有串珠、柏果和白鸟的羽绒。现代盛装的裙饰多用化纤绒球代替羽绒。

6．裙

裙子为百褶裙，面料有传统亮布和化纤两种。传统百褶裙为十六幅布片（每片幅宽45厘米）组合而成，长度为50厘米左右，年轻和中老年的区别在于老年人裙子中间有六幅布料要短过周围两寸左右。化纤面料的是由一块布压褶而成，色彩多半为红棕色。

缝制一条百褶裙，要耗费一年半载的时间。先将亮布剪成

图2-2　苗族妇女制作百褶裙（图片来源于笔者实地拍摄）

所需规格的长度，因为亮布的幅宽只有40厘米左右宽，因此需要用很多块布料拼合，杆洞屯的裙子一般为十六片。

制作方法：先将亮布一块块地摆在凳子上，用双手的食指和中指折成一条条细小的纹条，再用绳子把它捆在小木板上，喷喷水，放置几天后，等布纹稳定了，便卷成筒状，放入饭甑里蒸一小时左右，拿出来晾干。等布纹固定后，把十六片缝起来，就成一条粗样的百褶裙。将它套在一个约一米多高、下端直径约二尺、上端一尺二寸的木桶上，用一条粗绳，从上到下地一圈圈地把裙子捆绑在木桶上。（如图2-2）每绑一圈，都要进行一次细致的修整，用银插针一格一格地弄平整，每一格都不许错漏。绑时，必须两人同时进行，一人修整，一人拉绳子，而且绳子要拉紧，否则会使裙子褶得别扭。绑完之后，还要在裙面上刷上二至三次牛皮胶水，再用桐油上浆，加强硬度，使裙子保持折褶平整。放置一个星期左右，把绳子解开，就形成卷筒式的百褶裙，再放进饭甑中蒸一次至三次后，才成为精致美观的百褶裙。

7.裤子

裤子同男装的结构。七片组成，裁剪受布料幅宽的限制。

8．腿套

腿套为梯形造型，一般长度为膝盖至脚踝，大小因人而异，以套住小腿为围度。主要面料与上衣布料相同，一般腿套下端镶有与上衣袖口边饰色彩相同的布料，宽度为6厘米左右。在彩布的上方嵌有花边，老年人则只是镶嵌2厘米左右的彩色布条。腿套于膝下用一条彩带系紧，打结于两侧，一般彩带为天蓝色，老年者则是深蓝色。腿套的功能性强，冬天它可以保暖，夏天可以防止蚊虫、蚂蟥叮咬，防止荆棘刺伤。

随着年龄的增长，苗族服装会发生变化。通过杆洞屯苗族妇女不同年龄段的日常型服装的收集和比较后（表2-12），发现其中的变化规律：其一，服装的款式大致一样。上衣都为十字交叉形，对襟，对于年幼的儿童，其肚兜是与上衣缝在一起的，一边用暗扣搭合。面料为现代面料。随着年龄的增长，服装的门襟止口线出现弧形设计，服装的长度加长，宽度加大。裙子也是一个变化的物件，百褶裙发生细节变化，即中年妇女之前穿着的百褶裙前后一样长，中年妇女之后穿着的百褶裙逐渐出现前后不一样长的款式，即身前六幅布料的长度要短过身后两寸左右，即方便抬腿走路。其二，随着年龄的增长，服装的搭配出现变化。少女一般着装对襟上衣搭配肚兜百褶裙和腰带。十二岁以前少女强调腰部的装饰，腰身显露，随着年龄增加，着装效果趋于宽松化，逐渐不使用腰带。当年龄增长为中年妇女时，逐渐过渡到对襟上衣搭配肚兜、围腰和百褶裙，围腰起到保护服装免受污垢的作用。婚后的妇女，随着生儿育女家务的繁重，服装会被周围环境弄脏，百褶裙洗一次要再做一次，费工费时，不便于经常洗涤，因此，配戴围腰有保护百褶裙的功能。当然，在现代社会里，苗装日常功能的退化造成围腰的日常功能减退，故节日盛装

表2-12　广西融水杆洞屯苗族妇女日常型不同年龄段服装比较
（图片笔者实拍）

年龄＼服饰	4—6岁	7—12岁	13—18岁	19—29岁	30—44岁	45—60岁	61岁以上
上衣款式							
上衣结构图							
肚兜							
裙装							
腿套							
其他							
衣服所属对象							

中很少搭配围腰。老年妇女喜欢穿着对襟上衣搭配肚兜、围裙和裤子。穿着半截裤是因为她们生活在潮湿的山区，半截裤比裙子更有利于保护膝关节免受风湿的侵蚀，因此备受老年人喜爱。其三，随着年龄的增加，服饰的刺绣、装饰越来越少，风格日趋朴实。少女的刺绣装饰最多，在腰带上还有大面积的精美刺绣，而随着年龄增加，腰带不用了，年龄再增长，上衣的刺绣变少，钉珠亮片减少，之后衣袖、衣摆、门襟、腿套上的刺绣宽度变窄，或变成色带装饰，留有肚兜还有刺绣，刺绣也不如年轻时的图案组合复杂、层数多和色彩艳丽。

（二）刺绣

1. 刺绣部位

杆洞屯苗族女装日常型上衣刺绣部位（表2-13）为门襟贴边、袖、下摆和开叉处。女装百鸟衣上衣刺绣部位（表2-14）一般在门襟、肩部、袖中和袖口处。肚兜刺绣部位为肚兜的最

表2-13　广西融水杆洞屯苗族女装日常型上衣刺绣部位（图片笔者实拍）
（此为现代布料款）

上衣＼部位	门襟贴边	袖	下摆	开叉

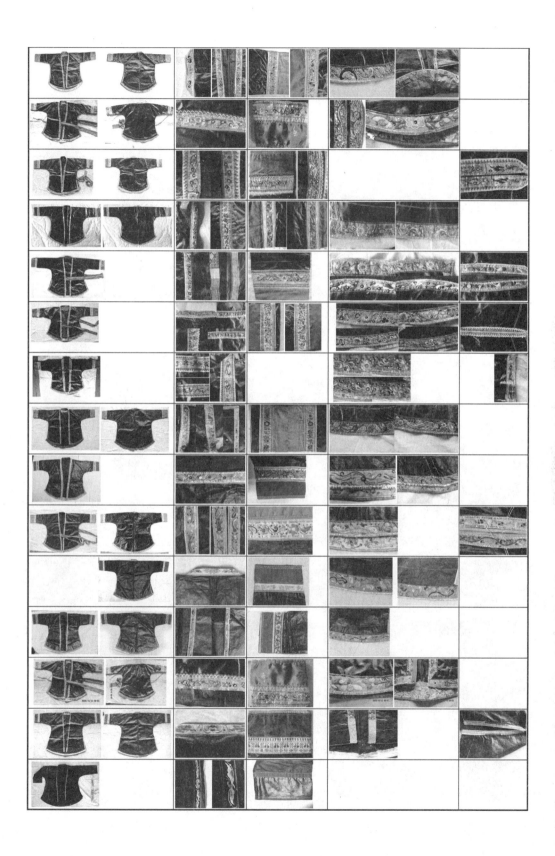

表2-14　广西融水杆洞屯苗族女装百鸟衣上衣刺绣部位
（图片笔者实拍）

上衣＼部位	云肩		门襟贴边	袖

　广西融水苗族服饰的文化生态研究

上方与脖子接合处。围裙的刺绣部位为腰两侧的腰带上。裙饰布满刺绣。腿套下方有一刺绣条带。

在一般情况下，日常型上衣门襟刺绣带会由四种不同色底布的刺绣带结合而成，后领一片，前门襟处六片（每边三种）。年轻则带宽，年老则带窄。袖口的刺绣带保持3厘米左右，多为一条，融水县其他地域会出现多条刺绣带，如拱洞乡和香粉乡。后下摆刺绣带要宽过于前下摆，刺绣的内容也有所不同。

百鸟衣与日常型相比，百鸟衣的刺绣部位要多一个云肩和袖中刺绣片，由于要搭配裙饰，因此百鸟衣下摆和侧缝的刺绣带会省略掉。

2．刺绣纹样分类

（1）上衣刺绣纹样分类：A．日常型上衣纹样（表2-15）；B．百鸟衣纹样（表2-16）。日常型中的纹样分为花卉纹、茎叶纹、鸟纹、昆虫纹、回纹、盘长纹和文字纹。百鸟衣的纹样分为花卉纹、茎叶纹、鸟纹和蝴蝶纹。

纹样的风格分为写意和写实两类。刺绣的色彩与男子百鸟衣的相似。边饰为横条状，因受宽度较窄限制，故朵花的形式要少过于花瓣的形式，即花瓣与枝叶的组合非常常见，以一种波浪骨骼的形式组合在一起。朵花更常见于百鸟衣的刺绣中。

花卉纹有三、四、五、六、七、八、九、十二瓣的花卉，与波浪形的茎叶组合在一起呈带状，现机绣花边将花卉与茎叶绣成两方连续。在茎叶纹中，会出现很多"S"形造型的植物茎纹样，纹样多为黑色，或者褐色。动物纹、回纹、盘长纹和文字纹不是盛装上衣的常见纹样，盘长纹和文字纹不属于杆洞屯的典型纹样，在拱洞乡较为常见，这表明拱洞乡的苗族女子嫁到了杆洞屯。

男女装日常型的刺绣比较（表2-17）。男装不刺绣，女装刺绣多在于边饰，一般后下摆边饰要宽过于前下摆。男女装百鸟衣比较（表2-18），女装的纹样类型不如男装丰富，刺绣手法少于男装，装饰的部位也不如男装多，男装强调前胸后背的装饰，女装没有，这与各自的款式搭配相关。女装上衣不强调胸以下的装饰是因为女装下配腰带和裙饰，因此，在这部位基本没有装饰。

（2）肚兜刺绣纹样分类（表2-19）

广西融水杆洞屯女装肚兜的纹样有鸟纹、蝴蝶纹、植物纹和文字纹等。其中鸟纹在当地非常普遍。鸟的造型基本上是一只展翅飞翔的动势，鸟头向后观望，尾部造型有的上扬，有的下垂，尾部羽毛条数以三条居多。蝴蝶纹、植物纹与上衣风格一致，文字纹中多为吉祥词汇，主体为一个字，与其他花草纹

表2-15　广西融水杆洞屯苗族女装日常型上衣图案分类
（图片笔者实拍）

纹样类型	单独纹样	组合纹样	色彩提取
花卉纹			
茎叶纹			
鸟纹			
昆虫纹			
回纹			
盘长纹			
文字纹			

表2-16　广西融水杆洞屯苗族女子百鸟衣上衣纹样分类和色彩提取
（图片笔者实拍）

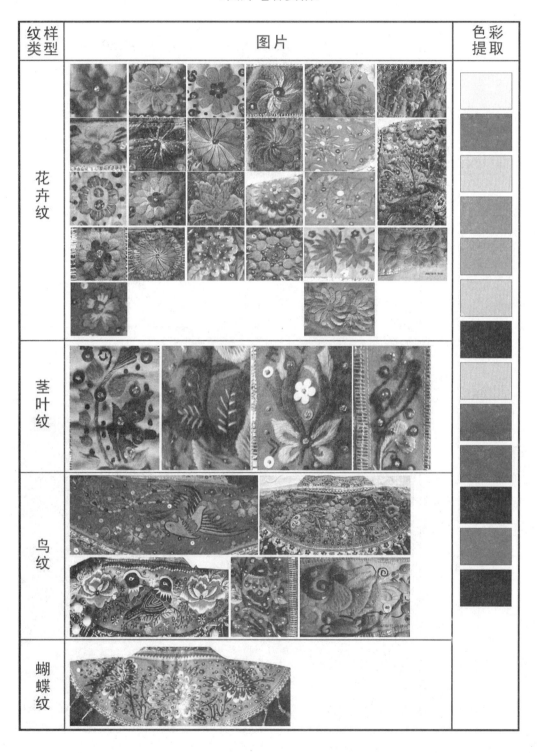

纹样类型	图片	色彩提取
花卉纹		
茎叶纹		
鸟纹		
蝴蝶纹		

表2-17 广西融水杆洞屯苗族男女日常型服装刺绣纹样比较

	男装	女装
上装	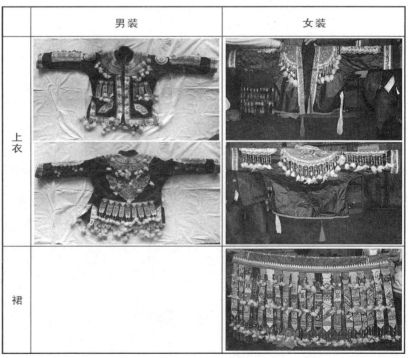	
下装		

表2-18 广西融水杆洞屯苗族男女装百鸟衣刺绣比较
（图片笔者实拍）

	男装	女装
上衣		
裙		

表2-19　广西融水杆洞屯苗族女装肚兜刺绣纹样分类
（图片笔者实拍）

纹样类型	图片		
鸟纹			
蝴蝶纹			
植物纹			
文字纹			

样进行组合。刺绣纹样的色彩与上衣一致，搭配时，如果上衣衣襟刺绣为黄底起花，则肚兜刺绣也为黄底起花。

（3）腰带纹样分类（表2-20）

腰带为少女使用之物，因为女孩年轻，故刺绣的纹样构图饱满。纹样种类为花草纹、鸟纹和蝴蝶纹。花草的组合仍然以波浪骨骼为主。

（4）百鸟衣的裙饰纹样分类（表2-21）

广西融水杆洞屯百鸟衣裙饰纹样可分为花草纹和文字纹。文字纹较少，以花草纹居多。造型、色彩及搭配与上衣一致。

（5）背带刺绣纹样分类（表2-22）

背带是广西融水苗族服饰文化传承的一个显著载体。在婴儿推车还未普及的融水县山区，人们带上婴儿行走于山间还是要借助背带。当苗族日常装渐渐退去其日常使用功能时，背带还在代代相传。因此，背带保留了苗族传统服饰文化的基因。背带纹样大体分为三种类型，第一种是蝴蝶纹，第二种是螃蟹花纹样，第三种是花草纹样。背带的纹样其花草组合和蝴蝶纹均与前面服装上的纹样相似，采用的刺绣手法基本是凸绣，少许贴布绣，只有螃蟹花的纹样是服装中未出现过的，此为广西融水县杆洞乡最具特色的纹样。螃蟹与花朵造型的融合，体现出人们对多子多福的向往。

（3）刺绣的工艺文化

在杆洞屯，刺绣是苗族女装的重要装饰，苗族姑娘一般从七八岁开始学习刺绣，十三四岁时已经很熟练了。

传统的绣花线都是自己种的棉花纺成线后自己染色而成。现在这项工作在白云的红瑶村落里还依稀可见，杆洞乡从改革开放后越来越少人种植棉花，因此绣花线都是从外面获取，主要来自融水县和从江县。在杆洞屯，刺绣的绣花线主要采用五彩丝线，也有买回化纤的缎面织物，抽取丝线来刺绣的，她们认为这样比把一根丝线破成几份要容易而直接。

在杆洞屯，刺绣多为纯手工制作，刺绣主要是凸绣、平绣。刺绣的工序如表2-23。凸绣是在底布上铺一层或几层剪下的硬纸花，使所绣花卉凸出，有立体感。有的花中有花，有的还钉上亮片，五彩斑斓，闪闪发光。而平绣，则在布料上画好花纹图样，直接用丝线在上面穿针走线。凸绣强调丝线的平行、均匀与细腻，刺绣好手会把一根丝线分为几股，用一股来刺绣，也有人从市场上买回缎面织物，抽纬向丝来进行刺绣，这样出来的效果更加细腻和精工。

剪花是非常重要的绣前工作。用纸张剪成式样贴在布上后，再用各种不同颜色的丝绒线，按照剪贴的样式一针一线地

表2-20　广西融水杆洞屯苗族女腰带纹样分类
（图片笔者实拍）

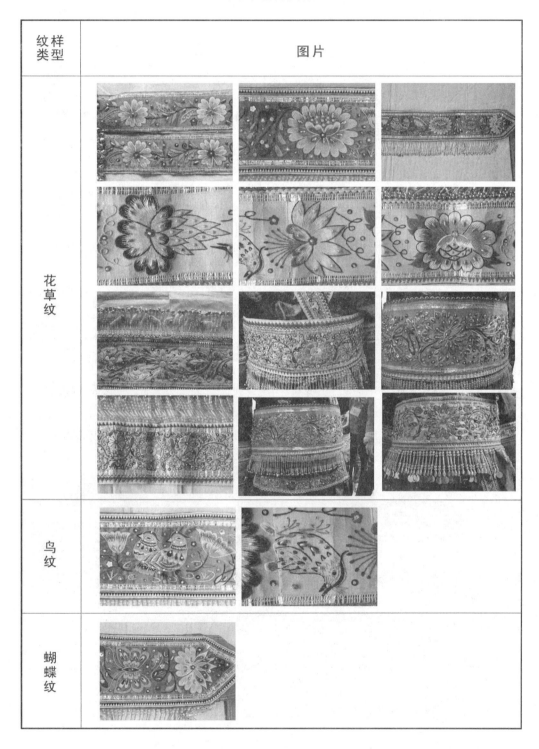

纹样类型	图片
花草纹	
鸟纹	
蝴蝶纹	

表2-21　广西融水杆洞屯苗族女子百鸟衣的裙饰纹样分类
（图片笔者实拍）

纹样类型	图片
花草纹	
文字纹	

表2-22 广西融水杆洞屯苗族妇女背带中的刺绣纹样
（图片来源于笔者实地拍摄）

背带带盖	纹样细节					纹样提取		
						蝴蝶	螃蟹花	花草

表2-23 广西融水杆洞屯苗族服饰的刺绣工序

（图片笔者实地拍摄）

	制作工序图	工序

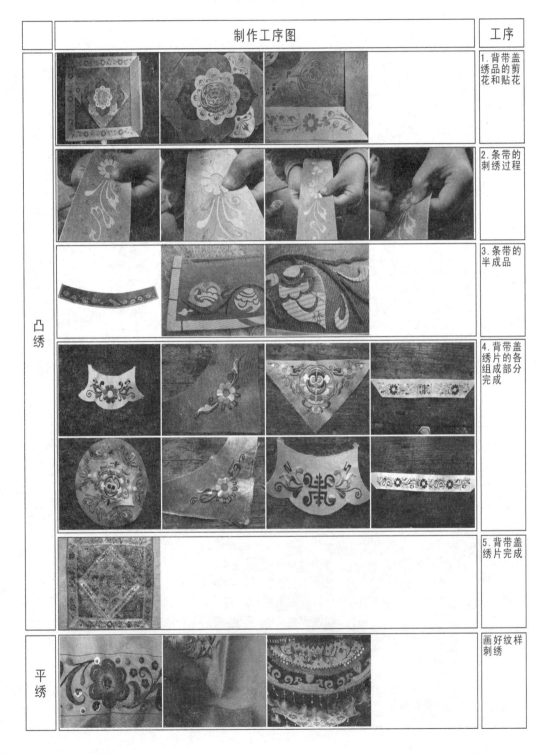

凸绣

1.背带盖绣品的剪花和贴花

2.条带的刺绣过程

3.条带的半成品

4.背带盖绣片的各组成部分完成

5.背带盖绣片完成

平绣

画好纹样刺绣

绣出各种图案。刺绣的工艺要看刺绣者的熟练程度，有些不用打稿，式样也不固定。苗族妇女凭借自己的想象力，就能随心所欲地绣出美丽的纹样，因此在杆洞屯的实地考察中，笔者发现她们的绣品虽然是条状的，但很多都不是两方连续，不对称，随意性很强。刺绣在融水县杆洞屯主要用于服装和背带的装饰。

在过去有所谓的"婚前绣"，也称为"秘绣"。即在出嫁之前，女孩子都要给未来的小孩绣制花帽、花衣、包被、背带心等饰物。苗家姑娘在绣制这些用品时，是不能给外人看的，特别是不能给男性看，家里的妈妈或嫂子发现了，也不能张扬出去。一般婚前绣要绣小孩的小花帽四五顶、小花衣七八件、包被两三张、背带盖三四个，女孩子把这些绣品包好交给母亲保管。现在女孩子都外出打工，杆洞屯的很多母亲为自己女儿出嫁做准备。

"秘绣"一般在女孩子出嫁前就结束了。绣好的绣品交给母亲保管，母亲亡故的则是交给嫂子。这些绣品在娘家要放到女孩子出嫁后生了第一个孩子以后，两家的亲戚朋友在一起高高兴兴地喝满月酒时，才由娘家的人送到夫家让众人欣赏。笔者在融水的雨卜村调研苗族满月酒的过程，其中在外婆家送礼过来时，挑的担子里就有背带盖，但因雨卜村离县城很近，物资也非常丰富，手工刺绣因为价格比机绣品高很多，所以在本地没有市场，加上本地手工刺绣没有打开知名度，因此也没有外地人到此采购。基于以上原因，手工刺绣在本地市场近乎消失。本地人为喜庆事件准备的绣品除了极少数人家自己制作自己用之外，都是买市场上的机绣品（如图2-3），这体现出融水县苗族手工刺绣即将消失的现状。

图2-3 广西融水县香粉乡雨卜村满月酒游行队伍中的机织背带盖（图片来源于笔者实地拍摄）

（三）配饰（表2-24）

1．头饰

女子的发式都盘发，盘发的方式从左盘过额，经脑后绞于左侧。

（1）头盖银饰

一种是帽状，另一种是盘状，帽状的居多，盘状的在香粉乡、安陲乡居多。帽状银饰纹样由花、鸟、蝶、鱼、铜鼓纹样自由组成，前额处一般垂有银鱼，环额成帘，蝴蝶纹和花纹在帽饰的中部，头顶插有三支或五支银雉尾，雉尾上有鸟纹、或花纹、或铜鼓纹的银饰造型，有些则有花朵的纹样造型，末端系少量红、绿绒线。另一种帽状银饰来自黔东南地区，上有张秀梅起义等纹样。主要的制作工艺为锤錾工艺。盘状的银饰是把银子通过花丝工艺拉成长丝，再用两根长丝扭合在一起，然后焊接成银环，上有鸟衔鱼纹样，一般会在银盘两侧插两只银质雉鸡尾。

（2）银簪

平时喜欢在脑后插银簪，银簪从造型上大体分为三种，第一种为一字形，前端主要装饰为银丝和银片焊接而成银花的造型；第二种为一字链状垂挂型，银簪的两端用数条银链悬挂，且两端垂坠有银片；第三种为雉尾形，即银饰上主要的造型就是雉鸡的造型，尾部特征特别明显。第一、二种为平时戴的银簪，其大多明显的特征就是一头为尖形，一头为耳瓢形。第一种造型有一朵花和两朵花形式，有镶嵌宝石和不镶嵌宝石型。采用锤錾、花丝和镶嵌工艺。第三种银簪为盛装银饰，故造型复杂而张扬。

2．耳饰

耳饰分两种，一种是银圈玛瑙形。由银圈和玛瑙环组成的款型；另一种是拉丝银花形，由银丝编成银花，下缀有多个银片组成的款型。纹样大多采用花朵纹和铜鼓纹。工艺上采用锤錾和花丝工艺。

3．颈饰

颈饰分为颈前装饰和颈后装饰。颈前装饰一般有两种款型，一种为扭圈形，另一种为链形。均用银制作，表面雕刻花纹图案。扭圈形一般是由三个圈、五个圈或九个圈组成；链形的颈饰下边多半缀有蝴蝶形银牌和银铃。颈饰中还有一种的挂肚兜的银钩，位置在颈背部，呈S形。一般采用锤錾和花丝工艺。

4．手镯

大体有三种款型，分五棱形镯、环形镯、珠镯。纹样大多为朴实简单的花草纹，采用工艺为锤錾和镌镂工艺。

表2-24　广西融水杆洞屯苗族妇女服饰中的配饰
（图片笔者实地拍摄）

银饰		图片	造型	纹样	工艺
头饰	银帽		帽状	花草纹 鸟纹 蝶纹 鱼纹 铜鼓纹	锤鏨
			盘状	鸟纹 鱼纹	花丝 鏨刻
	银簪		一字形	共朵纹 螺旋纹	锤鏨 花丝 镶嵌
			一字链 状垂挂型	花草纹 螺旋纹	锤鏨
			雉尾形	鸟纹 花朵纹 铜鼓纹	锤鏨
耳饰			银圈玛 瑙环形 拉丝银 花形	花朵纹 铜鼓纹	锤鏨 花丝
颈饰			扭圈形 链形 S形	蝴蝶纹 鸟纹 花草纹	锤鏨 花丝
手镯			五棱形 环形 珠形	花草纹	锤鏨 镌镂
腰饰			蝶寿兵 器形 蝴蝶针 筒形	蝴蝶纹 寿字纹 兵器纹 鸟纹 鱼纹 花卉纹 螺旋纹	锤鏨 花丝

5．腰饰

腰部悬挂的银饰大体分为两种，一种为蝶寿兵器形，一种为蝴蝶针筒形。长度为36厘米左右。蝶寿兵器形是由蝴蝶、寿字和十种兵器组成主体纹样，由链状拴接，细节处有鸟纹、鱼纹和花朵纹、螺旋纹等，工艺细致，花丝工艺较多。蝴蝶针筒形主要由针筒、蝴蝶和兵器造型组成，为突出苗族女子善于刺绣，因此银针筒在女装的配饰中非常常见。工艺上采用花丝和锤鏨工艺。

三、广西融水杆洞屯苗族亮布的调研

由于山区交通不便，封闭自守，传统苗装的面料在很长的时期里都是用自己种的棉花纺成纱锭，然后织成45厘米左右宽度的白布做成的亮布（苗族对亮布也称为"蛋布"）。现在的农家已经不种棉花了，即使是纺织土布，也是从贵州那边买纱线过来织布，更多的人则是从市场上买回白坯布，剪成45厘米幅宽来上染。制作亮布最复杂的过程是染色，在上染之前蓝靛染料制作过程至少需要十天，染布必须经过上染、漂洗、捶打、浸染、刷蛋清、蒸布和晾晒，经过这些工序后柔和发光的亮布才能制作而成，这个过程也需要二十多天，因此把白布变成亮布，当地称为蛋布，则需要一个多月的时间。亮布做好后，人们才用它缝制服装，如百褶裙也是亮布做好后才开始制作的。

（一）苗族亮布制作相关器具

1.工具：大木桶（塑料桶）、木槌、木甑、青石板。（如图2-4）

2.材料：马蓝、石灰、谷穗秆、（鸡皮）杨梅树皮、牛胶、薯莨、糯米甜酒、土鸡蛋清。

塑料桶　　　　　　　木桶　　　　　　木槌和青石板

图2-4　制作亮布的工具（图片来源于笔者实地拍摄）

（二）苗族亮布制作工艺

1．种蓝靛

蓝靛，也叫靛青，是一种还原染料，由蓝靛植物蓼蓝、菘蓝、木蓝、马蓝打浆过滤后沉淀下来的蓝汁晒干而成。《本草纲目》早有记载：蓝靛，南人掘地作坑，以蓝浸水一宿，入石灰搅至千下，澄去水，则青黑色，亦可干收，用染青碧。其搅起浮沫掠出阴干，谓之靛花。[1] 融水县的苗族很早就掌握了利用一种多年生草本植物马蓝作为提取蓝靛染料原料的方法。马蓝，在当地被称为蓝草。（如图2-5）靛染织物，以蓝色为主，颜色由于染的次数递增而逐渐加深，直至呈深蓝色或蓝黑色。（如图2-6）靛染原料获取容易，制作工艺简单。广西的瑶族、壮族等少数民族都有靛染的习俗，蓝靛染色技术非常成熟。在融水县，苗族的蓝靛亮布制作手工技艺自宋代以来，已有一千多年的历史，其工艺已形成了一整套固定的模式。

蓝靛染料在我国使用非常早，《诗经小雅·采绿》中的"终朝采蓝，不盈一襜"，《礼记·月令》中有"仲夏令民勿刈蓝以染"的规定，而《荀子·劝学篇》中曰："青，取之于蓝而青于蓝"，可见，在距今两千多年前，中国人已经从青绿色的蓝叶中，提取出色泽更鲜艳的蓝色染料。周朝设有管理染色的官职——染草之官，秦代设有"染色司"、唐宋设有"染院"、明清设有"蓝靛所"等管理机构。

中国是较早使用蓝靛染麻布的国家。将蓝草采摘沤泡，用石灰加速发酵，可以制成一种冷染的还原性染料。用此方法染制亮布在黔东语系的苗族里非常多见。融水、三江、从江、榕江、黎平、台江等地，苗族喜欢蓝靛染制亮布，与之相邻的侗

图2-5　杆洞屯种植的马蓝（图片来源于笔者实地拍摄）

图2-6 广西融水杆洞
屯蓝靛染色的苗族亮布
（图片来源于笔者实地
拍摄）

族也很喜欢制作。在贵州《黎平府志》上就记载了："蓝靛名
染草，黎郡有两种，大叶者如芥，细叶者如槐，九、十月间割
叶人靛池，水浸之日，蓝色尽出，投以石灰，则满池颜色皆收
入灰内，以带紫色者为上。"[2]

2. 制作蓝靛的工序

（1）制染料蓝靛膏需要经过几道工序：如采摘、沤泡、
出靛、储藏等。

北魏的贾思勰在《齐民要术·种蓝》就记述了蓝靛的制法，
"刈蓝倒竖于坑中，下水，以木石镇压令没。热时一宿，冷时再
宿，漉去荄，内汁于瓮中。率十石瓮，着石灰一斗五升，急抨
之，一食顷止。澄清，泻去水，别作小坑，贮蓝淀着坑中。候如
强粥，还出瓮中盛之，蓝淀成矣。"[3]用石头或木头压住，以使
蓝草全部浸于水中，浸的时间天气热时一个晚上，冷的时候两个
晚上，然后漉去根茎，把蓝草汁装到瓮中。一般标准是，容量为
十石的瓮，放一斗五升石灰，放进去以后，马上不断地搅动，要
搅拌一顿饭的时间才能停下来。待溶解在水中的靛草汁和空气中
的氧气化合以后产生沉淀，再倒掉上面的清水。另准备一个小
坑，把瓮底的沉淀物倒进去存储，等这些沉淀物阴干到硬粥状，
还把它拿到瓮里装着备用，于是蓝靛就做成了。这就是世界上最
早的制备蓝靛工艺操作的记载。

《天工开物》中也记载了造靛的方法，"凡造靛，叶与
茎多者入窖，少者入桶与缸。水浸七日，其汁自来。每水浆一

石，下石灰五升。搅冲数十下，靛信即结。水性定时，靛澄于底。"[4] 《天工开物》记载了汉族的制作蓝靛的方法，量大则把蓝靛沤泡在蓝靛池里，量少则沤泡在木桶或者缸中，沤泡时间为七天，加石灰搅拌后放置一段时间，蓝靛就会沉到底部。苗族蓝靛的制作方法与汉族的基本一致，在杆洞屯，因为不需要大量的蓝靛染色，故用木桶来沤泡蓝靛。

在化学合成的染料出现以前，马蓝是融水县杆洞屯的苗族亮布染色的基本原料。过去在村里家家户户都种马蓝，马蓝的种植一般在春季的二、三月份下种，秋冬季的八至十月份成熟，成熟的马蓝一般高度达60厘米左右。

把马蓝加工成染料，是一个复杂的过程。把还没开花的马蓝枝叶砍回来，尽快放入木桶内加水浸泡发酵。现在融水县基本都采用塑料桶。如图2-7，先在塑料桶中放入几十斤马蓝枝叶，随后用石块压住枝叶，再往塑料桶中加入适度的山泉水，让池内的枝叶完全浸泡，看天气的温度，如果是在30摄氏度以上的气温，一般沤泡三天三夜，如果是气温低于30摄氏度，日照时间不多，就需要沤泡10—15天。一般泡一百斤的马蓝枝叶才能得到两三斤的蓝靛膏。

待马蓝枝叶子全部烂掉了，便将残渣捞出。这时马蓝分解出来的液体是绿色的，要想把绿色变为蓝靛膏，则需要加入新鲜石灰（生石灰的纯度要求较高，不能含沙和泥土，一般他们选择的石灰岩结构紧密、颜色灰黑的那种烧制出来的生石灰）。之后用瓜瓢不停搅拌使其形成糊状，让蓝靛水和生石灰完全反应起泡。用瓜瓢提起溶液再倒出，会形成线状沉淀就可以停止搅拌了。

一般马蓝枝叶5公斤则需要放入生石灰约1公斤（比例为5∶1），但要看搅拌过程中溶液的酸碱度来调试生石灰的加放量。酸碱度的测试一个方法是观察溶液的颜色，第二个方法是通过口感。如果搅拌过程中桶内泡沫的颜色由绿色变为淡黄色，说明石灰用量已适度。用手蘸点溶液品尝，如果感觉有碱味，苦后带甜，那么石灰用量适度，没有甜味则说明石灰用量过大，这时要添加泉水；如果品尝没有碱味则继续补充石灰。

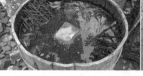

图2-7 马蓝沤泡过程
（图片来源于笔者实地拍摄）

泡蓝靛　　　　　　用石头压住蓝草沤泡　　　　　蓝草腐烂

待十二个小时沉淀过后，用瓢把塑料桶中的上层的清水舀出，最终形成染料蓝靛膏。

将蓝靛膏捞进竹箩内晾干。一般苗族人会先在竹箩里垫上芭蕉叶，然后再放入蓝靛膏，用芭蕉叶把蓝靛膏包裹起来，储存到阴凉的地方。芭蕉叶是不会腐烂的，并且芭蕉叶会让蓝靛膏呈现出紫色的光泽。现在很多人喜欢用编织袋来装蓝靛膏，让其结成块状保存。蓝靛膏要干得发黑发亮才叫好。

一般苗族会选择天气最热的时候（农历六月，新禾节之后）进行蓝靛的制作，主要是为了发酵的温度。如果天气的温度高，达到35摄氏度以上，发酵中产生的靛红素就越多，染出来布料的颜色就越好。因此布料会带有红光。

（2）化学原理

马蓝沤泡发酵，其绿色溶液为弱酸性，生石灰［CA（OH）2］为碱性物质，加入到马蓝沤泡发酵的绿色溶液中发生酸碱中和反应。搅拌是为了让溶液在空气中充分氧化，之后可以沉淀出蓝靛膏。

A. 马蓝的叶子里含有丰富的靛甙（吲羟与葡萄糖的缩合物），发酵后变成2-羟基氮茚，继续氧化就能得到蓝靛了。在马蓝叶沤泡的时候，靛甙分解到泉水里，时间长了，溶液微生物的生长，pH值成弱酸性，发酵生成的糖化酶使靛甙的甙键发生断裂，如图2-8所示，水解出来的葡萄糖在沤泡过程中继续变成乳酸，使糖化酶的活力增强，进一步促进吲羟的游离。

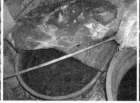

舀蓝靛　　　　加入生石灰搅拌　　　配置染料水

图2-11　配置染料水过程（图片来源于融水博物馆馆长石磊及笔者实拍）

图2-12　染布过程（图片来源于融水博物馆馆长石磊及笔者实拍）

B.游离出来的吲羟可溶于碱性溶液，发生吲羟酮式互变异构而生成吲哚酮。因此，生石灰［CA（OH）2］的加入，为羟酮式互变异构提供了条件。如图2-9所示。

C.吲羟酮在碱性的条件下，搅拌与空气中的氧气继续发生氧化反应，两个吲羟酮会缩合而成不溶于水的蓝靛，在静置的条件下，蓝靛沉到水底。（如图2-10）

3．制作亮布工序

（1）制作亮布的工序包括染料水配置、染色、捶打、刷蛋清四个过程。

A.染料水配置

将蓝靛膏与水量的比例按照1∶30来配置染料水。用泉水把桶里的蓝靛膏溶解，加入石灰或草木灰、甜酒，发酵三天制成染料水。（如图2-11）染料水是需要养的，每天晚往木桶加入一碗（大约半斤）糯米甜酒，保证染料水是活的，连加三天。便可进行染布。此时染料水由蓝色变为淡黄色才是好的，如果是蓝色，则为死水。

B.染色过程：蒸布—染色—漂洗—晾晒

将织好的白布先蒸一次，拿出浸入染料水里，泡半个小时后，将布捞出来叠放在桶口的横条上，让水滴至半干，再一次泡染。（如图2-12）每次泡染时，均须用木棍将桶内沉淀的蓝靛重新搅匀。这样反复多次，直到布料色泽饱和为止。然后用清水漂洗，接着挂在架上晾晒氧化。（如图2-13）布料每染一次，晒一次，颜色就加深一层。一天之中要反复染色三次，每次染完，都要用清水漂洗、晒干，这一个过程需要三天左右。

图2-13 洗布和晒布
（图片来源于融水县博
物馆馆长石磊）

图2-14 捶布（图片
来源于融水县博物馆
馆长石磊）

C.捶打过程：捶打－固色－漂洗－晾晒－染牛胶

布料一般放在平滑的石板上轻轻地捶打。（如图2-14）捶布为了让布更平整、更结实，更有光亮度。将布料叠成几层，面向外，慢慢地从布边向中心捶打，力量要均匀。时间需要一两天。这时的布料有一定的光泽，非常本色而柔和，仅适合于老年人的日常服装。

捶打好的布料还需要再次放入薯莨、鸡皮杨梅树皮煮出来的水再次上染、固色，漂洗晾晒后再次捶打，再次放到该水中浸染，重复上述过程三次，使染布呈紫红色。薯莨和鸡皮杨梅的作用主要是解决苗族对布料色彩的需要和脱色问题。

此时染出来的布料卷好，放入饭甑内蒸一两个小时，取出晾晒，晾干后再放入牛皮胶水中上染。这个过程要反复四五次之多。

牛皮胶水的制作方法：牛皮一般采用黄牛皮，牛皮要经过烧毛、脱脂的工序然后浸泡数日，按五公斤水放入三两牛皮，放入锅里文火炖煮，直到牛皮全部融化成胶水即可。

染牛胶的方法：将欲染的布料一点一点地放到木盆中，用

牛胶水均匀地涂抹在布料上，一边摸匀牛胶，一边在盆中卷好染好的布料，卷成筒状，放在晒台上晾干。棉布在碱性溶液浸泡后会损伤纤维的韧性，通过捶打工艺将牛皮胶粘住纤维，这样便可以增强布料的耐磨性和硬挺度。

不断地重复蒸、染、洗、晒、捶的过程主要是为了让布料变得柔软、平整、色泽均匀、不易掉色。

D.刷蛋清：要想变成紫色发亮的"亮布"，则需用自制鸭毛刷沾鸡蛋清抹刷在布料上，需要刷两次。如图2-15，方法：在布料晾干后，一边打开卷好的布料，让其落在地上的簸箕或者木盆中，一边刷，刷好后，再卷好布料，放到木甑中将布蒸透，拿出晾干，然后再重复一次，就成为"亮布"了。"亮布"的色彩为紫红色，布面有亮光，色泽均匀为优良，既耐脏又防寒，还有一定的防水性，穿着行动起来会发出声响。

（2）上染的化学原理：石灰或草木灰提供了碱性的环境，甜酒提供了发酵的养分。在碱性条件下，发酵产生的氢气会将蓝靛还原成靛白，使之上染到白布上，然后晾晒过程，又将靛白在空气中氧化成蓝靛。（如图2-16）

融水县境的杆洞、滚贝、白云、拱洞、四荣、安陲等地的苗族衣服用紫红色亮布。亮布是融水县苗族传统服饰中最主要的面料，在历史大潮的洗礼中，正在逐步踏出历史舞台。笔者奔忙于融水县的各村各寨，寻访制作亮布的能手，但都不尽如人意，即便是在离融水县城最远的乡——杆洞，也只寻访到一两位老人，用的布料基本都是买来的白坯布，剪成40厘米左右的幅宽，从面料的观察中，笔者认为是90厘米幅宽的布料剪成两半，苗族传统的布料就是织布机上出来的40多厘米的土布，因此老人们还是习惯用这类门幅的布料裁剪衣服。还有一位老人把自己以前织的布料再拿出来继续染，因为以前没有做好、做完整。

4. 亮布的传承

以下是融水县文体局2006年申报非物质文化遗产时关于亮布传承谱系的材料：

传承谱系（1）

第一代 姓名，王绮咪；辈分：太太太祖母；出生年月：不详；民族：苗族；职业：农民；传承方式：祖传；居住地址：拱洞乡高武村。

第二代 姓名，王奴咪；辈分：太太祖母；出生年月：不详；民族：苗族；职业：农民；传承方式：祖传；居住地址：拱洞乡高武村。

第三代 姓名，王享咪；辈分：祖母；出生年月：不详；民族：苗族；职业：农民；传承方式：祖传；居住地址：拱洞乡高武村。

第四代 姓名，王当咪；辈分：祖母；出生年月：不详；民族：苗族；职业：农民；传承方式：祖传；居住地址：拱洞乡高武村。

第五代 姓名，王依咪，辈分：母亲；出生年月：1926年；民族：苗族；职业：农民；传承方式：祖传；居住地址：拱洞乡高武村。

第六代 姓名，王梅培；关系：妻子；出生年月：1937年；民族：苗族；职业：农民；传承方式：祖传；居住地址：拱洞乡高武村。

姓名，石良德；性别：男；出生年月：1940年；民族：苗族；职业：农民；传承方式：祖传；居住地址：拱洞乡高武村。[5]

笔者根据融水县文体局出示的他们申报"非遗"的村寨，走访了融水县拱洞乡高武村王梅培（73岁，融水县博物馆馆长石磊的母亲），今年她也不染布了，问及为何不染布，她说老了，做不动了，现在市场上有化纤布料，从光泽和颜色上都非常相似于苗族的亮布，面料性能也符合融水县苗族对布料的要求，融水传统亮布苗装穿着时的缺点，一则容易掉色，身上会被染黑；二则坐下时容易起皱，而他们的审美要求是不能起皱，这恐怕是亮布传承下去的最大障碍之一，也是生活中逐渐消失而仅能保留在节庆日的缘故。为此，女子穿着亮布服装时非常小心，没有大幅度的运动，即便是在芦笙踩堂时，也是走步，而不是跳舞，舞蹈是20世纪80年代龙老太改编的。因为融水县文化馆将亮布的制作申报

"非遗"受到挫败，自治区文化厅认为他们申报的系列坡会（国家级非物质文化遗产）已经包含此项目了，所以不为此另设名目，这使得融水县苗族传统亮布制作还处于一种自我发展状态。

相比起贵州省从江县小黄侗寨，保护状态中的人们更具商业气息。10月的小黄村，正是家家户户泡蓝靛染布捶布的季节，小黄村是以侗族大歌而出名，2007年4月，温家宝总理率领中国政府代表团出访日本时，就带上了小黄村五修月、潘鳞玉等几名侗族大歌的小歌手随团出访，现在在小黄侗寨的小学里都还有温总理的巨幅照片。在小学走访时，学校的老师告诉我们为了上海世博会的开幕式，现在有二十个小歌手在天津集训。小黄村因侗族大歌而出名，其服饰简单而朴实，服饰上的亮点正是侗族的亮布制作，在这里，可以看到一个亮布制作的原生态。（如图2-17）相比之下，杆洞屯被认为是原生态保存最久的地方，因为没有人要求他们保护传统手工艺，故现在仅有几户人种植蓝靛和染布，笔者走访融水县很多村寨，制作传统亮布的人非常稀少，很多苗寨里不再制作亮布，故苗族亮布在融水县处于一种濒危的状态。

在相当长的历史阶段，融水县的苗族处于一种"刀耕火种、广种薄收"的自然经济状态，人们过着"男耕女织"自给自足的生活。这种生活方式使得蓝靛土布与苗族人民的生活息息相关，家家都有染桶、纺纱、织布机、捶布青石板，苗族妇女个个都会织布、染布。而如今，苗族服饰的文化生态发生了巨大的变化。在问卷调研中，问及为什么不自己制作布料，几乎所有的人都说麻烦，很花时间，有这个时间做别的工作可以挣不少钱。因此自己制作布料很不经济，还不如到市场上去买，买了就可以穿了。只有老一辈少数人还种蓝靛，种蓝靛的原因很多是为了帮家里的小孩做过年时穿的苗装。60岁以下的

图2-17　贵州省从江县小黄侗寨亮布制作原生态（图片来源于笔者实地拍摄）

不再种植蓝靛。没有蓝靛，亮布就消失了。由此，我们可以看出亮布掉色、起皱和经济因素是亮布消失的直接原因。

四、广西融水苗族服饰比较
——以杆洞屯与拱洞乡和香粉乡的服饰比较为例

（一）服装比较

服装款型整体一致，细节有所差异。三者都是对襟衣配肚兜和百褶裙，穿着方式一致，右边门襟斜搭在左边门襟上，并且用带子系紧。细节差别在于服装上衣的长短。

1. 上衣

杆洞屯对襟上衣66厘米左右，培基村的对襟上衣60厘米左右，而香粉的上衣70厘米左右，其中拱洞乡的肚兜最长，长达80厘米左右。因此在穿着后出现内外层次错落的不同。

百鸟衣是杆洞屯特色的苗装，原来只有杆洞屯有，现如今，交通相比过去便捷很多，服饰的传播相对容易。由于旅游的需要，融水县很多乡镇都效仿杆洞屯的百鸟衣，只是装饰细节上不同。如，拱洞屯的百鸟衣云肩是用串珠和绣片组成的，刺绣的纹样丰富，造型生动，而杆洞屯的百鸟衣云肩是一片状结构，上面的纹样多绣有花鸟纹，风格质朴。男装百鸟衣在杆洞屯非常多见，其他地域几乎很难找见。

袖口装饰是融水县苗族服装中的一个重要的装饰部位。在杆洞县，苗族女子上衣袖口装饰多为两层，一层花边（机绣或手绣），一层为彩色（绿色和紫色居多）布料，风格简朴。拱洞的苗族女子上衣袖口刺绣做得非常精美，层数较多，分三、五、七层几个类型。袖口一般装饰有钴蓝色的缎纹织物。刺绣纹样包括中国结、花草树木、龙、鸟、人物、汉字、拼音（拼音是新中国成立后才有的，这应该是受现代文化的影响）等。袖口装饰是表现女子手工精巧的主要展示媒介。同样在香粉乡的苗族女装袖口装饰上，我们虽然发现了大量的机绣制品，形式以多层居多，构图饱满，纹样由花、草、鸟、蝶组合，其展示意义仍然是表达女子的手巧和勤劳。

衣摆装饰也是上衣装饰的主要部位。杆洞屯的衣摆，以随意的手工刺绣为主，蓝绿基调，红花绿叶居多，也有少数现代布料的上衣衣摆还悬缀珠帘。拱洞乡的苗族妇女上衣下摆花边装饰有手工刺绣和机绣两种，机绣制品达到60%以上，纹样由花草树木、凤鸟、文字、人物、中国结组合而成，基调以粉绿色居多。下摆的花边有单层和复层两种。绝大多数的衣摆喜欢使用珠帘悬缀，有垂直和弯曲之分。香粉乡的苗族女子上衣衣摆花边装饰绝大多数是机绣制品，装饰层数分为一层、两层和三层几种类型，图案有花草、鸟纹组合，都喜欢悬缀珠帘。

2．肚兜

三个地域的肚兜形状大体为菱形，款式结构相同，区别在于长短的不同。杆洞屯的肚兜比外衣长4－5厘米，拱洞的肚兜比外衣长15－20厘米，其区别在于胸口的装饰细节。

杆洞屯的绣片的由花、草、鸟、云彩等纹样组合而成，整体图案为适合纹样，主要纹样比例较大，色调黄色的居多。刺绣的随意性较强，构图饱满，风格朴拙。

拱洞乡的肚兜领口刺绣层数较多，图案由动物、花草、树木、果实和文字组合而成。主体图案以文字为中心左右对称，主要纹样纤细，留白要多过杆洞屯的。在整体格调上强调工艺的精细，风格雅致而娟秀。文字一般请知识渊博的人书写，或者丈夫帮妻子书写，也有男女恋爱时男方写给女方的文字，其表达的文化内涵以吉祥祝福、爱情甜蜜等为主。

香粉乡的肚兜领口装饰绝大多数为机绣制品，强调层数多，多者刺绣过胸。图案多为左右对称纹样，以花草、蝴蝶、鸟纹等组成。

3．围裙

在杆洞屯，中老年妇女穿用围裙，而在拱洞乡和香粉乡则不穿此类服装。

4．裙饰

裙饰指裙外装饰，一般长度为40厘米左右。杆洞屯苗族女子裙饰有两种，一种为银饰，一种为刺绣装饰。银饰多为蝴蝶纹和几种兵器组成，有些上面还与针筒结合，挂在腰间，悬挂在裙侧面。刺绣装饰有两种，一种为两片条状组合，由于两片条状下方倒尖角，也被称为燕子角；一种为多片条状组合，百鸟衣就搭配这样的裙饰。刺绣纹样多为花草鸟蝶。裙饰下方或悬缀珠帘，或悬缀羽绒、绒球。拱洞乡的裙饰有一片、两片、三片、四片几种，或倒尖角，或平角。下方悬缀有珠帘。在每片组合之地，装饰有直径1厘米的小圆镜片，取辟邪之意。纹样有花草树木、龙凤、鸟等。香粉乡的裙饰类型更为丰富，有一片、两片和多片之分。一片中又有一层、两层和三层之别。多片中又分有直条和方片组合两种。直条中分合并直条和分开直条两种。装饰有珠帘和羽绒两种。绣片仍以机绣品占绝大多数。

5．面料比较

融水县的苗族服装在过去一贯都是采用传统亮布制作，而如今在面料的选择上非常丰富。杆洞屯的苗族女子上衣面料有50％至60％是亮布面料，也有化纤面料，色彩方面更强调传统

表2-25　融水苗族不同地域服饰比较
（图片笔者实拍）

服饰 ＼ 地域	杆洞屯	拱洞乡	香粉乡
服装款式			
头饰			
颈饰			
胸饰			
领口装饰			
袖口装饰			
下摆装饰		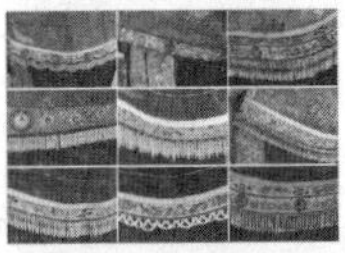	
裙饰			
主要面料	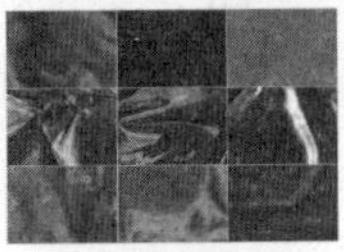	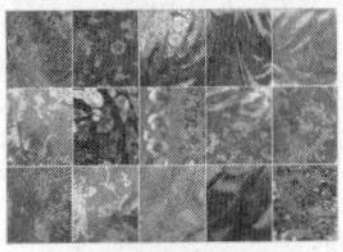	
背带装饰	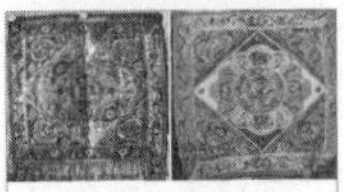	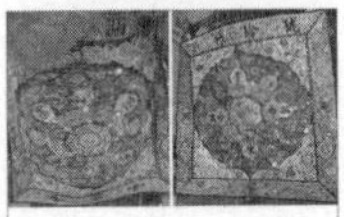	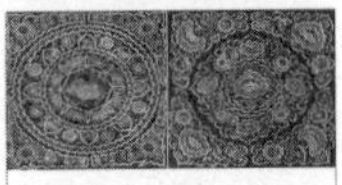

广西融水苗族服饰的文化生态研究

色。如红色、紫色，更体现传统亮布的色泽取向。拱洞乡的苗族女子上衣面料色泽艳丽，图案丰富，闪闪发光的面料非常受大家欢迎，色调多趋于橙色和橙黄色，苗族传统亮布制作的服装甚少。香粉乡的苗族女子上衣面料单色较多，色彩明亮，紫色、红色居多。

从服装的面料上，我们得知，融水县贫困地区还能继续使用传统亮布来制作服装，而经济发达地区，几乎无人制作亮布。取而代之是大量的仿亮布和亮片闪光的化纤面料。

（二）银饰比较

银饰是融水县苗族服饰不可缺少的配饰。杆洞屯的头盖银饰有帽状和盘状两种，拱洞乡没有盘状银饰，只有帽状，香粉乡与杆洞屯的形式一样，只是盘状银头盖上插有的银簪雉鸡尾更长。从头盖银饰上，我们也看到了现代融水苗族的审美取向。只要是苗族的亮丽的饰品，他们都可以拿来与自己的服饰搭配。如图所示，拱洞乡的苗族把黔东南长角苗的牛角帽也吸入到自己的服饰当中，表现出他们对本民族的认同。

银饰搭配的多少与地区经济的贫富相关。在杆洞乡，由于经济贫困，银饰相对偏少，颈饰有圈状和链状两种。银项圈在融水县通用，各地区都有，分为一、三、五、七、九圈几种，造型为扭形。链状银饰，一般会在胸前缀有银质蝴蝶。拱洞乡的颈饰除了圈状银饰，还有来自黔东南地区的双龙戏珠银项圈和银锁。融水县本地的银饰最有特色的就是胸牌。拱洞乡胸前银牌最为丰富，而且历史较长。总体上分为不上色和上色两种。主体纹样一般是三层，这三层的组合类型分为四种，三层蝴蝶纹组合、蝶鱼蝶组合、鸟寿蝶组合、鱼铜鼓蝶组合。每层之间用银链相接，纹样主体部分悬缀有琉璃珠与银片组成的灯笼状装饰。最下层的蝴蝶纹下方还悬缀有十八般兵器，其中有刀、剑、夹、铲、挖耳勺等。还有一些动物造型纹样，如鱼、蝶、鸟等。香粉乡也有此类银牌，造型上出现有四层主体纹样的组合，还有蝶寿蝶组合的类型。

融水苗族银饰区域性的差异与民族迁徙有关。在融水，杆洞屯的苗族是从贵州省从江县迁入的，拱洞乡的苗族是由湖南西部地区进入广西东部，又由广西沿都柳江而上到贵州，再由贵州从江、榕江等县南迁过来的，香粉乡的苗族据说是从湖南迁入贵州，再由贵州黔东南雷山、凯里等地进入安太的元宝、培秀等地，再分居到这里。因此服饰会带有他们迁徙过程中所经历的地域特色。如杆洞屯的苗族银饰就与香粉乡的银饰有所区别，其胸部佩饰中有一种锁链与银质蝴蝶相结合的银饰，在贵州省从江县苗族和侗族中就非常多见。

小结

1．广西融水县杆洞屯是融水苗族服饰原生态性保持最完整的一个地域。从亮布的制作到刺绣的纯手工制作，在整个融水片系出现频率最高的一个地域。笔者认为杆洞屯是最能体现融水服饰的地域特色和整体形貌的典型。通过对服饰的类型学的梳理，让观者感受其基因谱系的强大。

2．通过融水县不同地域苗族服饰的比较得知，融水苗族服饰的机械化程度受地理位置影响。离融水县城越远的乡镇，其服饰的手工程度越高，服饰的机械化主要表达为面料的现代化和刺绣的机械化。杆洞屯的服饰具有很强的融水苗族服饰特色，其保留服饰的原生态性较其他片系强烈。如面料的选择上传统亮布的服装还是非常多见，刺绣上绝大多数为手工刺绣。这也与当地的经济有关，市场上买卖的苗装要300至400元，这对于杆洞屯的村民来说是一笔巨大的开支，村民们相互帮忙，做活路的体力劳动也可换取妇女的刺绣手工。

相对于杆洞屯，香粉乡的苗族离县城一个小时车程，在历史上也是较早接受商品经济的地区，村民的商业气息浓厚，服饰机械化程度较高，亮布服饰几乎很难找见。拱洞乡离县城三个半小时，路程介于香粉乡和杆洞屯之间，在拱洞乡精细的刺绣非常受大家欢迎，传统的女性善于刺绣的观念较为根深蒂固，故手工刺绣的服饰频繁出现，同时也出现有大量的手工和机械结合的刺绣。

3．通过研究数据表明，传统亮布和苗族男装处于消失状态，女装的发展则趋于舞台化，工艺粗糙化趋势不可抑制。

在亮布的调研中，一个村寨能有一两个老人泡制染缸就很不错了，即便是在手工刺绣精巧的拱洞乡，也很难看到亮布的服饰。因此，亮布的工艺在融水县趋于消失状态。

在调研过程中，笔者看到的传统亮布男装非常少，并且都不是现在制作的服装，而是老人在二三十年前制作的服装。男子不喜欢穿着，大都觉得传统的男装狭小紧窄，活动不便，男装在制作风格上也是趋于非常合体，如果男子长胖后就更加难以穿用了。从实用的角度上，男子更容易选择现代服饰，女装不存在这类问题，女装可以系带穿用也可以不系带，实用性要比男装强。

杆洞屯、拱洞乡、香粉乡，这三个乡村分别是从距离上离县城最远的地方到最近的地方，其服饰的比较能够看出融水苗族服饰的发展趋势。杆洞屯的苗族服饰或许是香粉乡苗族服饰的原生状态，而香粉乡的苗族服饰则是融水苗族服饰未来的发展模式。随着社会的发展、经济水平的提高，以及老人的故去和机械化的普及，外出务工人员将外界文化带入苗区，经济观念、消费观念的改变，从事刺绣的女子越来越少，苗族服饰中的纯手工会越来越稀少。在融水县山区受自然条件的限制，经济不可能有很大的提高，人们很难去购买高品质的电脑刺绣，由于市场需求所限，机械刺绣的粗糙化不可避免。

服饰的舞台化趋势在融水蔓延开来。社会的发展，旅游的介入，女人穿着服饰的目的很多出于为了上镜拍摄所用。制备苗族服饰更多的是为了表演所用，如中小学生表演节目需要大家制备苗装，因此，服饰舞台化趋势非常浓厚，人们在选择服饰面料的时候就喜欢耀眼炫目的色泽，亮片面料非常受大家欢迎。再者，外出务工人员很多从事舞蹈工作，其工作性质影响服饰的审美。

4．通过调查研究，笔者发现融水苗族银饰的种类在减少。

融水苗族银饰中本民族的耳环、戒指、手镯种类在减少，杆洞屯还能找到一些本民族的耳环和手镯，而在拱洞乡、香粉乡，被大量的时尚物件所代替。胸牌这一类型的银饰，笔者在一个坡会上几百人中只能寻找到十件左右的物件，数量非常稀少。对于价位在6000元到10000元的银牌，估计很多人卖掉了，再也难买回。这说明，银饰正在减少。

本章节结构表

男装	头饰	传统型	结构	
			穿戴方式	
		现代型	结构	
			穿戴方式	
	上衣	款式	传统亮布日常型	造型	结构、领口、口袋、纽扣、侧缝
				工艺	裁剪、制作
			百鸟衣 传统型	造型	领口、肩部、袖、纽扣、装饰
				工艺	刺绣、裁剪、制作
			现代型	造型	领口、肩部、袖、口袋、纽扣、装饰
				工艺	刺绣、裁剪、制作
		工艺	刺绣	
	裤	款式、结构、面料		
	刺绣	装饰部位	领口、肩部、前片腰下、后片背部、下摆	
		手法	平绣、贴布绣、凸绣	
		纹样	花卉纹、卷草纹、叶子纹、果实纹、蝴蝶纹、鸟纹、如意纹、文字、回纹	
		色彩	大红色、玫红色、粉红色、黄色、蓝色、紫色	

女装					
服装	上衣	日常型	传统亮布型	造型	结构、门襟、颈背、衣袖、下摆
				工艺	刺绣、裁剪、制作
			现代化纤型	造型	结构、门襟、颈背、衣袖、下摆
				工艺	刺绣、裁剪、制作
		百鸟衣	传统亮布型	造型	结构、云肩、门襟、衣袖
				工艺	刺绣、裁剪、制作
			现代化纤型	造型	结构、云肩、门襟、衣袖
				工艺	刺绣、裁剪、制作
	肚兜	款式、面料、色彩、工艺、纹样			
	腰带	款式、面料、色彩、工艺、纹样			
	围裙	款式、面料、色彩、工艺、纹样			
	裙饰	款式、面料、色彩、工艺、纹样			
	裙	款式、面料、色彩、工艺			
	腿套	款式、面料、色彩、工艺、功能			
刺绣	刺绣部位	日常型刺绣部位	门襟贴边、袖、下摆和开叉处		
		百鸟衣刺绣部位	门襟、肩部、袖中和袖口处		
	手法	平绣、凸绣			
	纹样	上衣刺绣纹样	日常型	花卉纹、茎叶纹、鸟纹、昆虫纹、回纹、盘长纹和文字纹	
			百鸟衣	花卉纹、茎叶纹、鸟纹和蝴蝶纹	
		肚兜刺绣纹样	鸟纹、蝴蝶纹、植物纹和文字纹		
		腰带刺绣纹样	花草纹、鸟纹和蝴蝶纹		
		百鸟衣的裙饰刺绣纹样	花草纹、文字纹		
		背带刺绣纹样	蝴蝶纹、螃蟹花、花草纹样		
	色彩	大红色、玫红色、粉红色、黄色、蓝色、紫色			
配饰	头饰	头盖银饰	造型	盘状	
				帽状	杆洞传统型
					黔东南传统型
			纹样	花草、鸟、蝶、鱼、铜鼓	
			工艺	花丝、锤錾	
		银簪	造型	一字形	
				一字链状垂挂型	
				雉尾型	
			纹样	花草、鸟、螺旋、铜鼓	
			工艺	花丝、錾刻	
	耳饰	造型	银圈玛瑙形		
			拉丝银花形		
		纹样	花朵、铜鼓		
		工艺	锤錾		
	颈饰	造型	扭圈形		
			链形		
			S形		
		纹样	花草		
		工艺	花丝、锤錾		
	手镯	造型	五棱形、环形、珠形		
		纹样	花草		
		工艺	锤錾、镂镂		
	腰饰	造型	蝶寿兵器形		
			蝴蝶针筒形		
		纹样	蝴蝶、寿字、兵器、鸟纹、鱼纹、花朵纹、螺旋纹		
		工艺	花丝和锤錾		

亮布调研	制作工具材料	工具	大木桶（塑料桶）、木槌、木甑、青石板
		材料	马蓝、石灰、谷穗秆、（鸡皮）杨梅树皮、牛胶、薯莨、糯米甜酒、土鸡蛋清
	制作工艺	种蓝靛	
		制作蓝靛工序	采摘、沤泡、出靛、储藏、化学原理
		染布工序	染料水配置、化学原理
			染色过程：蒸布—染色—漂洗—晾晒 化学原理
			捶打过程：捶打—固色—漂洗—晾晒—染牛胶
			刷蛋清
	传承	传承谱系	
		现状	
融水苗族服饰比较	服装		上衣
			肚兜
			围裙
			裙饰
			面料
	银饰		银饰与经济
			银饰与民族迁徙
小结			杆洞屯是融水苗族服饰原生态性保持最完整的一个地域
			融水苗族服饰的机械化程度受地理位置影响
			传统亮布和苗族男装处于消失状态，女装的发展则趋于舞台化，工艺粗糙化趋势不可抑制
			融水苗族银饰的种类在减少

注释

1. （明）李时珍著：《白话本草纲目：精美插图本》，西安：三秦出版社，2007 年版，第 111 页。
2. 徐海荣主编：《中国服饰大典》，北京：华夏出版社，2000 年版，第 132 页。
3. （北魏）贾思勰撰：《齐民要术·种蓝》，北京：团结出版社，1996 年版，第 197 页。
4. （明）宋应星撰：《天工开物》第 3 卷，广州：广东人民出版社，1976 年版，第 116 页。
5. 2006 年融水县文化体育局申报广西壮族自治区非物质文化遗产项目书。

第三章

广西融水苗族服饰纵向文化传承研究

"文化的产生、发展及其演变都是在一定的时间和空间环境中展开的，我们只有考察民间文化在一定的历史时空环境中的延续和发展，也就是民间文化纵向的传承与横向的传播的特征，才能了解和窥见民间艺术的历史进程和发展规律，也才能更好地认识和把握民间艺术的现实状态。"[1]分析苗族服饰文化，只有把握好这两个维度，才能整体而全面地认识苗族服饰文化的发展演变和生存现状。在田野调研中，融水苗族服饰在现代为何发生如此的变化，本章试图站在历史的视野去探讨融水苗族服饰的发生、发展以及演变过程。

融水苗族服饰有着悠久的历史，它在几千年的传承过程中，不断地发展演变着，既有其历史性的继承，又有其革新和创造。而这种继承、革新和创造，融入了各朝各代文化的内涵。在纵向的传承中，融水苗族服饰从原生态发展到继生态和新生态，[2]以及新生态的繁荣和衰落，其发展变化趋势与文化生态的改变密切相关。

一、广西融水苗族服饰原生态形成之前的服饰演变

苗族的历史悠久，可追溯到远古时期的蚩尤九黎时期，尧舜禹时期苗族先民被称为"三苗"[3]，夏商周时期则是"荆蛮"的一部分。[4]在公元前3世纪，苗族先民就已经生活在湖南洞庭湖一带，后来辗转迁徙到湘西和黔东的五溪地区，史籍称他们为

"五溪蛮"或"武陵蛮"。[5] 约在唐末宋初，苗族先民陆续迁徙到广西大苗山地区。笔者认为宋代之前为融水苗族服饰原生态形成的前期。这段时期，融水苗装中的上衣下裳制与商代的服饰制度有关，秦汉时期是苗族服饰形成的重要时期。

（一）　苗族服饰的原生态

原生态，顾名思义，是指那些未经加工、训练、雕饰、改造，原汁原味，本色自然的东西，就叫"原生态"。它是事物的原初生存形态或生活状态，是事物最原始、最本真的一面。所谓的"原"包含三种含义，即不刻意加工的自然形态；不脱离其生成、发展的自然与人文环境的自然生态；以一种与民俗、民风相伴的特定的生活与表达感情的方式代代相传的自然传衍。"原生态"，可以解释为原始（本）的生存的状态，也可以解释为原始（本）的生态环境，前者强调主体，后者着重主体后的背景，两种解释都是以一个"原始（本）"为出发点。

任何现在已知的民族传统服装形式，都无法证明它是从诞生后就没再走样的，都是历史的演进、社会环境的发展和演变的结果，而这种演变一般说来是渐进式的，但在重大社会变革中，也会发生突变，比如天灾、人祸、特殊政令等会影响服饰的突然改变。因此，原生态是相对的，并非只是单纯的、孤立的、绝对的形式，因此原生态的艺术形式，是一种动态的艺术形式。原生态是民族文化最初生长发育的环境，这个时期的苗族服饰对处于其生态最基础层的自然生态的依赖较突出，服饰深深地打上自然的烙印。远古时期，苗族先民大多是以树叶、草葛遮体，正如湘西苗族古歌所唱的：远古时穿树叶啊，远古时穿竹叶；穿了很长的时期，穿了很多的世纪；还没有甩脱遮体的树叶，还没有甩掉掩身的竹叶。[6]《滇书》卷上也谈到我国古代苗族"楫木叶以为衣服"。[7] 这就是苗族最原生态的服饰。

（二）广西融水苗族的服装形制继承了商代的上衣下裳制

根据史料记载，商周时期的服饰为上衣下裳制。《诗经·邶风·绿衣》："绿兮衣兮，绿衣黄裳。"[8]《楚辞·离骚》："制芰荷以为衣兮，集芙蓉以为裳。"[9] 上身所穿的称为衣，下身所穿的称为裳。西周时期的孟鼎和邢侯尊所载的赏赐服饰为"裳、衣、市、舄"，也是衣、裳分列的。从考古发现的商代石人到战国的木俑，其穿着都是上衣下裳的。[10]

《说文·衣部》："衣，依也。上衣下裳。象覆二人之形。"古文字作 、、，本象上身所穿的衣服交衽之形。西汉的衣字，或作 之形，下部写成二人之形，此为说文所本。[11]《说文·巾部》："常，下帬也。常或从衣。"同部又

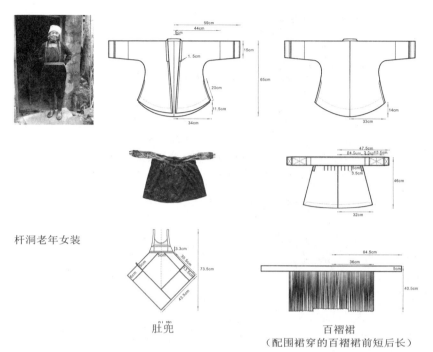

杆洞老年女装

肚兜

百褶裙
（配围裙穿的百褶裙前短后长）

图3-1　广西融水杆洞
屯苗族老年女装（图
片由笔者实地拍摄和
绘制）

有："帮，下裳也。"这是许慎常用的互训。常即裳，裳从常
得声，可以通假。所谓"下帮也"，就是指下身所穿的裙。

商周时期的服饰系统中，除了衣裳，还有市。《说文·市
部》："市，韠也。上古衣蔽前而已，市以象之。"市是上古
时期人们遮蔽下身的东西。沿用到西周时期，就成了腰围，盖
在"裳"的前面。市在文献和金文当中又作芾、韨、韍。[12] 字
或从韦，意味着它是用皮革制成的。

杆洞屯的妇女苗装属于上衣下裳制，中老年者喜欢在裙子
的外面加上围兜，这与"蔽膝"有关（如图3-1）。这种形制与
商代的服装形制有相似之处。

我国历代的服饰，在西周之前，主要采用的是上衣下裳
制，这类服饰男女都穿用。如河南安阳殷墟出土的商代玉立人
像，玉人身着上衣下裳，衣作交领，长袖窄细至膝下，反映
了商代上衣、下裳、蔽膝的特征。上衣下裳制是我国服饰的特
点，玉人体现了我国服饰制度的基本特征，"从而把它的源头
上溯到了上古的商代"。[13] 先秦妇女的下衣皆无裆，用上衣以
遮下衣。（西）汉昭帝时，上官皇后下令宫人"皆穿穷绔"，
此后妇女才穿有裆裤。也就是宫廷女子穿着有裆裤是在汉代以
后，但一些少数民族中仍然有女子不穿裤者。如"萝貉"（我
国秦汉时期的文献，把居住在朝鲜半岛北部的朝鲜先民称为
"秽貊"、"萝貉"）中女子不穿裤，只穿状如褴褕的缚衣。

融水县杆洞屯的红瑶，到现在仍然还有不喜欢穿裤的习俗。上衣下裳制在少数民族服饰中很多见，杆洞屯的女装在形制上继承了商代遗风上衣下裳、前系"蔽膝"的服装特点。

（三）苗族服饰面料的麻、丝溯源

随着农业文明和阶级社会的出现，黄帝时期服装面料已被织造麻、丝布帛所取代。《礼记·礼运》篇说："昔者先王……未有麻丝，衣其羽皮。后圣有作……治其麻丝，以为布帛。"[14]所谓的先王与后圣，习见于先秦古书，意义不一。此处只须理解为古代的圣王即可。《庄子·盗跖》篇也说："神农之世……耕而食，织而衣，无有相害之心，此至德之隆也。"[15]《淮南子·氾论训》中说："伯余之初作衣也，緂麻索缕，手经指挂，其成犹网罗。"[16]伯余是黄帝之臣，这更是明确说在黄帝之时就已有了丝、麻等服饰材质了。

《管子·小匡》记载春秋时楚国在齐国的授意下"贡丝于周室"，[17]说明楚国的丝被列为周王朝的贡品。《尚书·禹贡》载九州均产丝织品，其中"（荆州）筐厥玄纁玑组。[18]"《说文·玄部》："玄，黑而有赤色者"。《说文·糸部》："纁，浅绛也。"这种浅红是通过三次浸泡而成的。《说文·玉部》载："玑，珠不圆者。"《说文》："组，绶属。"这样看来，荆州（当时指湖北、湖南、重庆和贵州的遵义、司南、铜仁、思州、石阡及广西北部）是以产赤黑色的绶带而闻名的。学术界一般认为《禹贡》是战国时期的作品，看来战国时期的荆州蚕桑生产已初具规模并有一定的技术水平了。

苗族当时居住在荆州，他们当时的着装可能就是赤黑色的。时至今日，包括广西融水的苗族在内的很多支系的苗装，其面料就是黑中带红的颜色，是用薯莨作原料多次浸染而成，这与史书记载大致是吻合的。

麻用作服饰品的使用非常早，麻也深受苗族的喜爱。《淮南子·齐俗训》："三苗髽首，羌人括领，中国冠笄，越人，越人劗鬋，其于服一也。""髽首"有别于中原地区的"冠笄"，它是对春秋战国时期苗族男子的头饰的描述。高诱注："髽，以枲束发也。"据此，这就是用枲麻束发而结的意思。[19]也就是说，"髽首"是以麻掺头发盘髻扎于顶，即后来所说的"椎结"。古代苗民用麻掺发这个特征以区别于羌人、中原人和越人。这一史料说明苗民普遍种植麻，同时也说明苗民普遍的发式特征，或者说"椎结"是他们族群的标志。

据调查，云南省的苗族至今还喜欢种麻，婆婆往往会送麻布裙给新媳妇，特别是对外族媳妇以表接纳；新娘出嫁必须带麻布裙，否则会被认为对男方祖先的不洁，[20]是否穿着麻布裙子甚至会影响到苗族对于青年女子性格和品性的判断。在黔东南苗族最隆重的祭祖活动"吃牯藏"中,仪式中给牯藏头上拴麻就是一项很神圣的事情。而在融水县麻的使用仍然普遍,多为祭祀用,如在卜卦的米里面放入打结的麻丝,麻丝打结意为吉利辟邪,可见苗族人至今仍然喜欢使用麻。

(四)秦汉时期是苗族服饰发展的重要时期

秦汉时期,生活在今湘、鄂、川、黔毗邻区域的荆蛮遗族经过生息发展,又逐渐形成一股势力,他们因居住在长沙国和武陵郡之地而被称为"长沙蛮"和"武陵蛮"。自秦统一岭南起,在今广西地区设立了桂林郡,广西正式被纳入中原王朝的版图。但是,广西融水还没有苗族迁入,因此,这里谈到的苗族是融水苗族的祖先,即居住在武陵山地区、五溪地区、长沙地区的荆蛮。

秦汉时期,服饰文化随着经济社会的发展而相应地发生了变化。农业种植业、纺织手工业、冶金手工业以及染织、缝纫工艺生产水平的不断提高,为服饰的发展奠定了物质基础。秦汉时期,苗族人民的生活进入农耕阶段。制作服饰的原材料有了新的变化,出现了麻和棉。

对苗族服饰,在《后汉书·南蛮传》有这样的描述:

> 昔高辛氏有犬戎之寇,帝患其侵暴,而征伐不克。乃访募天下,有能得犬戎之将吴将军头者,购黄金千镒,邑万家,又妻以少女。时帝有畜狗,其毛五采,名曰盘瓠。下令之后,盘瓠遂衔人头造阙下,群臣怪而诊之,乃吴将军首也。帝大喜,而计盘瓠不可妻之以女,又无封爵之道,议欲有报而未知所宜。女闻之,以为帝皇下令,不可违信,因请行。帝不得已,乃以女配盘瓠。盘瓠得女,负而走入南山,止石室中。所处险绝,人迹不至。于是女解去衣裳,为仆鉴之结,着独力之衣。帝悲思之,遣使寻求,辄遇风雨震晦,使者不得进。经三年,生子一十二人,六男六女。盘瓠死后,因自相夫妻。织绩木皮,染以草实,好五色衣服。制裁皆有尾形。其母后归,以状白帝,于是使迎致诸子。衣裳班兰,语言侏离,好入山壑,不乐平旷。帝顺其意,赐以名山广泽。其后滋蔓,号曰蛮夷。外痴内黠,安土重旧。以先父有功,母帝之女,田作贾贩,无关梁符传、租税之赋。有邑君长,皆赐印绶,冠用獭皮。名渠帅曰精夫,相呼为姎徒。今长沙武陵蛮是也。[21]

文中讲述了一个故事:帝喾高辛氏之时,活动于今陕、甘一带的犬戎为害。高辛氏立下誓言，能得犬戎吴将军首级者不但封侯赏邑，还会将小女儿下嫁于他。下令之后，高辛氏座下之犬盘瓠去将吴将军首级者衔回，高辛氏不得不将女儿嫁与它。三年之后，生六男六女。后来居住于山林川泽之间，繁衍生殖，遂发展成为东汉时期长沙地区武陵蛮。这应该是东汉时期就已经流传的苗族的祖先传说。类似的记载也见于东汉应劭的《风俗通》[22]、晋代干宝的《搜神记》[23]等书。

这个传说谈到了苗瑶先民对犬的崇拜。[24]宋代范成大在《桂海虞衡志》中记载广西少数民族的祭犬习俗："岁首祭盘瓠，杂揉鱼肉酒于木槽，扣槽群号为礼。"[25]清代刘锡蕃在《岭表纪蛮》中记载瑶人祭犬习俗更为详细："每值正朔，家人负狗环行炉三匝，然后举家男女向狗膜拜。是日就食，必扣槽蹲地而食，以为尽礼"。[26]直至今日，盘瓠信仰的风俗仍存留于苗瑶畲三族众多的支系中。广西龙胜的红瑶，其衣服上还刺绣有盘瓠的纹样，这就是盘瓠崇拜的遗迹。而上文所说的"杂揉鱼肉"即以米屑杂拌鱼肉腌制成酸鱼酸肉的风俗，在融水县杆洞屯，至今都是家家户户过年过节红白喜事祭祀活动必备的食物。（如图3-2）

值得注意的是，从"织绩木皮，染以草实"、"好五色衣服，制裁皆有尾形"以及"衣裳斑斓"记载，我们还可以窥见苗族服饰的纺织、染色工艺、色彩、刺绣和款式。

1."织绩木皮"，就是用树皮布来做衣服。

所谓的"树皮布"是一种无纺织布，它是以植物的树皮为原料，经过拍打技术加工制成的布料。这种衣服极易腐烂，但树皮打布的石拍在考古工作中却屡有发现。[27]这说明苗族先民

图3-2 广西融水杆洞屯苗族祭祀的酸鱼酸肉（图片来源于融水县文体局）

广西融水苗族服饰的文化生态研究

在使用麻和丝纤维进行纺织之前，曾运用树皮布来制作衣服。在苗族的民间，确实有运用木纤维纺织布料缝制衣服的事实。苗族把杜仲树称为"都玑升"（汉语意为"绸丝树"），就是这一历史的佳证。除此之外，苗族现还有杜仲丝、楮皮纤维纺布缝衣的传说，应该也是同一史实的反映。

2."染以草实，好五色衣服"说明苗族先民用植物染料染色。

利用植物染料是古代染色工艺的主要手段。植物染料通常有如下几种：蓝色染料——蓝靛；红色染料——茜草、红花、苏枋（阳媒染）；黄色染料——槐花、姜黄、栀子、黄檗；紫色染料——紫草、紫苏；棕褐染料——薯莨；黑色染料——五倍子、苏木（单宁铁媒染）。

从"好五色衣服"的记载来看，苗族可能是兼用这些植物来提取染料的，否则就不能制作出色彩斑斓的衣服，因此所谓的"染以草实"其实并不限于从草当中提取染料。

如今，苗族的服饰的用色仍然偏好色彩斑斓，明艳亮丽。在湘西苗族的歌谣里，谈到了"五色"："人家说要绿布呀，就送绿棉种啊，要红布就送红棉种，要黄布就送黄棉种，要白布就送白棉种，要黑布就送黑棉种。"[28]杆洞屯的苗族，刺绣虽然针法简单，但色彩丰富艳丽，主要的装饰部位为领口、袖口、胸口、门襟、开叉、裙腰上，丝线采用五色，即一根线上有五颜六色。在刺绣的过程中，色彩发生变化。苗族"好五色衣服"与前引《后汉书》所描述的盘瓠的"毛五采"这个特征

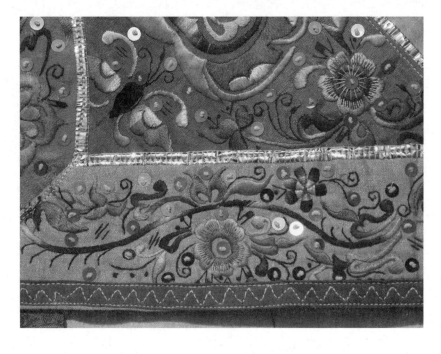

图3-3　广西融水杆洞屯刺绣中的五彩丝线绣（图片来源于笔者实地拍摄）

第三章　广西融水苗族服饰纵向文化传承研究　　89

图3-4 贵州雷山大塘
短裙苗尾饰（图片来源
于笔者实地拍摄）

图3-5 广西融水杆洞
屯少女腰带（图片来源
于笔者实地拍摄）

是一致的（如图3-3）。因为他们的祖先是拥有五色毛的，所以
就在服饰上将他们对祖先的崇拜之情体现出来。

融水苗族服饰色彩使用符合我国传统艺术用色的基本准
则。在中国，黑、白、赤、青、黄为正色，除了正色以外，又
按阴阳之间相生相克的信仰，调配出来的间色，介于五色之
间，多为平民服饰采用。五色有它的象征和等级观念，以黄
为贵，定为天子朝服的色泽；传说青鸟原本是西王母的使者，
使得青色有了使役身份的象征，成为贫民的专用色；赤，即红
色，代表火，热烈而喜庆，成了婚庆、节庆的专用色，大红轿
子、大红喜字、红盖头等都是如此；玄，即黑色，象征宇宙的
色彩、地下的色彩、鬼的色彩，是中国丧事的专用色；白，与
黑对立，象征着光明。

融水苗族服饰的色彩或多或少受服色礼俗和配色方式的限
制和影响。传统融水苗族的服装色彩多以蓝黑色为主，这是符
合平民色彩的要求的；刺绣图案的色彩也通常是以间色作为主
要色彩，如红色，不用大红，而用玫红；黄色，不用正黄色，
而用橙黄等等。

3.“制裁皆有尾形”，有人认为这是在衣裙下摆处增加流
苏、连缀物之类的装饰。也有人认为这是模拟兽类的一种伪
装，与动物崇拜有关。笔者倾向于认为这是动物崇拜在服饰上
的遗存。

列维·布留尔《原始思维》中提到过一种“互渗律”：
“……某些人每次披上动物（如虎、狼、熊等）的皮时就要变
成这个动物。……他们感兴趣的首先是和主要是使这些人在一

图3-6 龙凤虎纹绣罗单衣（战国）1982年湖北江陵马山一号墓出土（图片来源于 http://dcbbs.zol.com.cn/58/139_574802.html###)

定条件下拥有同时为老虎和人所'共享'的那种神秘能力，这样一来，他们就比那些只是人的人或只是老虎的老虎更加可怕。"[29]出于动物崇拜和图腾崇拜，局部更充分地体现整体的观念，那些以犬类为图腾的民族便将自己的图腾意识集中体现在"尾饰"的习俗上。尾饰是西南少数民族服饰的一个明显的特征，不仅苗族祖先的服饰有"尾饰"，越人、古氐羌、古代濮人也有，濮人因有尾饰而被称为"尾濮"。

在苗族服饰中，很多支系的服饰都会有类似尾巴一类的装饰，如黔东南雷山大塘的短裙苗，服装的衣裙上装饰有锦鸡的鸡尾一样的飘带装饰（如图3-4）；融水县杆洞屯的百鸟衣，衣裙外面羽毛装饰的飘带等。杆洞屯少女的腰带很强调刺绣精美，缀有串珠、装饰花边，尾部打结以在行走随臀部的摆动而摆动为美，（如图3-5）这些都有可能是由尾饰习俗带来的服饰及变化。

4．苗族刺绣与汉代刺绣的渊源。

刺绣在我国是一种古老的传统手工艺，已有两三千年的历史，苗族是一个没有文字的民族，或者说是文字丢失的民族，苗族服饰在学术界普遍被认为是"穿着身上的史书"，对苗绣的研究只有通过汉族文献史料和苗族服饰上的纹样与工艺的对照来进行论证。

1976年，陕西省宝鸡市茹家庄西周墓中发现有丝织物及刺绣印痕，这是目前所见最早的刺绣实物。织物有三层，最上面一层为刺绣，涂染有红、黄、褐、棕等色，所用为辫绣针法。辫绣是

图3-7 贵州雷山西江
锁绣（图片来源于笔者
实地拍摄）

图3-8 贵州岜沙苗族
刺绣（图片来源于笔者
实地拍摄）

中国最古老的刺绣方法，其主要针法为：第一针从绸料底部向上刺，将绣线从左向右绕成圈形，在圈内刺下第二针，形成环状，以此循环往复，环环相扣，呈发辫形外观，故称"辫子股绣"，简称"辫绣"。[30] 辫子绣是锁绣的变格形式，形似发辫。[31]

属于楚文化系统的战国早期曾侯乙墓出土棕色绢底一首两身龙纹绣一幅，较完整，坯料是绢，针法为锁绣。战国中期的湖南

杆洞屯刺绣工艺

凸绣与平绣的平套针结合　　　斜缠针、直缠针、平套针结合

图3-9　广西融水杆洞屯刺绣（图片来源于笔者实地拍摄）

烈士公园三号木椁墓出土有刺绣两件，它们粘贴在外棺内壁东端当板与南边壁板上，绣龙凤纹，坯料为绢，针法是锁绣。战国中期的长沙406号墓出有用作衣服料的残绣片一块，坯料为绢，针法是锁绣。战国中晚期之际的江陵马山一号墓出有绣品二十一件，主题纹为龙凤纹，坯料为罗一件，绢二十件，针法是锁绣。[32]

　　从出土文物中，我们看到战国时期锁绣已经出现，（如图3-6）而锁绣在苗族刺绣针法里，是最常用的手法，（如图3-7）此为笔者在西江收集到的苗族绣片，其中最富有特色的工艺就是双针锁绣，岜沙苗族刺绣，其主要的手法也是锁绣，（如图3-8）这与战国时期的锁绣非常相似。

　　学者曾经依据文献记载以及考古资料论证了苗楚同源的问题。[33]有学者据此认为苗绣最迟产生于战国时期，由此推断出苗绣历史至少已有两千五百年以上的历史。[34]从我们上文的比较来看，此说是有一定道理的。

　　到汉代，刺绣的精细程度日益剧增。西汉时的刺针法以辫子股锁绣为主，已有平绣、辫绣、数纱绣等多种针法。平绣的针法一般有齐针、套针、抢针、施针等。这种针法战国时期已经萌芽，西汉时独立运用。[35]在融水县杆洞屯，平绣是非常流行的。（如图3-9），使用针法较多的是齐针，横缠、直缠、斜缠的方法居多，也有用到套针，平套针居多。也有将套针和凸绣结合在一起的。

　　从雷山西江，到从江岜沙，到三江的侗族刺绣里，笔者都找到了当地原生的刺绣形式，如表3-1所示，锁绣是非常普遍的一种针法。从西江到融水，刺绣针法变化就是一个从锁绣逐渐融合和过渡到平绣和凸绣的过程。从融水、三江、从江和西江的苗侗服饰比较中，我们可以看到，融水县杆洞屯的刺绣是平绣和凸绣为主，凸绣即平绣的变体，而在西江，刺

汉服直裾深衣与杆洞苗装比较

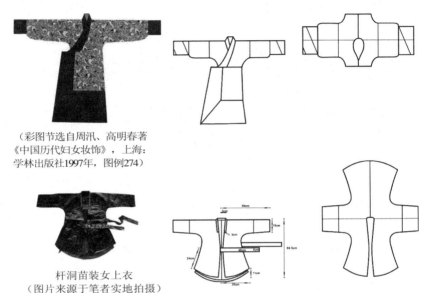

（彩图节选自周汛、高明春著
《中国历代妇女妆饰》，上海：
学林出版社1997年，图例274）

杆洞苗装女上衣
（图片来源于笔者实地拍摄）

图3-10 广西融水杆洞
屯苗族女装上衣与汉代
深衣裁片比较

绣的方法较多，主要是双针锁绣、辫绣、皱绣、缠绣，刺绣
的图案也较丰富。从西江到从江再到三江，我们可以看到西
江的双针锁绣，岜沙的锁绣（单针），三江县富禄乡（广西
和贵州的边界，离从江最近的乡）高岩村的侗族将岜沙的锁
绣结合十字挑花、西江的皱绣方法来进行刺绣，而三江县同
乐村平溪屯的刺绣工艺与融水县杆洞屯的颇为相似，包括主
题纹样——螃蟹花，区别只是周围搭配的纹样造型不同。由
此可证明雷山西江的苗族刺绣要早于杆洞屯苗族的刺绣，加
上历史上先出现辫绣、锁绣才出现平绣，也印证了融水苗族
《迁徙歌》里唱到的融水苗族先民先到达雷山，然后才经从
江迁徙到大苗山。

5. 融水县杆洞屯苗族女装上衣与汉代深衣的裁剪方式有某
些相似性。

比较汉代的深衣与杆洞屯的苗装（如图3-10），发现汉代
的深衣则是衣裳连属制，即上下服装合并成一件，连成一体。
分曲裾袍和直裾袍，而苗族的上衣下裳与汉代的深衣形制上有
所区别，但二者在上衣部分的裁片上有某些相似之处。如马王
堆出土的直裾袍，上衣部分由四片构成，身部两片，两袖各一
片，宽均一幅。而杆洞屯的苗装上衣部分也是由四个裁片构
成，身部两片各宽一幅（45厘米），两袖各一片，宽半幅。四
片拼合后，在腋下缝合。区别则是直裾袍领口挖成琵琶形，杆

洞屯苗装的琵琶形较长，或者仅为圆弧状；直裾袍领缘是由斜裁的两片拼成，而杆洞屯苗装的领缘则由花边镶滚。可见，杆洞屯的苗装在裁剪上与直裾袍有某种相似之处。

杆洞屯的苗装在穿着时，由于腰带系结，前面两襟交叉叠合，左衽，而直裾袍则是右衽。左衽与右衽是中原民族和少数民族在服装形制上的一个重要区别，古代中原地区民众的上衣是交领右衽的，而少数民族则是左衽的。《论语·宪问》载："微管仲，吾其被发左衽矣。"披发和左衽都是少数民族的特征。孔子是说，如果没有管仲，我们就成了蛮夷了。[36]又比如《战国策·赵策二》引公子成的话说："披发文身，错臂左衽，瓯越之民也。"[37]披头散发，身上刺上花纹，两臂交错而立，衣襟左开，那是瓯越一带少数民俗的风俗习惯。苗族的左衽习俗，显然也是有其久远历史的。

（五）隋唐时期的苗族服饰自然发展

前文已经指出，作为民族名称的"苗"，最早见于《尚书》。到了唐代，这一名称仍然沿用，唐代樊绰《蛮书》卷十说："黔、泾、巴、夏、四邑苗众。"[38]可资为证。隋唐统一的中央集权国家建立后，武陵、五溪地区仍为苗族的主要聚居区；另一部分苗族则错于武陵、五溪以西原夜郎、牂柯境内。[39]也就是说，"苗"主要分布在武陵地区东部和南部的沅水流域。这与先秦时比较起来，变化并不大。

《隋书·地理志》记载："长洲郡又杂有夷蜑，名曰莫徭，自云其先有功，常免徭役，故以此为名。其男子但着白布衫，更无巾裤；其女子青布衫，斑布裙，通无鞋裤。"[40]据专家研究，"莫徭是苗族（东支）与瑶族先民为了共同反抗分裂、同化组成的部落联盟，是苗瑶历史上的第三次联盟"，"进入隋末唐初……莫徭部落群体逐步瓦解，分别向单一民族（苗族和瑶族）实体发展"。[41]隋唐时，苗瑶先民其服饰主要变化是服装有了性别的区分，即出现了男女装。如《隋书·地理志》所载的那样，苗瑶的男装为白色衣裤，女装为青衣斑裙，衣服有纹饰，镶织锦点缀，斑裙有专家认为是蜡染百褶裙，或镶织锦，五色斑斓。这些描述在广西南丹白裤瑶、隆林白苗及从江岜沙的苗族服饰里可以看到蜡染布与土布缝合在一起制作成裙子，而融水的红瑶，则是在裙子的下摆有一圈织锦。从这些服饰中可看到唐代苗族服饰文化的沉淀。

此外，苗族的斑布也承继着秦汉时期的"好五色衣服"的传统。《隋书·地理志》载："南郡、夷陵、竟陵、沔阳、沅陵、清江诸蛮本其所出，承盘瓠之后，故服章多以斑布为饰"。[42]此处说是"承盘瓠之后"，正与上文提到的《后汉书》的记载相符。

凡古书所言之斑布有棉质的，也有苎麻质地的。斑布在魏晋南北朝时期是由棉线染成五色织成的布，即五色布。《南史·夷貊传上》："古贝者，树名也，其华成时如鹅毳，抽其绪纺之以作布，布与纻布不殊。亦染成五色，织为斑布。"[43]古贝是木棉的名称。据此可见，制作斑布的棉是一种木棉，闽南和交卅等地的少数民族都喜欢种植，采摘其花来织布，东吴万震《南州异物志》载到交卅地区："五色斑布，以丝布古贝木所作。此木熟时，状如鹅毳，中有核，如珠珣，细过丝绵。人将用之，则治出其核，但纺不绩，任意小抽，相牵引无有断绝。欲为斑布，则染之五色，织以为布，弱软厚致，上毳毛……"[44]这种五色布的制造方法是将棉核处理出来，再抽纺牵引成缕，然后织成布。那时织造和染色技术已有一定水平，织出的布匹"弱软厚致"，纹理繁缛。

唐代的斑布多为苎麻。唐代麻织品广泛用于服装及缴纳赋税，麻布是唐代百姓的主要衣料，白居易《重赋》中云："厚地植桑麻，所要济生民。生民理布帛，所求活一身。"[45]从中可以看出，植麻纺织是唐代百姓生存的关键。在当时，广西民众利用本地特有的葛麻，焦茎、竹子等植物进行纺织，桂林出产的桂布，贵州（今贵港）生产的缝布，宾州产的筒布，贺州、容州产的蕉布，富州的斑布，郁林州的葛布，柳州地区产的柳布、象布，还有左右江地区出产的线布、吉贝布等，因此用苎麻制作斑布可能性较大。

从杆洞屯的服饰中寻找，只有苗锦与斑布相仿。因为现代材料的使用，现代的苗锦多用五色的腈纶毛线做纬纱来纺织，也有用棉线进行纺织的，多为黑白锦。这种类型的布料多用在床上用品和被带上，据当地人说，自己纺织的锦保暖性特别好，虽然现在融水县很多地方的家庭织布机已经退出了历史舞台，但还有很多的家庭保留有织锦机。

唐代是我国封建社会发展的鼎盛期，国家统一，政治开放，政权稳定，经济繁荣。唐代海纳百川的襟怀使服饰丰富多样，文化更具广泛的包容性。具体体现为服装形制更加开放，服饰愈益华丽，中西文化的交流使更多新颖的服饰纷纷出现。

唐代的服饰既吸收了胡服的某些形制，也接受佛教服饰的某些元素和南方少数民族"椎髻"、"蛮髻"等发型款式，显示出民族文化和谐共生的一派景象，这与唐代的民族政策有很大关系。唐代的羁縻政策，历史记载之谓"齐其政不易其宜，改期教而不易其俗"。[46]不改变当时羁縻[47]地方的社会制度、土俗习惯，可按照传统方式处理民族内部事务，有相对的"自治"权。因此，少数民族服饰可以按照自身的需要来发展。

唐代社会稳定繁荣也为当时的苗族服饰进一步的发展提供了保证。宋时郭虚若《图画见闻志》载：唐贞观三年，东蛮谢元深入朝。冠乌熊皮冠，以金络额，毛帖以韦为行縢，着履。中书侍郎额师古奏言：昔周武王治致太平，远国归款，周史乃集其事为王会篇。今圣德所及，万国来朝，卉服鸟章，俱集蛮邸，实可图写贻于后，以彰怀远之德。从之，乃命立德等图画之。[48] "东蛮"在唐代时分布于贵州省东北部境内，唐代时"东蛮"苗族"卉服鸟章"。"鸟章"即刺绣有各种鸟纹。关于"卉服"，《尚书·禹贡》："岛夷卉服。"伪孔传："南海岛夷，草服葛越。"孔颖达疏："舍人曰：'凡百草一名卉'，知卉服是草服，葛越也。葛越，南方布名，用葛为之。"《汉书·地理志上》："岛夷卉服。"颜师古注："卉服，绨葛之属。"所谓的"卉服"即用绨葛做衣服。看来唐代的苗族仍然有用绨葛做衣服的。

比较杆洞屯妇女的刺绣纹样，花鸟纹样也是她们刺绣的主题。加上百鸟衣和芦笙柱上的锦鸡，（如图3-11）这些相关联的事物表达了鸟纹样与苗族的鸟图腾崇拜有瓜葛。唐代诗人杜甫曾写下"五溪衣裳共云天"的著名诗句，这是从服饰表面的外观效果上赞叹苗族服饰足以与天上的彩云媲美，可见五溪之地苗族服饰工艺的精湛程度。

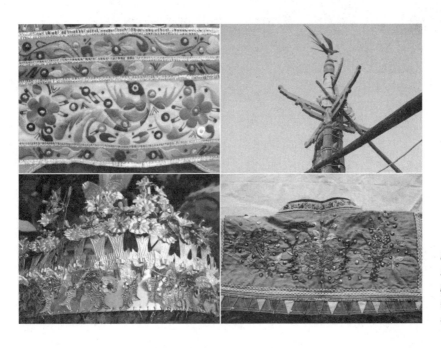

图3-11 广西融水杆洞屯的刺绣、银饰上的鸟纹和芦笙柱上的锦鸡（图片来源于笔者实地拍摄）

表3-1　融水杆洞苗族、三江富禄侗族、从江岜沙苗族和雷山西江
苗族刺绣、织锦、蜡染、百褶裙工艺比较
（图片来源于笔者实地拍摄）

工艺 ＼ 地域	融杆洞屯	三江富禄	从江岜沙	雷山西江
刺绣				
织锦				
蜡染				
百褶裙				

二、广西融水苗族服饰的原生态形成于宋代

"蛮"在古代文献中是对南方少数民族带有歧视性的称谓，它所指的地域也十分宽泛，长江中游南方诸族均可泛称为"蛮"。到了宋代，所谓的"蛮"开始细分，地域有所减小，大多只专称滇、黔、两广民族地区。《桂海虞衡志》中记载"广西经略使所领二十五郡，其外则西南诸蛮。蛮之区落，不可殚记。姑记其声问相接、帅司常有事于其地者数种：曰羁縻州洞，曰瑶，曰僚，曰黎，曰蛋，通谓之蛮。"[49]朱辅在《溪蛮丛笑》中记载"五溪之蛮……今有五，曰苗，曰瑶，曰僚，曰仡伶，曰仡佬"[50]，并指出苗、瑶、僚、仡伶、仡佬等族"风俗气习，大体相似"。

自唐代晚期以来，经济重心开始南移。到了宋代，中国的经济重心不可逆转地移到南方。经济重心的南移，对南方地区的开发也逐渐深入，随之而来的则是行政控制上的强化。既加强了对岭南地区少数民族的统治，导致苗民的西迁，"蛮"的细分、民族的细化原因可能也在于此。宋代西南地区经济开发的不断深入，中原派遣的地方官员在川南、黔东、湘西南等许多地区推行儒学教育、进行移风易俗的运动，"中州清淑之气"使"蛮夷化"色彩逐渐褪去，"蛮"文化圈日渐缩小。

（一）宋代是广西融水苗族形成的重要阶段

苗族是在唐宋时期进入今广西融水苗族自治县，较多的学者从历史考证出发，对苗族族源和迁徙作了比较深入的探讨，普遍认为苗族历史上有四次大迁徙，而广西融水的苗族是第三次大迁徙后迁入的，即唐末宋初迁入融水。迁入融水的苗族主要有三个方向，一支从贵州南迁，称之为北支，从融水县城附近北迁的一支称为南支，从桂西东迁的一支称为西支。

对于融水苗族历史上的迁徙，也有一些学者根据苗族古歌来分析，认为该地域的苗族是从海洋地方沿江迁到柳州，然后到融水再沿榕江迁到贵州雷山一带。对于海洋的推测，有人认为是广州，也有人认为是海南，不过，由于没有文字记载，孰是孰非，难以论断。

在融水的《迁徙歌》[51]中唱道：

"我唱五支祖，我唱六支奶，公从哪里来，奶从哪里来，我听老人说，从前又从前，公从整海来，奶从整海来（整海，苗语译音，即洞庭湖）。

整海村最好，圆圆像锅头。整海四边村，七边七个寨，七寨七个锣，有的敲锣鼓，有的弹琵琶，年年都拉鼓，年年吹芦笙，有的骑白马，马铃响叮当，有的穿长袍，戴礼帽走街。脚

底穿码鞋，走路咚咚响。石阶闪闪光。穿好不比整海寨，吃好不比整海村。公不想离去，奶不想离开。

想整海不乱，整海为啥乱。为的是枉力（人名，苗语音译，即马援），年年加捐税，捐税加宾布（宾布，作宾礼的布，地方官用布作宾礼，贡于京师），小孩宾一丈，大人宾一匹。婆出不起布，公纳不起粮，枉力派兵来，领来四万人，逼要布和粮，整海村才乱。奶舂九桶硝，公铸九盆沙（铁沙），打了九天仗，一天死几百，整海村大乱。有的往西走，有的往南北，公往西边走，奶往西边逃，公拿一把斧，又背一支枪，奶拿奶纺车，莫忘补衣针，拖儿带女逃。走过一个弯，翻过一个坳。一天一个村，一夜一个寨，来到五溪村；五溪五条河，四水盘一山，地方宽又广，是个好地方。公怕马援追，奶怕马援来，公不住武溪，奶不住武溪。公又起脚走，奶又起步行，公来到武陵，奶来到武陵，武陵山最高。公上高山望，举眼望四方，高山一层层，大地灰蒙蒙，万里无人烟，万里不见人。太阳东方起，月亮西边落，地方宽阔阔，不知往哪走，公跟太阳走，奶跟月亮来。走完一个弯，又上对脸坡，翻山又过岭，过水又过沟，逢村进村住，有时睡山冲。望见雷公山，公向雷山走，奶往雷山行。吃的是山鸡煮野菜，人瘦像深山猴子王。

公到雷公山，奶到雷公山，雷公山最高，撑手摸着天，上天无路走，天地两相离，举目望四方，山岭一层层，大地蒙沉沉，不知走哪方。转下河边来。千九往上走，万九往下行。公顺清江下，奶跟清水来。公顶儿点篙，奶摇几手桨，一天一截河，一夜一个滩，公到古梅筛（苗语音译，地名，从江一带），奶到古梅筛。

公到古梅筛，奶到古梅筛，四方集拢来，凑成五千家，人多地盘少，公奶又搬家。公公说奶奶，树大要分叉，水各分沟流，仔大要分家，各人自找吃。一人一条河，一个一边坡。公公没忘带柴刀，奶奶没把火搞熄，包谷在哪里，小米装没成？

冲出去，打杉告（苗语音译，指的是贝江河一带地方），找地方做吃，寻地方居住。敲战鼓，打战锣，冲出去，打杉告，打红瑶，占地方，有地方做吃，得地方居住。散在元宝、九万山。人们称作大苗山。

公公和奶奶，跟着太阳走，跟着月亮来，哼声夹哭声，经过千般难，受过千般苦，迁徙到苗山，公公勤耕种，奶奶勤纺纱，包谷九个包，禾穗九千粒，种杉又种竹，开田一大坝，鸡鸭满村走，禾谷堆满仓，创造好生活。"

这首古歌流传于融水县白云、拱洞、元宝、杆洞等苗族地区，唱的就是融水苗族的迁徙过程，从洞庭湖到"五溪"、"武陵"地区，再到贵州的雷公山、从江地区，最后再迁徙到融水县的贝江流域，元宝山。有学者指出，广西苗族从宋代开始陆续从湘西和黔东的"五溪"地区迁到今融水县境内的元宝山周围，[52]看来还是有一定依据的。

（二）广西融水苗族服饰的款型与宋代服饰有相似之处

中原文化不断地向岭南地区渗透，使苗族的服饰从追求实用性转向追求装饰性。同时，由于迁徙分布区域不同，生活环境产生了差异，故苗族内部产生了不同的支系，各支系之间的方言和生产生活习俗方面也有所不同，服饰也各有不同。

南宋时期的文献记载开始逐步详细了。"广西触处富有苎麻，触处善织布。"[53]在宋代，融水苗族服饰多用苎麻制作。

1. 杆洞屯的女装的上衣款式结构和装饰与宋代的背子相似。（如图3-12）如衣片的裁剪方法略同（也与前面在秦汉时期深衣上衣部分的裁剪方式略同），前襟、袖口、衣摆、开叉处都有刺绣镶边。区别一是袖子的大小。历代以来汉族以宽衣博带为传统习俗，这与少数民族地区的服饰的紧窄是相对立的，这也是自身文化所决定的。区别二是服装的用料和长度。在服装的宽度和长度的数据上，应该看出的是地位的尊卑，中外都是如此。区别三是开叉的高低不同。区别四是着装方式。在苗族地区，很多的上衣都是这样无领对襟衣，但穿着时，前襟交叉重叠在一起，而宋代的背子穿着时前襟自然下垂，故穿着方式有所不同。

宋代女装背子

（该图节选自周汛、高明春著《中国历代妇女妆饰》，上海：学林出版社1997年10月，图例297）

杆洞屯女装上衣及结构图

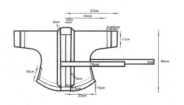

（刻图为笔者实地拍摄及结构图绘制）

图3-12　融水杆洞屯女装上衣与宋代背子比较

2．杆洞屯苗族妇女的下裳与宋代妇女常服的下裳有共同之处。

我国古代的百叠裙虽然先秦时期就已产生，如湖北随县出土的战国编钟武人就是穿着百叠裙的，由于古代的裙又长又宽，其间的折裥非常细密，故形成百叠的效果。而这种裙子的特点到了五代时期才表现得更为突出，出现"千褶"裙，故百褶裙在上流社会流行不早于宋代。苗族受中原地区服饰的影响，缝制穿用百褶裙的时代，其上限为宋代。

宋代的女子下裙在保持晚唐五代遗风的基础上时兴"百叠"、"千褶"裙，这是宋代妇女裙子的最大特点，也是杆洞屯女裙追求的特色。而宋代裙式修长，裙腰从唐代的腋下降至腰间。腰间系以绸带，并佩有绥环垂下。"裙边微露双鸳并"、"绣罗裙上双鸾带"。而杆洞屯的女装裙长及膝，腰间系带，一般裙体两侧垂有两片绥带装饰，上有刺绣，花鸟居多，与宋代妇女的喜好颇像。宋代裙式有六幅、八幅、十二幅，杆洞屯裙装的裙摆更大，多达十六幅，可见，杆洞屯女裙与宋代女裙有很多相似之处。杆洞屯的百褶裙长度及膝，更强调实用和功能性，这也是百姓着装要求的体现。

3．杆洞屯的百鸟衣男装和女装的装饰部位和装饰手法颇相似，这反映出历史上苗族男子的服装曾经象女装一样种类繁多、式样精彩。（如图3-13、3-14）苗族在宋代时就有过男装

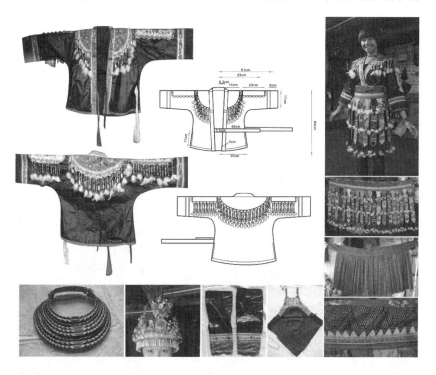

图3-13 融水杆洞屯苗族女装亮布百鸟衣（图片来源于笔者实地拍摄和绘制）

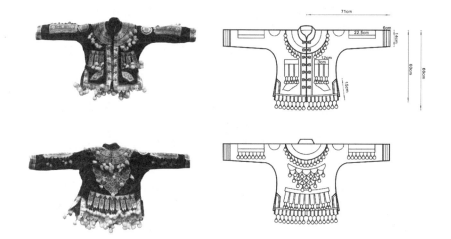

采集地点：融水杆洞屯
被访者：王垒　年龄：22岁　民族：苗族
衣服类型：盛装（百鸟衣）

图3-14　融水杆洞屯苗族男装百鸟衣（图片来源于笔者实地拍摄和绘制）

和女装款型一样的情形。

北宋的《凤凰厅志》上记载："（湘西）苗人前惟寨长薙发，余皆裹头椎髻，去髭须如妇人。短衣跣足，以红布搭包系腰，着青蓝布衫，衣边裤脚，间有刺绣彩花。富者以网巾约发，贯以银簪四五支，长如匕，上扁下圆，两耳贯银环如碗大，项围银圈，手戴手钏。"男女装同型的习俗一直延续到"改土归流"政策强迫苗族男子改装时为止。在融水县杆洞屯，"改土归流"的时间较晚，1938年以前的杆洞河流域，是一条名副其实的"生苗"河，由"八寨联盟"的头人统治，实行高度自治。[54]也就是说，杆洞屯的男装百鸟衣在1938年之后才逐渐发生变化，之前跟女装非常相像。从前面的实地调研中，我们也发现男装百鸟衣有两个款式，一种是有四个口袋的，另一种是图案贴布绣。村民们说他们是照着老样子来做的，说明老样子有两种，这两种就代表了男装的巨大变化，代表着融水苗族从"生苗"走向"熟苗"。

三、广西融水苗族服饰的继生态生成于明代

广西融水苗族银饰的兴起于明代。文献中频繁出现苗族穿戴银饰的记录则是在明代，"明代郭子章在《黔记》中'以银环、银圈饰耳'以及翟九思在《万历武功录》中有

'耳戴大环，项带银圈，自一围以至十余围'的记载，记叙了贵州和湖南一些地区的苗族女性的银饰。"[55]银饰的出现与经济社会的繁荣有重要关系。银饰的兴起反映了明朝统治者加强了对苗族地区的统治，苗族地区的政治、经济开发，与外界交流日益频繁，使得苗族地区原来的物物交换的形式被银钱所替代。白银在苗区的流通，为加工银饰品提供了条件。有的地方甚至出现了直接用银币或铜钱作饰物的现象。在贵州省博物馆就有一件剑河苗族的服饰，在其衣摆处，垂吊有几十枚铜钱。

宋代朱辅《溪蛮丛笑》记载了五溪蛮各部族的物产及习俗，书中写道："山瑶婚娶，聘物以铜与盐。"[56]盐在少数民族地区一贯都是珍贵之物，而将铜与盐并列当作聘礼，说明在当时，还没有其他的有色金属的价值可以取代或超过铜。至少在唐宋以前，苗族没有穿戴银饰的习俗。

用银作装饰，除了美感外，还有炫耀、展示财富的功能，这无疑会刺激人们的效仿和愈加踊跃的追逐。其佩戴者不分男女老幼，佩戴方式也从最初的追求数量演变成追求堆砌的趋势。穿戴银饰除了装饰意义之外，还具有标志性的意义。如苗族每个支系的银饰其造型有着相对的稳定性，经祖先确定了款型后，就固定下来，因此，从银饰上也可辨认出支系。

银饰除了装饰功能，还具有了区别婚否的功能。而今这种功能已十分普及。在杆洞屯，苗族的婚礼上只有新娘才可以佩戴银饰；在都柳江流域，女性穿银饰盛装则表示已进入青春期，可以进行婚配；而在雷山大塘，妇女佩戴宽大的银梳则表示已婚。

四、广西融水苗族服饰的继生态繁荣发展于清代

明清时期，随着农业和手工业的发展，广西的苗族服饰更加丰富起来。特别是清代，对苗族服饰的记载越来越详细。

（一）清代融水与其周边自然生态相似的区域苗族服饰相似

融水与龙胜、三江、罗城几个地域同处广西北部，地理位置相近，服饰有很多相似之处。如服装上衣短及腰间，色泽尚青，女性喜欢配戴银圈的耳饰和项圈，女装胸前喜欢露出肚兜的纹样，男女赤足等。

清代谢启昆在《广西通志》中写道："融水苗，青布缠头，耳项各悬银圈，衣裤俱青色，短小紧窄，语言与瑶同。"[57]融水的苗族用青色的布包头，喜欢佩戴银圈的耳环，用银圈装饰颈项，衣裤都是青色的，服装很紧瘦合体。

融水的苗族"蛮女发密而黑，好绾大髻多前向，亦有横

如卷轴者，有叠作三盘者，有双留者，未嫁女也。嫁则一髻上扎大梳，或银或木或牙，花簪围插，多寡不同，随贫富也。髻上或覆布，或花巾，或笠。笠制极工，常以皂布幂边，半露其面。耳皆戴大环，环下间垂小珥，项戴银圈，胸或挂银牌，身着青布衣，多缘绣，亦止及腰，内络花兜，敞襟露胸以示丽。亦有聚鹅毧为球，缀衣以为饰者。裤短而裙长，不裤者半焉。裙色皆深青，亦以绣缘。襞积颇繁，行则扱左右于腰，腰多束花巾，悬荷包。性亦喜吸烟，每以烟筒插髻。足跣，与男子无异。有喜庆，间亦着履。非担负而出，则携长柄伞、花巾、油扇，步趋轻捷，涉涧越岭，高深不怯"。[58]

这一段史料描述的"蛮女"与融水现代苗族妇女穿着非常相像。如发型喜欢"绾大髻"向前倾斜，头上插梳子、簪子；胸前挂有项圈或银牌；上衣是青布衣，边缘刺绣，长度到腰间；里面穿肚兜；下穿百褶裙等。其整体的着装方式到现代都是如此。特别是将鹅绒毛扎成球状吊在衣服上作为装饰，这种装饰手法是融水县杆洞屯百鸟衣的典型装饰手法。

龙胜县（今龙胜各族自治县）苗族，"男缠头，插雉尾，耳环、项圈，青衣紫袖。女挽髻，遍插银簪，复以长簪缀红绒，短衣缘锦，花兜锦裙，常手携槟榔盒。男女皆跣足而行"。[59]"头留长发挽髻子，四时用青布或花布包头。男上穿短青衣到腰，下穿青围布，非裙非裤。妇女头髻挽于额前，髻上插银簪，耳戴大银圈，项戴项圈，上穿长花领青布短衣，胸前常挂银牌，下穿青布短裙，两脚胫常包花布。男女俱赤脚。"[60]龙胜的苗族长发挽髻，用青布或者有纹样的布包头，男装短衣配围裙，妇女挽髻在额头的前方，髻上插有银簪，耳戴大的银圈，颈部戴项圈，胸前挂有银牌，短衣短裙，服装色彩都为青色，用花布包在小腿部，男女都赤脚。

怀远县（今三江侗族自治县）苗族，"男女服饰均与龙胜苗人相同"。[61]"怀远苗，男女服以青布，绣花极工巧，俗谓花衣苗。"[62]三江的苗族，与龙胜苗族服饰相同，服装色彩都是青色，刺绣特别精致。

广西罗城县（今罗城仫佬族自治县）苗族，"男子髻插三雉尾，耳环、手镯、短衣绣缘。苗妇椎髻长簪，着镶锦敞衣，胸露花兜，裳则纯锦，以示靓丽"。[63]罗城的苗族，男子头上插三根雉鸡尾部的羽毛，戴耳环和手镯，上衣短，边缘刺绣。妇女抓髻插长簪，上衣的边缘用织锦装饰，穿着时敞开，露出胸口肚兜的装饰，裙子则是用织锦做成，非常漂亮。

表3-2　广西桂东北部苗族清代文献记载比较

地域 / 服饰	罗城		龙胜		三江	融水	
	男子	女子	男子	女子		男子	女子
头饰	髻插三雉尾	椎髻长簪	男缠头,插尾头留长发挽髻子,四时用青布或花布包头	挽髻,遍插银簪,复以长簪,缀红绒头髻挽于额前,髻上插银簪	男女服饰均与龙胜苗人相同	青布缠头	蛮女发密而黑,好绾大髻多前向,亦有横如卷轴者,有叠作三盘者,有双留者,未嫁女也。嫁则一髻上扎大梳,或银或木或牙,花簪围插,多寡不同,随贫富也。髻上或覆布,或花巾,或笠。笠制极工,常以皂布幂边,半露其面
耳饰	耳环		耳环	耳戴大银圈		耳项各悬银圈	耳皆戴大环,环下间垂小珥
项饰			项圈	项戴项圈,胸前常挂银牌			项戴银圈,胸或挂银牌
手饰	手镯						
服装	短衣	敞衣	扎袖穿短青衣到腰	长花领青布短衣		衣裤俱青色,短小紧窄	身着青布衣,亦止及腰
		胸露花兜		花兜			内络花兜,敞襟露胸以示丽
		裳则纯锦	下穿青围布,非裙非裤	锦裙,青布短裙			裤短而裙长,不裤者半焉。裙色皆深青,亦以绣缘。襞积颇繁,行则扱左右于腰
上衣装饰	绣缘	镶锦		缘锦			多缘绣,亦有聚鹅氄为球,缀衣以为饰者
腰饰							腰多束花巾,悬荷包
腿部装饰				两脚胫常包花布			
鞋			男女俱赤脚	跣足		足跣	足跣,有喜庆,间亦着履

从清代的记载看，服饰从头到脚的记载已经相当细致，且对于已婚和未婚的服饰区别也有所阐述。通过比较桂北融水、三江、龙胜和罗城四地的苗族服饰，在头饰、耳饰、项饰上比较相似，在上衣的装饰、上衣的长度、腰饰、腿部装饰上有所不同。

（二）清代融水的苗装非常接近于现代融水的传统苗装

清代融水男子的苗装与现代的色彩、配饰和款型比较接近，与前面笔者调研的杆洞屯苗族男子日常装相近，只是现在男子不戴耳饰。清代融水苗族女装与现代融水传统苗装非常接近。

笔者认为这里描述的发型与融水县拱洞乡的苗族女子发式颇像。（如图3-15）在融水县拱洞乡，女人的发式则是把头发梳到左边，然后绕头一周盘到左边，插上梳子、发簪，有些则是在后面头发里掺入花巾，侧面插入鲜艳的绢花。这样的方式与史料的描述非常相似。

耳环、项圈、胸牌与现代的一致。服装的色泽为青色、服装的长度及腰、穿着方法及露肚兜的纹饰都与现代一致。服装的款式搭配一致，裤短裙长，不穿裤子则裙子及膝，搭配的方法是短衣花兜配短裤或短裙。而花兜，笔者用杆洞屯的肚兜与各朝代的肚兜进行了一个比较。

从上图的比较看，杆洞屯苗族妇女的胸兜其款型与清代肚兜相仿，而其穿着方式与宋代妇女的"抹肚"相似，都是在领部和背部系扎。也有学者认为苗族女子在穿用过程中肚兜外露，与明代的"主腰"是一种形式，明代一些女子穿着时将外衣领口敞开，使主腰外露。杆洞屯苗族妇女的着衣方式与之极为相似。（如图3-16）

裙子与现代的有些区别，现代的苗装裙子没有刺绣的缘边，而在清代时有。清代时的百褶裙已经和现代很一致了，着装效果"襞积颇繁，行则扱左右于腰"，褶皱很多，效果也同现代十六幅的百褶裙一致。

在装饰上，清代融水县的苗装强调"多缘绣"，即用刺绣装饰缘边，清代的服饰也非常强调这样的手法，而如今现代融

图3-15 融水拱洞苗族妇女发式（图片来源于笔者实地拍摄）

图表九：历代亵衣沿革图（该图节选自周汛、高明春著《中国历代妇女装饰》，上海：学林出版社1997年10月，图表9）

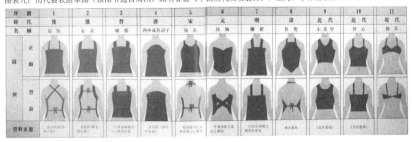

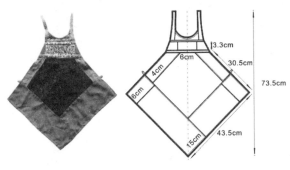

图3-16　融水杆洞苗族妇女胸兜与历代肚兜比较

杆洞女肚兜

水县的苗装仍然承袭这样的装饰手法。

"亦有聚鹅毳为球，缀衣以为饰者"，在融水的百鸟衣中，就是用到此类装饰手法。杆洞屯百鸟衣多采用各种鸟的绒毛，或者用鸭绒鹅绒作为绒球装饰。

（三）广西融水苗族服饰的云肩与清代云肩有关联

融水百鸟衣不论男装还是女装，都有云肩的装饰。（见图3-13、3-14），云肩金代已有，开始于贵妇命妇披用，元代相沿，盛行四垂云肩。《元史·舆服志一》中记载："云肩，制如四垂云，青缘，黄罗五色，嵌金为之。"[64]云肩披在两肩和胸背，其造型如花似云，面料用绫罗制作，绣有花鸟纹样并缀以金珠宝石，四周镶彩边，并以彩丝为缨络，在四周下垂。元代时，汉族妇女在衫襦的外肩上装饰有云肩。明代的妇女作为礼服上的装饰，清代云肩才在民间流行，普通的妇女结婚时也披云肩。制作方法是先制作绣片，再缝制到服装的肩部。比较明清的云肩（如图3-17）和融水县拱洞乡、安陲乡、香粉乡等各村寨用无数小绣片与串珠结合成网状的云肩（如图3-18），在外观造型和装饰手法上也有雷同，且更倾向于清代的云肩。

宫廷里的妇女披搭云肩是出于美观，而普通妇女披搭云肩，不仅仅为了装饰，还有一定的实用价值。融水苗族女子一生之中只有一两套像样的礼服，因为上面多绣有纹样，平时多

周汛、高春明著，《中国历代妇女妆饰》，图329，明代披肩《六十仕女图》

周汛、高春明著《中国历代妇女妆饰》，图331，缝缀于衣上的云肩

图3-17　明清云肩

图3-18　广西融水苗族的云肩（图片来源于笔者实地拍摄）

不洗涤，时间一长，领圈附近不免会沾染污垢，云肩衬垫，既方便拆洗，又增加美观，故实用与装饰性兼备。

融水苗族云肩在艺术形态上丰富多样。造型上因人而异，制作时先在女性的肩部摆放后，再进行裁剪和缝纫，具有西方立体裁剪的意识，力求穿着后肩部非常合体。云肩在儿童中的使用非常频繁，成人的百鸟衣必须配有云肩装饰。其种类有对开云肩、四方云肩、串珠云肩、无领云肩等不同造型，云肩的结构均为围绕颈部中心成放射或旋转为骨架，有四方、八方等放射形态。云肩在层次上有单层圈、双层圈、多层圈的不同处理，每个图案和形状大小以及色彩纹样组合都各不相同，纹样多为花鸟草木和蝴蝶纹的组合。

融水苗族云肩在文化内蕴上极富寄情寓意，折射出中国传统文化的价值理念。四方云肩、八方云肩象征四时八节，体现出中国古代造物思想中的四方四合、八方吉祥的祝颂理念。"四方云肩"寓意为四方平安，事事顺心，逢凶化吉；"八方云肩"则代表着春节、元宵、清明、端午、七夕、中秋、重阳、腊八八个节庆的平安祥和，使人置于天际地气之间，表达出一种"天人合一"的传统思想观念。四方柳叶式在融水苗族的云肩中使用得非常普遍，造型有八条、十六条、十八条等柳叶形作放射状构成，承载者春色满园、生命常青的文化象征寓意。

通过融水苗族服饰与清代服饰比较，其一，通过比较融水县及其附近区域的苗族发现，地理位置相近的苗族，其服饰的文化生态相似，故服饰也比较接近。其二，融水苗族服饰与清代服饰的装饰手法有很多相似之处。如云肩装饰、袖口的层层边饰都与清代服饰的特色相似。其三，比较清代苗族服饰与现代融水的苗族服饰，有很多的共同之处，故从清代开始，融水的苗族服饰进入一个稳定的发展期。

五、 广西融水苗族服饰的新生态

（一）广西融水苗族服饰的新生态生成于民国时期

1. 在20世纪20年代的融水苗族男装还仍然保持着左衽的习俗。除此特征外，其余服饰特点均与现代融水苗族男装一致。"男子椎髻于顶。首裹青蓝乌布。短衣窄袖。纽扣百结。污垢不濯。而皆左衽。所佩有小刀火镰烟袋等物。其头目兼佩剑刀。头插雉尾。如演剧之优伶然。然苗人咸尊视之。"[65]男子盘发，头缠苗族亮布，衣服短，袖子窄，扣子以多为美。苗族的头人头上插上雉尾。

2. 民国时期融水苗族女装与现代大致相同。"女子服

饰。绝类日本之和服。惟短仅蔽膝。黑苗衣多青色。女子尤好银饰。胸部悬银牌。大逾掌。颈套银圈。耳重珰。手戴戒指及钏。皆粗大异常。富者戴圈数只。戴钏十数只。行路琅珰。如被桎梏。然彼方以此骄人。弗以为累也。凡苗与猺。皆喜着裲裆。对襟三幅。塞上凝酥。双峰玉小。洒如也。腹部卫以抹胸。而幅较长。上齐胸。下逾脐。花辫缘之。无袙衣。下体着裙。苗瑶妇女。皆束发于顶。以梳绾之。然其式不同。苗左偏。"[66]服装款式类似日本和服，裙子及膝，服装色彩青色。戴戒指耳环头钗，颈戴银圈，胸缀银牌，银饰以大和多为美。服装款式如图所示（图3-19），对襟，露抹胸。抹胸的长度上端遮住胸部，下端长过肚脐，用花边装饰缘边。苗族不穿内衣。喜欢用梳子挽发髻，发髻偏左。女子发型、头饰、服装款式和搭配与现代融水的苗装一致，即变化较少。故融水苗族女装款式从清代开始就不曾改变过。

3. 女为悦己者容。在20世纪30年代，在会场上，融水苗族女子的刻意打扮奇特，五光十色，是为了博得男子的喜爱。"苟值'会期'，无论任何外人，乍入会场，未有不心骇目眩，讶为见所未见者！盖蛮人集会最多，而男女恋情，即为其原动力。故妇女而美容色，善修饰，其在社会上，即博得多人爱恋之热情；同时又可获取多数男子之赠品。所谓'名彰利达'，不特两者兼而有之；而'求恋爱'、'选快婿'、'肉体上'、'精神上'，皆能使之偿其美满之愿望！故妇女刻意装饰，必欲借此达其'名'、'利'、'色'、'爱'之目的，积久又久，遂造成此种五光十色之现象。"[67]在融水县，坡会提供给男女相识的场所，女子出席这样场合一定会打扮得花枝招展，目的是选择一个很好的丈夫。这种服饰的目的，中国的很多少数民族中都存有。

4．服装配饰以"多"和"重"为贵。"蛮人盛佩银饰，工作甚繁。"[68]"耳有耳环，径二三寸；颈有颈圈，周八九匝；胸有银牌，大可逾掌；手有手镯，一手戴六七只；脚有脚链，环绞胫端；上富者，头戴凤冠；由无数银制之虫、鱼、鸟、兽、金钱种种银饰。又或有以兽骨为臂环，红铜为戒指者，亦至七八对之多。蛮人佩戴此等重坠之饰品，行步郎当，如被桎梏，而绝不以为累。其志骄意满，转以此种怪状为最适于'娇态之原则'。相竞如狂，唯恐或后，殊可笑也！"[69]在融水县20世纪30年代，苗族妇女佩戴银饰的非常多，而且也很重，并且大家都相互攀比，穿戴得越多越重，那姑娘家越有钱。此时期融水苗族佩戴的耳环和颈饰在尺寸上要大过现代的银饰品。现在银饰品种不如民国时期那么繁多，估计很多人卖掉、烧掉（苗族的木屋很容易起火），或者"文革"时期被没收（在杆洞屯，杨村长也提到了"文革"时期破"四旧"的事情，很多服饰品被毁掉）。臂环和脚链现在也很难找到。

5．服装喜欢装饰。"各蛮族皆喜装饰，独其两足徒跣。"[70]苗族的服装上喜欢用花边刺绣装饰，足不穿鞋，这个习俗一直保持着。

6．服装面料制作工序复杂。"蛮人衣裙，多为布料，在桂省内，绝少绒呢皮料之物。"[71]服装布料为棉布的较多，也有苎麻布料的，制作布料时间需要几个月。"所著衣裙，完全为其手制，故蛮人妇女，无不善纺织。其工细者，数月而成疋，曰'娘子布'。其质为苎麻，染青色，九洗九染，布敝而色犹新。"[72]苗族制作服装要从种棉花到纺纱、上浆、染色、缝纫、刺绣，费工费时。"蛮人衣服，所有'栽棉'、'纺纱'、'浆染'、'缝纫'诸事，皆由自力而成"，"绣工复杂，耗时极多"，"织布机陈旧古陋，工多获少"。[73]

7．服装洗涤次数较少，因劳动出汗，衣服容易穿坏。"蛮人屋宇污秽，勤劳多汗，其衣数月洗濯一次，故易敝坏。"[74]

小结

1．通过图片和文献研究的比较，笔者认为20世纪20年代融水的苗装男子仍然承袭了清代的男装特色，即青布缠头、椎髻、插雉尾，此时对于男装款型的记载更为详细，短衣窄袖，纽扣以多为美，左衽。20世纪20年代，民国政府颁布《服制条例》，主要是针对男女穿着的礼服和公务人员穿着的制服而设定的，对少数民族则没有具体的规定。因此，苗族仍穿自己的民族服饰。虽然当局也想强迫苗族放弃传统服饰，但收效甚微。"民国二十五年

表3-3 刘锡蕃《岭表记蛮》书中图片

图片（拍摄年代20世纪30年代，出处《岭表记蛮》）	图片说明
	东颠寨苗族盛装
	苗族、瑶族人的日常服
	东颠寨苗族芦笙堂之吹笙

表3-4 刘锡蕃记载的融水苗族服饰文献分析

服饰	男子	女子
发式	男子椎髻于顶	苗瑶妇女。皆束发于顶。以梳绾之。然其式不同。苗左偏。狪前出。花苗上耸。猺则在狪与花苗之间。微前出而又非上耸也
头饰	首裹青蓝乌布。以雉尾插头，如演剧之优伶然。然苗人咸尊视之	上富者，头戴凤冠；由无数银制之虫、鱼、鸟、兽、金钱种种银饰
耳饰		耳有耳环，径二三寸
颈饰		颈有颈圈，周八九匝
胸饰		胸有银牌，大可逾掌
手饰		手有手镯，一手戴六七只，红铜为戒指者，亦至七八对之多
臂饰		又或有以兽骨为臂环
脚饰		脚有脚练，环绞胫端
服装款式	短衣窄袖。纽扣百结。而皆左衽	蛮族女衣，除獞人外，其余多露胸膛两乳。女子服饰。绝类日本之和服。惟短仅蔽膝。凡苗与猺。皆喜着裤裆。对襟三幅。塞上凝酥。双峰玉小。洒如也。腹部卫以抹胸。而幅较长。上齐胸。下逾脐。花瓣缘之。无祖衣。下体着裙
面料		蛮人衣裙，多为布料，在桂省内，绝少绒呢皮料之物。自灰色化以下之各种蛮族，所著衣裙，完全为其手制，故蛮人妇女，无不善纺织。其工细者，数月而成疋，曰"娘子布"。其质为苎麻，染青色，九洗九染，布敝而色犹新
色彩		黑苗衣多青色
工艺		蛮人衣服，所有"栽棉"、"纺纱"、"浆染"、"缝纫"诸事，皆由自力而成。绣工复杂，耗时极多，织布机陈旧古陋，工多获少
清洗	污垢不濯	蛮人屋宇污秽，勤劳多汗，其衣数月洗濯一次，故易敝坏
配饰	所佩有小刀火镰烟袋等物。其头目兼佩剑刀	
鞋		徒跣

颁布'改良风俗规则'，对婚嫁、生寿、丧祭中的奢侈行为以及其他陋俗，宣布取缔。对壮、瑶、苗、侗等族的'不落夫家'、'赶歌墟'及服饰等习俗，实行同化政策，强令改革。"[75]在服饰方面，男女留发不得过额，女子留发过颈者，须结束，男女服装必须购买国货，不准穿奇装异服。1940年的《平乐县志》记载，这些规定只实行于学界和城市，乡村中仍墨守成规。

2．20世纪30年代以后，男子服饰变化较大，汉化较快，而妇女服饰依然保持着民族特色。据阮镜清1943年《广西融县苗人的文化》记载："苗人男子的服饰，几全部已汉化，故难见他们的固有形式。但妇女的装束，则现在尚保存古风。通常头上缠一布巾，巾蓝底而有花纹，是用蜡缬法制成的。胸部披一状如围裙的布，用以遮蔽乳及腹部。夏天在家工作，不穿上衣，背部及手臂袒露于外……但外出必罩上对胸半体衣，宽大异常，没有纽扣，只用腰带以束之。普通领上、袖口及开襟之处，皆缝缀有美丽的花纹。""苗女的下体，亦如我们汉人一样，穿裤或另穿上褶皱的短裙，长仅及膝，下腿则套一'裹腿'，状如脚绑，工作时多赤足无鞋，即有亦不过草鞋而已。至于衣服颜色，只有两种，即黑色及蓝色的。""妇女的饰物，有耳环、颈圈、指环、手镯等类，都是用银制成的。"[76]由此可见，融水苗族传统服饰的男装发生变化是在民国时期。而女装一直保持着民族特色。该特色，是承袭清代苗装的特色。民国时期，苗族男子由于与外界的交流比女子多，故接受流行要比女子容易，服装上的最大的变化就是中山装的特色也被他们融入到传统服装中，出现四袋上衣。

3．融水苗族银饰品种在民国时期日益丰富起来。"有银花、银钗、银镯、耳环、项圈、项链、银牌、针筒等装饰品。"[77]银饰材料的来源于银币，银饰的目的"多用为妇女的装饰品，以夸示其豪富"。故女子喜欢在芦笙踩堂时穿用，芦笙踩堂在刘锡蕃的记载里是男女"恋情"之地，在这样的场所中，女子以银饰的多少来显示家庭的富裕程度。苗族过着一种自给自足的生活，社会分工不是很发达，自身无货币，所以内部盛行物物交换的形态。近两百年来与汉人通商，货币交换的形态，已渐有取物物交换而代之的趋势。然而，苗族本身是缺乏货币的，故他们一是将自己的物品换成货币，再以货币来换取汉人的盐铁；二是将他们的产物换成货币，用来制造妇女的银饰品或贮藏。

在融水县，苗族的银饰基本上是贵州那边的银匠每年流动到此地为当地人打造的，直至现今仍然如此。

融水苗族的银饰在民国时期大量出现。其原因，一是从清代开始白银作为主要货币大量流通。白银是在唐末时进入货币领域的，主要用作军费、政府经费等。进入宋代以后，白银作为货币使用的范围更加扩大。元代和明初，政府为推行纸币政策，禁止民间用金银交易。直至明英宗时方才解除用银之禁，白银从此正式以合法货币的身份登上经济流通舞台。万历年间，白银成为社会各阶层人员必需的货币，成为财富的主要标志。到了清代，则以用银为本，用钱为辅。白银货币大量流入苗族地区，为苗族人民用白银制作银饰提供了材料的来源。

二是清代中后期，流入了大量的外国洋银，使更多的白银流入融水苗族地区。在清代中后期，中国与国外的贸易往来频繁，中国由于是自给自足的小农经济，对于外国货品并无需求，而国外对于中国的工艺品和茶需求很大。中国在对外贸易上是出超，经常有大量白银和银元流入。1770年至1830年间流入中国的白银共合五亿元左右。[78]国外的洋银冲击国内的白银市场，使更多的白银流入少数民族地区。

三是民国时期广西多种货币混合使用，为融水的苗族银饰提供了材料来源。

辛亥革命之后我国仍维持着银两、银元并行的货币制度，即袁世凯头像的银元和孙中山头像的银元同时使用，而广西在民国时期是多种货币混合使用，其中有法币、法光（法国的银元，亦称安南银元）、桂钞（广西自己发行的货币包括纸币、铜元与银币）、银元（袁大头）、铜圆（前朝的货币）、白银等。融水苗族地区的银饰纯度都不是很高，在此时期其主要原因则是各种货币的使用，广西本地流通的银元纯度不高。

（二）广西融水苗族服饰新生态在解放以后的发展

解放前，融水的苗族人民不仅在政治上、经济上受尽压迫和剥削，而且还深受民族歧视之苦。在国民党统治时期，推行民族压迫、民族离间政策，各民族之间互相歧视风行。如少数民族把汉族说成"铁客"、"猴子脸"等吓唬妇女儿童，"客进寨烂寨"，"铁进袋烂袋"，苗傜是"变婆"，"苗汉结交家产光"等民族仇恨情绪，因此，各民族之间、村寨之间关系十分紧张，汉族群众进少数民族村寨，家家户户关门，苗族群众路过汉寨、壮乡被拦路抢劫等。广西的少数民族在历史上地位很低，在历史上记载"广西的民族，除了大多数的汉族以外，则为苗瑶僮倮等族。苗族等因人数较少，进步较迟，每给外人所轻鄙，不仅斥之为野蛮民族，甚而以兽类看待他，好像猺僮倮三字的旁边多写为犭，成为猺獞狼"。[79]

解放后，苗族的地位才有所改变和提高。融水苗族自治县成立之后，原来对少数民族歧视的语言，如"苗仔"、"瑶仔"、"侗老"、"壮古老"的语言称呼逐渐消失。过去，各民族之间通婚的很少，在解放后相当普遍。苗族是一个勤劳勇敢和富于反抗精神的民族。为了维护自己民族的生存，争取民族的平等和自由，在历史上进行了大大小小无数次的反抗斗争和民族暴动。据不完全统计，"自1801年到1939年，融水苗族地区就发生了18次较大的民族暴动和起义。因而被反动派统治阶级诬蔑为'苗人发苗疯，三年一小发，十年一大发'"。[80] 解放后，除匪、民族区域自治政策，让民族关系得以很好的改善。"1955—1957年为了满足少数民族对首饰的需要，首饰业生产了大量的耳环、手镯、银针等供应山区，1963年，县商务局拨七千两白银给首饰组加工少数民族人民喜爱的各种装饰品，进一步美化少数民族人民的生活。"[81]

20世纪50年代以后，融水苗族男子穿汉服的越来越多，即便是在重大的节日场合穿着者都寥寥无几，融水苗族女子的盛装比男装保存得好，几乎女孩子人人都有苗装，老年人天天穿着苗装，50岁以下的妇女平时基本上穿着汉装，女子的盛装穿着的次数很少，一般都是出嫁、入葬或重大的节日才穿用。

在广西，苗族与汉族、壮族等的政治地位和经济发展状况有差距。融水男子很少穿着苗装，其重要原因是与苗族的社会地位和经济有关，长期以来苗族的地位低下使苗族人认为穿苗装就是一种明显的苗族身份显示，会被外人看不起，因此随着男子接触外界越频繁，脱掉传统服装越快。

十年"文革"对苗族服饰发展的影响也是很大的。"文革"初期"破四旧"没收掉很多家传银饰，古旧的苗装也被烧掉很多，这使很多有价值的苗族服饰被毁掉。但"文革"时期，苗族的刺绣中也会出现"毛主席万岁"、"中国共产党万岁"等的纹样，反映出中国主流文化对少数民族地区的渗透，折射出苗族人对共产党的朴素的感情。

从20世纪80年代后期开始，随着改革开放的不断深入和西方文化的猛烈冲击，中国传统民间文化遭遇前所未有的危机，融水苗族服饰赖以生存的文化生态环境发生改变，服饰的商品化程度不断增强，传统服饰技艺的保护传承面临困境。但另一方面服饰以其与现代生活理念相吻合的文化交流、旅游休闲功能在新的生态环境下找到了新的发展模式，依托"文化搭台，经济唱戏"的思路，融水县通过举办各种苗族的节会，不仅使服饰文化成为重要的旅游资源，而且使传统苗族服饰向现代化方向发展。

伍新福在《苗族文化史》中谈到他20世纪80年代到融水一带实地考察苗族，"中年以上妇女平时的穿着，仍多布巾包头，深蓝大胸襟衣，围胸兜，盛装戴银簪、项圈、手镯等银饰品；青年妇女和姑娘们，平时服装已与汉族没有区别，但节庆

图3-20　20世纪80年代
广西融水苗族男女老幼
服饰及纺织、染色照片
（融水县博物馆提供）

时仍多着民族服饰。龙胜、三江等地的苗族，男子与当地汉
民的穿着一样，中年以上妇女平时包布巾、穿深蓝大胸襟衣的
也较多，但即使是盛装，银饰也很少（如图3-20）。而各地苗
族，无论男女，裹腿、跣足等现象均已不复存在。这些是新中
国成立以后数十年间所发生的变化。"[82]

在改革开放后，融水的苗族平日都是穿着从市场上买回来的衣服和鞋帽，与城市青年打扮都一样，只有在节日里女子才穿着民族传统的盛装。且盛装中银饰很少，笔者认为这是"文革"时期"破四旧"的后果。

小结

生态发展时段	历史时期	文化生态	融水苗族服饰					
			款式造型	面料	色彩	纹样	工艺	银饰
原生态前	原始			楫木叶以为衣服				
	夏商周	上衣下裳制	上衣下裳					
				丝、麻				
	秦汉	深衣锁绣平绣	制裁皆有尾形	麻、棉	好五色衣服	衣裳斑斓	织绩木皮染以草实平绣	
	隋唐	文化包容性羁縻政策		苎麻斑布（苗锦）绨葛		鸟章		
原生态	宋	中州清淑之气背子百叠千褶	款型与宋代服饰有相似之处男装和女装款型一样短衣跣足	苎麻			衣边裤脚间有刺绣彩花	银簪耳环银圈手钏（湘西）
继生态	明代	白银在苗区的流通						银环、银圈饰耳
	清代	融水与其周边自然生态相似的区域苗族服饰比较	短小紧窄花兜襻积颇繁				聚鹅氄为球缀衣以为饰	银圈银牌缘绣
		云肩文化	百鸟衣云肩					

新生态	时期	背景文化	服饰	材料		图案文字	银饰
新生态	民国（1920—1930年）		（男）短衣窄袖纽扣百结而皆左衽	苎麻			
		《服制条例》改良风俗规则　银饰文化　外国洋银流入	女子服饰绝类日本之和服惟短仅蔽膝抹胸无袑衣下体着裙	苎麻		花瓣缘之	耳环颈圈银牌臂环手镯脚链
	民国（1930—1949年）	广西多种货币混合使用	男装汉化，妇女的装束尚保存古风				耳环颈圈指环手镯银花银钗银镯项链银牌针筒
	解放后—1966年	融水苗族自治县成立苗族的地位改变和提高　县商务局拨七千两白银	男子穿汉服的越来越多　女装旧制				
	"文革"时期	主流文化				毛主席万岁中国共产党万岁	
	1979—	改革开放现代化西方文化	男着汉服女穿大胸襟衣，围胸兜，盛装				银簪项圈手镯

1. 融水的苗族服饰从原生态发展到继生态直至新生态，笔者发现其服饰历史变迁与主流汉文化密切相关。其一，融水苗装的服装形制继承了商代的上衣下裳制。其二，宋代是融水苗族形成的一个重要阶段。宋代融水苗族服装面料以苎麻为主，上衣结构和装饰手法颇似宋代的背子，裙子有宋代的百褶、千叠的风格。故宋代服饰风格对融水苗族服饰款式定型具有一定的影响力。其三，明代是融水苗族银饰的形成期。其四，明清服饰的云肩对融水苗族服饰具有一定的影响力。其五，清代民国时期史料记载最丰富，融水苗族女装在清代之后变化极少，而男装在民国时期变化最大，现代融水传统苗族男装主要是民国时期的款式。其六，民国之后，男装与女装在服装的款型上基本没有变化，改革开放之前由于文革的冲击服饰在银饰上有所减少，改革开放之后，男装穿着者趋于逐渐减少的状态，女子在节日里仍热衷于穿着苗装，而现在随着生活水平的提高，银饰又有所显现。

文化是人类历史的遗产，每一代人都继承了前人所创造的文化，所以文化是有历史的。历史发展是前后衔接的过程，在这个过程中前后存在着差别，所以有前后不同的变化。

2. 融水苗族服饰的演变过程中，男装的变化明显而快速，与男子外出接触外界有很大关系。中山装四袋形制在融水苗族男装上衣的出现，证明民国时期汉族服饰文化对融水男装影响之大。融水苗族的女装从清代之后变化很少，这与女子较少接受教育，生活方式改变甚微有关，使苗族女装一直保留了古代的遗风。

3. 融水苗族女装长期保持不变是族群认同心理支撑，更主要是有她们的"公共空间"作为制度保障。服装规定体现了社会对公众外观的某种规范，服饰的变迁体现了人们对时尚的追逐，以及着装者的社会化程度和对潮流的认同。男子外出因而"与时俱进"的改变着装，女子因主内而无须在服饰上趋时跟进，由于社会化程度太低而完全忽视服装的规范性。融水被称为"百节之乡"，苗族每个月都有自己的节日，这给予了苗族妇女走出家门展现自己和娱乐自己的机会。正是这种族群集体活动的需要，正是村落社会空间的敞开，使苗族妇女具有整饰自身、保持统一服装的内在需求和动力。

长期以来，融水的苗族与汉族以及其他少数民族相互杂处，共同劳动生息在这块土地上。政治上、经济上的相互联系，促进了服饰文化上的相互交流。

融水苗族服饰其历史发展过程中变化缓慢，其根本原因在于中国长期的自给自足的小农经济形态为它提供了长期稳定的民族文化生态环境。而苗族服饰在当代出现的问题，是因为经济形态和社会的变迁所造成民族文化生态的改变所致。

六、广西融水苗族服饰文化的传承调研与分析 ——以杆洞屯为例

文化在一个人群中不仅是共时性地为其成员所共享，更重要的是在这一人群中历时性地一代一代传承下去。传承是在时间上的延续，文化依赖传承而绵延不断，传承不只是复制和模仿，后代在继承前辈习俗、信仰、观念的同时，也在延续着文化的生命。文化的传承是对传统的承继，同时也是对传统的再造。它是一种动态的承继，随着自然、社会、时代的改变而变化着。

（一）杆洞屯问卷调研统计与分析

在杆洞笔者做了一次较为深入的问卷访谈，调研的方式是以下面的问题作为聊天的主要内容，并非发放问卷叫村民填写。因为很多女性是文盲，会说苗语，会一些桂柳话，但不识字。

调查问卷统计如下：

调研人群94人，男性：32人 女性：62人

表3-5 杆洞屯调查问卷统计

目的	问题	回答统计
基本情况	1. 受访者性别	34%男 66%女
	2. 籍贯	66%杆洞屯 34%非杆洞屯
	3. 婚姻状况	65%已婚 35%未婚
	4. 职业	55.3%农民 25%学生 13.8%个体户 1%教师 1%医生 4%其他
	5. 文化程度	34.4%文盲 35.1%小学 24.5%初中 3%高中 3%中专
	6. 您的家庭经济来源	65.8%农业收入 15.8%个体经营 15.8%打工 2.6%工资收入
	14. 你是否打过工？	33.8%是 66.2%否
穿者对苗族服饰的喜爱程度	8. 你有没有苗装？	85.1%有 14.9%没有 女性中96.8%人有
	9. 您喜欢本民族服饰吗？	80.9%喜欢 9.6%不喜欢 9.6%无所谓
	10. 民族服饰与流行服饰你更喜欢穿哪一种？	47%民族服饰 53%流行服饰
	11. 您平时穿本民族服饰吗？	8.7%经常穿 63.7%很少穿 24.1%不穿 3.2%上级要求时穿
	12. 别人对您穿民族服饰的态度？	25%好奇 58.3%赞赏 15.5%无所谓 1.2%老土，看不惯
休闲方式	13. 你的休闲方式	41.8%看电视 14.5%闲聊 6.3%打牌 10.9%刺绣 26.3%其它

苗族服饰工艺传承调研	15. 你掌握几种刺绣的技法?	40.3%会 21%不太会 12.9%两种熟练程度 21%很熟练 37.1%较熟练 41.9%不会
	16. 您开始学习挑花刺绣是__岁,向__学习,做亮布是什么时候开始学的?织锦呢?	刺绣:10岁以下学习者16.1%,10－19岁学习者64.5%,20－29岁学习者19.4% 64.3%向妈妈学,7.1%向嫂子学,4.8%向外婆学,9.5%向姐姐学,4.8%向朋友学,9.5%自学 亮布:81.8%的人在10－19岁时学,18.2%的人在20－29岁时学,1人向姐姐学,1人向外婆学
	17. 您想学挑花刺绣吗?	51.9%想 25.9%不太想 18.5%不想 3.7%无所谓
	18. 您认为有本事的女人是	41.2%会当家 15.7%会刺绣 39.2%有文化知识 3.9%有钱
	19. 您认为女孩子一定要学刺绣吗?	32.6%是 29.2%否 38.2%无所谓
	20. 您为什么要花那么多心思为衣服刺绣?	25.8%好看 2.2%耐用 61.8%送人 10.1%不为什么
图案纹样	21. 您知道服饰图案纹样的涵义吗?	3.2%知道 11.3%知道一点 54.8%不知道
	22. 图案多取材于	54.4%花草等植物 44.1%虫鱼鸟等动物 1.4%日常生活用品
	23. 图案是否受到其它民族的影响?	14.3%是 85.7%否
刺绣花线	24. 您刺绣的花线是	78.1%外买 3.1%自纺的 18.8%半织半买
	25. 您喜欢用什么线刺绣?	28.6%丝线 47.6%棉线 23.8%晴纶线
	27. 您会染制花线吗?	24.3%会 13.5%会一点 62.2%不会
面料与工艺	28. 您制作服饰的面料是	36.4%外买 18.2%自织的 45.5%半织半买
	29. 您还种植棉花吗?	2.6%种植 97.4%不种植
	30. 您会蓝靛染布吗?	37.8%会 18.9%不太会 37.8%不会
	31. 蓝靛染布要多少时间?	51.9%一个月 22.2%两个月 25.9%三个月
制作服装的时间	32. 制作一件传统服饰需要	34.4%三个月 12.5%半年 28.1%一年 21.9%一年半 3%两年
苗族服饰的传承与发展	33. 您认为传统民族服装是否还需要穿	65.6%是 9.8%否 24.6%无所谓
	34. 你不穿传统民族服装的原因	12.9%制作费时 14.3%沉重闷热、难洗 68.6%活动不方便 4.3%不好看
	35. 您认为传统服饰制作工艺应该:	74.1%传承发展下去 9.9%太落后,抛弃 16.5%无所谓

1. 基本情况分析：笔者的抽样调研人数94人，其中7—15岁22人，16—25岁的12人，26—35岁的14人，36—45岁13人，46—55岁的13人，56岁以上的18人。男性32人，女性62人，55.3%农民，25%学生，13.8%个体户，1%教师，1%医生，4%其他职业。这群人中，文化程度不高，大部分是小学以下水平，极少数人读了高中。其家庭收入大部分都来自农业收入，少部分来自个体经营和外出打工。

2. 对苗族服饰的喜爱程度分析：80%以上的人喜欢苗族服饰，特别是女性，96.8%人有苗装。但在穿着上，53%的人喜欢穿着流行服饰，故平时经常穿苗装的人很少，只有8.7%，因为他们认为外人看他们穿着苗装的态度25%出于好奇，58.3%会赞赏他们的服饰漂亮，故在节日里很多人喜欢穿着苗装。

3. 休闲方式分析：有41.8%的人选择看电视作为休闲的方式，仅有10.9%的人选择刺绣作为休闲方式，由此可见电视、DVD在人们的生活中成为了重要的角色，从人们的休闲方式就观察到人们投入到刺绣和服饰制作方面的时间。

4. 苗族服饰工艺传承调研分析：40%的女性会刺绣，并且自认为还是较熟练的，大多数人学习刺绣的时间为15岁左右，这正是初中毕业的时段。从这点上看，女孩子不读书了才开始学习刺绣和制作亮布，64.3%的女性是向妈妈学习刺绣，可见刺绣的传承方式主要是妈妈传给女儿，也有向嫂子、外婆、姐姐、朋友学的。对于不会刺绣的60%女性，超过80%的人是自己不想学习刺绣。

苗族少女时代，是学习缝制服装的时期，一般10岁开始学织布，先从纺纱纺线学起，到15岁就可以学织布了，自己织布做被套和床单，并开始学习制作苗装，同时学刺绣。她们从母亲、嫂嫂、姐姐以及同伴处学习，往往要到结婚前才能学会一整套工艺技术。

在问卷调研中，现如今女人的本事最重要的就是会当家，其次就是有文化，会刺绣的能力被弱化，而且金钱的观念也影响当地的人们，这是商品经济影响下不可避免的结果。对于女孩子是否一定要学习刺绣，只有1/3的人认为有必要。而现在为什么还要刺绣，原因最为重要的就是当礼物送人。在杆洞屯生孩子"三朝"（就是小孩出生第三天）请酒是非常重要的日子，女方家里要送去小孩使用的背带、帽子（女孩在娘家秘绣的绣品）等，这种礼品到现在都很看重，随着打工族不断外出，现在很多父母为自己的女儿准备这些东西，姑娘秘绣的越来越少。在过去会不会刺绣是衡量一个姑娘勤与懒的标准，女孩子不会绣花、不会"踩堂"会被别人看不起，而如今价值观念改变，会刺绣的女孩子越来越少，擅长刺绣的女性都是30岁以上的已婚妇女。

5．刺绣纹样的分析：纹样多来自自然界的动植物，人物造型在杆洞屯笔者没有找见。螃蟹花在背带的刺绣中很普遍，与三江侗族纹样造型方法相似。刺绣者基本上都不知道纹样的深层含意，但刺绣者知道她们的纹样很少受到外族的影响。从这点上可以看出苗族服饰文化传统之所在。苗族的纹样发展变化较少是因为当地动植物的种类和形象变化不会很大，而人物的形象就有可能随着时代的发展而变化。

6．刺绣花线分析：外面买的颇多，很少人自己染，但刺绣的方法还是非常传统。

7．服装的面料与工艺分析：大约60%的人还会使用传统亮布制作服装，但会制作亮布的人约40%，而笔者的现场勘查，只有两三家人还在制作亮布（当然与这家人有没有女儿出嫁有关）。因为蓝靛染布时间较长（一个多月），故村民基本上都喜欢市场上现代布料的苗装，而不再种植棉花。融水的苗族在20世纪60年代以前都是自种棉花、自纺自织棉布。她们采摘棉花后去其籽，请弹棉花匠将棉花弹成絮，然后再将絮纺成细纱，再将纱卷成大团，放入淘米水和树皮水中浸泡，取出晒晾，这样可以使线变硬变紧，然后将晒晾过的线团缠成小卷，用来打成白布。而如今，种棉、纺纱、织布省掉了，染布、捶布的越来越少，刺绣在边远山区还能保留手绣，越接近县城，机绣、电脑绣越来越普及，且人们崇尚这样的苗装。

织布机在融水苗族人的生活中是很普遍的，即使是在现在也可以看到很多织布机被搁在房顶，闲置在家中，过去每家都有自己制作的床单、苗装、绣花织布布袋等，而现在基本上不种棉花和蓝靛了，布匹都到市场上去买白坯布，染料也到市场上去买，自家织的床单基本上用作娶媳妇或嫁女儿时给新人的新婚赠物。

8．制作服装的时间分析：制作一件传统的苗装至少三个月。当然，这些时间是村民农闲时加在一起的时间。在采访中，杆洞乡上的裁缝制作一件苗装则是一天。在过去，苗族的少女时代，既要担负起家里繁重的家务，又要从事农业生产，用于缝制服装的时间很少，而且是间歇性的，只有等到结婚后"坐家"期间，才有充裕的时间完成服装的制作。在20世纪50年代《广西苗族社会历史调查》中，"有人统计，光苗族妇女一身的衣服，从种蓝靛和种棉、抽丝纺线、蜡染、裁缝到能穿上，共花三个月零八天时间，其付出的劳动量是可想而知的。为了将来能应付如此沉重的负担，她们从小就开始学挑花刺绣，把挑花刺绣的好坏当作是否灵巧和聪颖的标志。因此整个青少年时期她们都把几乎所有的空余时间消耗在这里。这就极大地限制了她们与外界接触和受教育的机会，以至在解放后三十多年的今天，也直接影响整个民族文化水平的提高。我们认为，对苗族服饰特别是苗族妇女的服饰要进行改革。"[83] 由此可见，在融水县的20世纪50年代妇女极少接受教育，休息时间都投入到制作服装当中，随着苗族传统的服饰改革，从当时调研者的角度可见，社会的进步是需要改革传统苗装的制作过程的，以便于减轻妇女的负担。而如今，非物质文化遗产保护的盛行，又想让大家捡起过去淘汰的东西，似乎在融水县，没有政府的总体干预，还是有些困难的。杆洞屯是笔者到过融水县最远的苗寨，相比起香粉、安陲、白云、拱洞、四荣等乡，其保留下来的服饰更为原生态和传统，还能够看到大量的手工刺绣和少许苗族亮布。据杆洞村的杨书记说，前几年都还有80%的人做亮布，现在越来越少了。因为手工制作方式的发展变化较少，同时掌握熟练技巧的人也越来越少，因此制作工艺一直停滞不前。或许再过几年，手工刺绣会慢慢消失。

9. 苗族服饰的传承与发展分析：只有65%的人赞成继续穿着苗装，大多都认为穿着苗装活动不方便，传统的苗装功能性不强。但对于苗装制作工艺超过70%的人认为要传承下去。从这点上分析，杆洞屯的苗族民族自信心比较强。

（二）传承的方式

在融水县，妇女不论是受过教育与否，在制作服饰的技艺主要由口传、物传为主，几乎不用通过文字的记载传承。比如刺绣、织锦，多数是母女之间借助言传身教直接教授，有些自己母亲不会刺绣的，其女儿就向村里的朋友学习，每个村寨里都有绣得最好的女子，她剪的刺绣的花样会被其他女子买去。在融水县杆洞乡杆洞村的调研中，笔者找到了寨子里最会刺绣的女人，30多岁，没读过书，只会说苗语，我们之间的交流只有通过她的丈夫（读了乡上的中学）做翻译。她丈夫说她今年还代表杆洞乡到柳州去参加民族服饰的刺绣比赛，她剪的花样是全乡最好的，很多人来买她的剪花。笔者问她刺绣跟谁学的，她说是她妈妈，现在她的女儿也很喜欢跟她学，小学五年级，已经学习刺绣一年多了，女儿还为我们示范了在剪花上刺绣的过程。在杆洞屯，笔者调研过很多家庭，很多女人都没受过什么教育，对绣片上纹样的理解也非常粗浅，很少能说出纹样代表什么意义。

（三）传承的困境

笔者亲临融水坡会多次，采用观察的方法对苗族传统服装的着装情形、非概率抽样的就近访谈法对苗族传统服装的热情程度进行调查，先后对百名女性进行了随机访谈。调查的结果是：穿着苗族传统服装的基本都是女性，男子很少，机制品的服饰占90%以上，在香粉乡古龙村坡会上询问到一套机制苗装，400元左右。40岁以上的妇女超过80%的人对苗族传统服装热情不减，25—40岁的妇女虽然穿着汉服却也有超过半数的人比较欣赏苗族传统服装，且帮自己女儿准备苗装。踩堂结束后，女孩们立即脱下传统苗装换上流行服饰，即穿着苗装的目的是参加芦笙踩堂。

不论女儿在外着装如何时髦，30岁以上的母亲还是会为自己女儿准备传统苗族服装。而男装呈现一种若有若无的状态，即便是在如此重要的场合，也很难看到男子穿着苗族传统服装。

笔者还对苗族刺绣工艺的传承情况进行调查，其结果是20岁以下的女性很多不屑于此门工艺而不学了，20—30岁的女性有约60%的人会刺绣，但手艺都不精，在村里很多人都喜欢市场上卖的电脑绣，认为自己绣的不如市场卖的好看，当然出于经济的原因，很多人也不得不自己绣。调查中也得知上一辈的妇女们很愿意传授，而她们的下一代却拒绝承接。在杆洞屯，访谈过一位13岁就外出打工的25岁左右的男子，他说过的一句话笔者记忆犹新，他说："女孩子就是鸟，而男孩子就是树。"在他眼中杆洞屯的女孩子比男孩子要好，女孩子要么读书读出去，要么打工嫁出去，而男孩子树根扎下了，就很难挪动了。邮电所的所长三个女儿都嫁到了融水县城，在杆洞屯，他的生活已经是城里的小康了，种田种菜似养花休闲。在杆洞屯，人们对女孩的看法与以前大相径庭了，女孩子已经没有纯粹的心境用在刺绣上了。"女孩嫁得好"是大众认同的普遍思想，而如今，嫁得好更需要的是接触外界，而不是旧时刺绣好的标准。故现在的女子思考的重点不在刺绣上。

以上的调查结果表明：融水苗族服饰的工艺会面临消失的危机。传承融水苗族亮布工艺的人少之又少。如果老者去世了，那么亮布的工艺会消失。虽然在杆洞屯能见到大部分的手工刺绣，但刺绣工艺的传承也会越来越少，因为在调研的过程中，12岁以下儿童会刺绣的非常少。因为人们崇尚机绣的心理，手绣的比例会越来越少，机绣比例会增大，这种趋势不可逆转，刺绣工艺的传承会遇到瓶颈。其他的苗族地区，也同样存在这样的现象，即便是在大名鼎鼎的千户苗寨，也难以逃脱这样的厄运。西江现已成为旅游景区，商业化的操作虽为当地带来了一定的经济收入，但在刺绣的传承上也未必尽如人意。

在当地的刺绣工作坊中，笔者感受了刺绣的基础针法，但当笔者要学习更为高难度的刺绣时，示范者（年龄45岁左右）说："这种类型的刺绣只有老人才会做了，我们做不来。"这便是传承中所遇到的困境。

民族文化的传承，是民族生存和发展的前提与基础，涉及如何以某种方式将其成员共有的价值观念、知识体系、谋生技能和生活方式代代相传，任何一个民族都有其特定的文化传承形式，尤其是民族艺术创造及其现实形式，在一定意义上最大限度地保留或肯定了民族文化的核心内容。融水的苗族服饰，代表苗族的一个文化表征，是其民族文化传承的外在表现形式。服饰的变迁，意味着民族文化传承中的某些内容的改变，体现出苗族成员的价值观念、知识结构体系、生产生活方式的改变。苗族服饰作为文化艺术的一种形态，它代表着一个时代，一种人文精神，一条传统的链，一旦消失，失去的不只是服饰，而是一个民族的过去。我国社会正处于一种大变革的转型期，社会主义市场经济的发展，不仅改变了生产力和生产关系，直接影响着人们的生活方式和价值观念，"下海"、"大款"、"走穴"已经是20世纪90年代的语汇，而如今"雷人"、"潮人"遍布街头巷尾，城市房价的步步攀升，让现代人越来越务实，急功近利、步步向"钱"，让人们逐渐把"无用"的旧物抛弃，拆掉旧房，把地皮交给房地产商开发；卖掉旧的苗衣和绣片，"这些东西在老外手里会保存得更好"，"机绣的比手绣的更漂亮"。破坏是非常容易的，而重建非常难。保护苗族服饰，并不仅仅只是保护一种物件，而是保护一种生态，保护一个与之相关的各种事项编织而成的生态链。

中国几千年的封建社会，男耕女织的生产方式决定了一代又一代人的观念、心理和审美，融水苗族处于老少边穷的山区，地区的封闭性和文化传播的局限性使之发展非常缓慢，而如今，社会转型如此之快，如何让它转入新的轨道？作为一名设计师，我们必须了解其历史发展的轨迹和传承演变的方式，以一种前瞻性的眼光去设计。设计并不是去改变它，而是让它既符合于它的文化生态发展同时又能融于现代的文化生态系统当中。

农村的苗族妇女，千百年来"男耕女织"生产和生活方式的影响，练就了他们从事女红的技艺，形成了一种约定俗成的观念，在她们童年时候就开始了女红的训练，开始为自己，后来为情人，再后来为丈夫和孩子，织布、绣花、做衣被、做鞋帽、做背带等等，即便是在温饱线上，都一直坚守着这种生活方式。如今，当农村的体制和产业结构发生了变化，未来的农村还会或者还需要保持这种服饰传统吗？

纺织服装工艺，在过去往往是某种民众中的妇女必备的日常生活谋生技艺。毫无疑问，在现代社会里，这类工艺发生了很大的变化。在农业社会中，传统工艺以采用天然原料和采用手工或原始机械生产为特征。尽管也在不断发展变化中，但尚未脱离采用天然原料进行手工生产的基本轨迹。其实采用天然原料进行手工生产也有发展的可能和余地，如原料整理的半机械化甚至机械化、手工生产流水作业等。而在现代社会里，这种状况发生了转折性变化，其中最明显的就是现代工业原料和技术被不同程度地采用，导致产品的传统工艺的变异。

从北京、上海、广州、南宁到融水县的苗乡苗寨，现代化的时差或许达到五十年。在20世纪80年代中后期，当城里的人逐渐抛弃手工刺绣、帮儿女们制作衣服的时代，崇尚现代工艺时，发现我们抛弃更多的是一种手工艺文化，而我们发现在偏远的地方还存在这样的生活方式时，自然会产生一种保护的意识，这种保护也许是外在强加的，作为融水县的苗民他们本身有没有这样的意识才是最为关键的，文化能否自觉？我们也是走过了才知道东西的可贵，融水的苗民是否会重蹈覆辙？汉族由于文化的统一性原因，以及在中国近现代史上的革命性引领和实用性所致，民众的穿着基本消失了民族特性。面对少数民族服饰在全球化的浪潮中的消失，我们给予他们更多的是"文化自觉"的希望。

服饰的发展总是呈螺旋形上升的趋势，传承在现在确实存在很多问题，苗族服饰或许等着当地的经济高度发达时，又以一种文化怀旧、文化复兴或者文化回归形式重新回到苗族人们的生活中，成为人们生活中不可缺少的部分。

注　释

1. 唐家路著：《民间艺术的文化生态论》，北京：清华大学出版社，2006年版，第121页。

2. 本文借用"原生态"的概念来指代苗族服饰的最初形态，"继生态"、"新生态"的概念用来指代苗族服饰随着文化生态环境的改变而依次产生的新形态。

3. "三苗"之称见于《尚书·尧典》，参看杨筠如著：《尚书覈诂》，西安：陕西人民出版，2005年版，第35页。

4. 《左传》昭公二十六年："兹不谷震荡播越，窜在荆蛮，未有攸底。"参看杨伯峻编著：《春秋左传住》第四册，北京：中华书局，1981年版，第1478页。

5. "武陵蛮"见于《后汉书·南蛮西南夷列传》，参看范晔撰：《后汉书》，北京：中华书局，

1965 年版，第 2830 页。"五溪蛮"见于《南史·夷貊传下》，参看李延寿撰《南史》，北京：中华书局，1975 年版，第 1980 页。

6.　湘西歌谣大观编委会编：《湘西歌谣大观（下册）》，长沙：湖南文艺出版社，1990 年版，第 253 页。

7.　转引自宋兆麟、黎家芳、杜耀西合著：《中国原始社会史》，北京：文物出版社，1983 年版，第 344 页。

8.　程俊英、蒋见元著《诗经注析》，北京：中华书局，1991 年版，第 67 页。

9.　金开诚、董洪利、高路明著：《屈原集校注》上册，北京：中华书局，1996 年版，第 48 页。

10.　杨宽著：《西周史》，上海：上海人民出版社，2003 年版，第 655 页。

11.　季旭升著：《说文新证》（下册），中国台北：艺文印书馆，民国九十一年，第 28 页。

12.　唐兰：《毛公鼎"朱韍、葱衡、玉环、玉瑹"新解——驳汉人"葱珩佩玉"说》，《唐兰先生金文论集》，北京：紫禁城出版社，1995 年版，第 86—93 页。

13.　上海古籍出版社编：《中国艺海》，上海：上海古籍出版社，1994 年版，第 795 页。

14.　冯国超主编：《中国传统文化读本》《礼记》，长春：吉林人民出版社，1999 年版，第 157 页。

15.　（清）郭庆藩著：《庄子集释》，北京：中华书局，1978 年版，第 995 页。

16.　（西汉）刘安著：《淮南子》卷十三，北京：中华书局，1986 年版，"诸子集成"第 7 册，第 221 页。

17.　黎翔凤著：《管子校注》，北京：中华书局，2004 年版，第 424 页。

18.　杨筠如著：《尚书覈诂》，西安：陕西人民出版社，2005 年版，第 100 页。

19.　俞伟超先生在《先楚与三苗文化的考古学推测》中说："三苗的那种'髽首'之俗，据《左传》襄公四年杜注和孔疏引郑众说，《齐俗训》高注，都以为是用枲麻束发而结，襄公四年孔疏引马融说以为是'屈布为巾'，引郑玄说以为是'去纚而紒'，总之，是不用簪笄的。"参看俞伟超 著《先秦两汉考古学论集》，北京：文物出版社，1985 年版，第 238 页。

20.　尹绍亭著：《文化生态与物质文化——杂文篇》，昆明：云南大学出版社，2007 年版，第 60 页。

21.　（南朝·宋）范晔著：《后汉书》，北京：长城出版社，1999 年版，第 574 页。

22.　王利器校注：《风俗通义》，北京：中华书局，1981 年版，第 489—490 页。

23.　干宝撰、汪绍楹校注：《搜神记》，北京：中华书局，1979 年版，第 168—169 页。

24.　吕思勉先生对此也有详细的阐说，参看《先秦史》，上海：上海人民出版社，1982 年版，第 45—46 页。

25.　范成大撰、严沛校注：《桂海虞衡志》，南宁：广西人民出版社，1986 年版，第 154 页。

26.　刘锡蕃著：《岭表纪蛮》，北京：商务印书馆，1934 年版，第 81 页。

27.　吴春明：《"岛夷卉服"、"织绩木皮"的民族考古新证》，《厦门大学学报》，2010 年第 1 期，第 71—77、93 页。

28.　《湘西歌谣大观》编委会编：《湘西歌谣大观》下册，长沙：湖南文艺出版社，1990 年版，第 254 页。

29.　（法）列维·布留尔著，丁由译：《原始思维》，北京：商务印书馆，1981 年版，第 93 页。

30.　陈丽华主编：《中国工艺品鉴赏图典》，上海：上海辞书出版社，2007 年版，第 197 页。

31.　马承源主编：《文物鉴赏指南》，上海：上海书店出版社，1996 年版，第 613 页。

32.　楚文化研究会编：《楚文化研究论集》（第 3 集），武汉：湖北人民出版社，1994 年版，第 347 页。

33.　吴曙光著：《楚民族论》，贵阳：贵州民族出版社，1996 年版，第 55 页。

34.　龙湘平、陈丽霞：《苗族刺绣发展史探究》，《装饰》2004 年第 8 期，第 90 页。

35. 陈丽华主编：《中国工艺品鉴赏图典》，上海：上海辞书出版社，2007年版，第210页。

36. 刘宝楠著：《论语正义》，北京：中华书局，1990年版，第578页。

37. （西汉）刘向编：《战国策》，上海：上海古籍出版社，1998年版，第657页。

38. 刘亚虎著：《中华民族文学关系史：南方卷》，北京：人民文学出版社，1997年版，第173页。

39. 伍福新：《苗族迁徙的史迹探索》，《民族论坛》，1989年第2期，第32页。

40. （唐）魏徵撰：《隋书》，上海：中华书局，民国12年（1923年）版，卷三十一。

41. 黄钰、黄方平著：《国际瑶族概述》，南宁：广西人民出版社，1993年版，第21页。

42. （唐）魏徵撰：《隋书》，北京：中华书局，1973年版，第898页。

43. （唐）李延寿撰：《南史》，北京：中华书局，2000年版，第1299页。

44. （宋）李昉等编纂：《太平御览》卷八二〇，北京：中华书局，1960年版，第3650页。

45. （清）曹寅、彭定求等编纂：《全唐诗》卷四二五，康熙四十六年（1707年）扬州诗局刻本。

46. （宋）欧阳修、宋祁撰：《新唐书》，上海：中华书局，1975年版，卷四十三下《地理志七》下。

47. 南方没有羁縻府，说明南方各族种普遍不大和分散的状况。那些既辖内地州、县，又辖羁縻州的都督府，如岭南的邕、桂、黔等都督府，不属羁縻，因而《新唐书·地理志》不把它列入羁縻府、州的总数之内。

48. （宋）郭若虚著：《图画见闻志》，北京：人民美术出版社，1963年版，第114页。

49. （宋）范成大撰，严沛校注：《桂海虞衡志》，南宁：广西人民出版社，1986年版，第115页。

50. （宋）朱辅撰：《溪蛮丛笑》，上海：商务印书馆，民国16年（1927年）（《说郛》一百卷，卷五）。

51. 莫清总、乔朝新、贾文彬、贾文质编：《民间歌谣》，融水苗族自治县民间文学编辑组（内部资料）第93－96页。

52. 徐杰舜、罗树杰：《广西多民族格局发展轨迹述论》，《广西民族研究》，1997年第4期，第16页。

53. （宋）周去非撰，杨武泉校注：《岭外代答》，北京：中华书局，1999年版，第223页。

54. 1938年的夏天，柳州的民国政府，派重兵前来镇压。"杆洞八寨"的苗民，在其领袖潘正德的率领下，与国民党一千多官兵浴血奋战，双方在摩天岭脚下的紫山坪激战十余日，潘正德战死，八寨兵败，民国政府才得以建立治理机构——杆洞乡公所。此事轰动广西，被民国政府诬为"发苗疯"。依靠大刀、长矛和鸟铳维持了数百年高度自治的"杆洞八寨"，终因敌不过机枪和大炮，丧失了自主权。八寨苗民带着血与泪，在民国政府的高压政策下，终于被征服和驯化。从此，八寨由自治时代进入了党治时代，逐渐有苗人学汉语，习汉文，由"生苗"逐渐变成了当今的"熟苗"。

55. 转引自王慧琴著：《苗族女性文化》，北京：北京大学出版社，1995年版，第10页，郭子章《黔记》卷五九，翟九思《万历武功录》卷六。

56. （宋）朱辅撰：《溪蛮丛笑》上海：商务印书馆，民国16年（1927年）（说郛：一百卷，卷五）。

57. （清）谢启昆修，胡虔纂，广西师范大学历史系、中国历史文献研究室点校：《广西通志》，南宁：广西人民出版社，1988年版，第6904页。

58. 同上，第6911页。

59. （清）傅恒等编著：《皇清职贡图》，沈阳：辽沈书社，1991年版，第404页。

60. 周诚之纂修，清代道光年间《龙胜厅志·风俗》，民国25年（1936年）影印道光二十六年（1846年）好古堂刊本，第44页。

61. （清）傅恒等编著：《皇清职贡图》沈阳：辽沈书社，1991年版，第413页。

62. 周诚之纂修，清代道光年间《龙胜厅志·风俗》，民国25年（1936年）影印道光二十六年（1846年）好古堂刊本，第39页。

63. （清）傅恒等编著：《皇清职贡图》，沈阳：辽沈书社，1991年版，第409页。

64. 转引自雷伟主编：《服装百科辞典》，北京：学苑出版社，1989年版，第125页。

65. 古化、刘介著：《苗荒小纪》，上海：商务印书馆，民国17年（1928年），第7页。

66. 同上，第7页。

67. 刘锡蕃著：《岭表记蛮》，上海：商务印书馆，民国24年（1935年）版，第59页。

68. 同上，第64页。

69. 同上，第63页。

70. 同上，第64页。

71. 同上，第64页。

72. 同上，第131页。

73. 同上，第64页。

74. 同上，第64页。

75. 广西壮族自治区地方志编撰委员会编：《广西通志民俗志》，南宁：广西人民出版社1992年版，第2—3页。

76. 贵州省民族研究所编：《民族研究参考资料》第二十集《民国年间苗族论文集》，贵阳：贵州省民族研究所印，1983年版，第219页。

77. 路律良：《桂北黔南苗傜各部族的经济生活》，《旅行杂志》，1944年5月，第18卷，第5期，第33—49页（作者在1929年曾居住桂北苗山一年，1935年至1936年专门调查桂北苗山五个月之久，该文章主要描述时期为20世纪30年代）。

78. 全汉升著：《中国经济史论丛》第2册，香港：新亚研究所出版，1972年版，第504页。

79. 魏党钟：《广西的民族——苗瑶僮佷》，《新亚西亚》，1931年6月，第二卷，第3期，第150—153页。

80. 政协融水苗族自治县委员会编：《融水文史资料》第2辑，内部资料，1986年版，第27页。

81. 广西壮族自治区编辑组：《广西苗族社会历史调查》，南宁：广西民族出版社，1987年版，第7页。

82. 伍新福著：《苗族文化史》，成都：四川民族出版社，2000年版，第465页。

83. 广西壮族自治区编辑组：《广西苗族社会历史调查》，南宁：广西民族出版社，1987年版，第141页。

第四章

广西融水苗族服饰横向文化涵化研究

文化人类学文化变迁理论认为，文化涵化是"由个体所组成的而具有不同文化的民族间发生持续的直接接触，从而导致一方或双方原有文化形式发生变迁的现象"。[1]文化涵化是文化变迁的一种主要形式，不同民族同处于共同"生存场域"中，其文化的接触随着时间的推移，交流的广度和深度不断扩展，会导致原有文化模式发生变化。

苗族历史上由于战争和灾荒等原因有四次大规模的民族迁徙，迁徙造成了人口流动，在流动的过程中从多数变成少数，逐渐与当地居民同化和融合。融水的苗族长期与侗、瑶、壮等兄弟民族聚居生活，其文化不可避免地受其他文化影响，同时各民族之间的文化相互吸收、互为融合和同化，使融水苗族服饰发生了一系列的文化变迁，不断地发生文化涵化。文化涵化一般具有双向性，或者苗族服饰文化对其他民族文化的影响，或者苗族服饰文化吸收其他民族的服饰文化，使自身的服饰文化发生变化。从文化生态学的角度来看，融水苗族服饰文化必然要受到其他民族的影响，同时也会影响其他的民族，不同民族的服饰文化涵化会受其文化差异程度、地位高低，接触的环境、频率以及相互友好程度，文化流动的性质，经济、审美等因素的影响。在文化涵化的过程中，各民族一方面在努力地维持来自本民族服饰传统的内部力量，保持本民族服饰传统的传承；另一方面不断地调整其服饰的结构和功能，以适应社会的发展和变迁。

一、广西融水和三江苗侗服饰文化的涵化

广西融水的苗族与侗族以及与三江的侗族在服饰上有非常大的相似性，这表明融水的苗族服饰文化在发展和变迁的过程中与侗族发生了文化涵化的过程。在族际交往中，双方文化互相影响，相互吸收，相互融合。

（一）同一自然生态环境圈内苗侗款式互融

在款式上，融水本地的苗族和侗族已达到了互融的境地。在笔者的调研中，融水县雨卜村的苗族和侗族服饰的款型基本一样。苗族和侗族对色彩和图案的喜欢很一致，因为苗侗通婚，且雨卜村离融水县城的距离较近，故苗侗服饰已经趋于融合，或者说侗族服饰就连当地的村民都说没有什么区别。笔者在拱洞乡调研时，苗族与侗族服装细节如侧缝开叉的高低和下摆的大小有略微区别外（侗族更强调下摆的宽大，苗族则略为合体），款式基本一致，苗族和侗族过的节日也基本一致，只是在丧葬上服饰有所区别。苗族是把衣服的左衽变成右衽来穿，而侗族是把整件衣服反过来里面变成外面来穿，并且在守孝的时间上，下葬时间的选择上有很大区别。侗族要请巫师来选时间，并且灵堂要设一个月。而苗族则不用如此隆重。在融水县，以苗族为主体的地域，侗族则成为弱势群体。在拱洞乡，侗族住山下，四周山上都是苗寨，当地的侗族人告诉笔者，老人从小的教育就是苗族会"发苗疯"，用此话吓唬小孩子，所以当地侗族人很怕苗族，苗族人"发苗疯"也确有此事，笔者调研2010年正月初七的坡会后，便在公路上碰到一起两个村寨的人打架斗殴事件，听当地人说，每年坡会都如此。在当地，侗族的服装款式被苗族同化，显示出苗族主体民族的优势。

融水的苗族女性历史上跣足（见第三章），有学者说过苗族不会做布鞋，一般都穿草鞋，[2] 而笔者在融水县培基村的调研中发现到苗族服装搭配侗族的绣花鞋比比皆是，当地人也承认这是侗族的绣花鞋。如图4-1所示，侗族的风俗就是出嫁一定要穿绣花鞋，在过去侗族有钱人平时都穿着绣花鞋，因此，从绣花鞋的借鉴上显示出侗族服饰文化对苗族的渗透，这也是文化涵化带来的结果，表现出民族的文化因子被来自异民族的因子取代，产生出一定的结构性变化。

融水的苗族与三江的侗族款式的形制上都是上衣搭配肚兜搭配百褶裙，只是细节上稍有区别。融水的苗族与三江的侗族服饰都是无领对襟，着装效果有对襟系腰带，或者左衽，下或配肚兜和百褶裙，或仅百褶裙，上衣里衬肚兜胸口刺绣，但在细节上区别还是很大，三江的侗族服装上衣要长过于融水的苗

表4-1　同一生态区域苗侗服饰比较
（图片均来源于笔者实地拍摄）

服饰 地域	整体着装	上衣款型	肚兜	肚兜刺绣	裙	围腰	刺绣	背带纹样	银饰
融水 洞乡 洞村 洞屯 苗族 服饰									
融水 洞乡 洞村 洞屯 苗族 服饰									
融水 洞乡 洞村 洞屯 苗族 服饰									
融水 荣乡 报屯 苗族 服饰									
融水 粉乡 卜令村 卜侗 服饰									
三江 乐溪 村苗 族服 饰									
三江 溪乡 培村 侗族 服饰									
三江 禄乡 岩村 侗族 服饰									

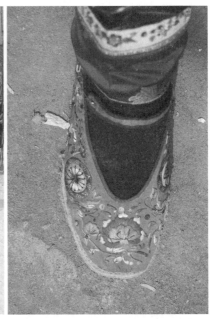

图4-1 笔者在融水县
拱洞乡培基村实地调
研，身穿苗装侗鞋

装，在三江与从江接近的富禄乡，则侗族服装更为紧瘦合体，其着装效果比较接近从江岜沙的苗族服装，而在三江的中心地带，如同乐村、良培村的侗族服饰则与杆洞屯的苗族服装款型非常相似。（如表4-1所示）这表示文化的涵化容易发生在两个民族居住区域的边界处，同一自然生态区域内文化涵化现象较明显。

（二）面料、纹样、装饰的相似体现出苗侗文化生态的互渗和民族审美方式的共通

苗侗都喜欢制作亮布。在调研中，笔者发现二者的制作方法和程序大致一样。苗侗的亮布都采用马蓝沤泡，在制作过程中都需要添加石灰、酒、牛皮胶，其制作工艺染色、洗布、晾晒、捶打、上蛋清都基本一致。（如表4-2）

融水的苗族和三江的侗族刺绣的纹样构图和造型上比较相似。（如图4-2）在构图上，两个民族都喜欢满构图，不喜欢留空。侗族的主体纹样混沌花与杆洞乡苗族的螃蟹花造型颇为相似。侗族的混沌花是将蜘蛛和花的造型融为一体，是孕生万物的象征，而杆洞乡苗族的螃蟹花是将螃蟹与花的造型融为一体，代表旺盛的生殖力。二者都为动物纹样，且都是生殖崇拜的象征之物。与女性的服装结合，与娃仔背带结合，表达了妇女们心目中多子多福的愿望，同时反映了原始文化的遗存。

表4-2　苗侗服饰面料外观比较

产地	颜色	亮度	采用的布料	纹样	质感	用途
融水县杆洞乡苗族亮布	深蓝偏紫、偏红	适中	家织或市场的棉布	平纹	较细腻,硬挺	做上衣、肚兜(镶边)、裙子
二江县同乐乡侗族亮布	深蓝偏紫	适中	家织棉布	平纹	粗糙有纹理感,较硬挺	做上衣、肚兜、裙子

　　在服装下摆缘边上，都喜欢用植物作为装饰纹样，其造型特点和组织结构颇为相似。

　　融水的苗侗和三江的苗侗都喜欢在装饰手法上采用刺绣和织锦结合的方式。（如图4-3）一般织锦放置在门襟，刺绣放置

图4-2　融水杆洞苗族刺绣的螃蟹花和三江侗族的混沌花（图片来源于笔者实地拍摄）

图4-3　融水拱洞苗族和三江同乐侗族都喜欢刺绣和织锦装饰在缘边（图片来源于笔者实地拍摄）

在衣摆、侧缝和袖口，也有都是刺绣装饰的，颇受现代苗族年轻女性喜爱。老年妇女则喜欢织锦装饰，比较素雅，符合年龄阶层的需要。

三江侗族有些缘边较宽，故选择纹样的自由度较大，刺绣空间大，纹样更为精细和花俏，融水杆洞的苗族服装缘边相比之下较窄，刺绣纹样较为朴拙和简单。融水县香粉、安陲地域的苗族服装现在还喜欢在领口、袖口处加几层缘边，目的是让观者知道女方是刺绣的好手。三江侗族服装上的缘边宽大，将凤纹、植物纹和汉字纹组合在一起，纹样造型元素较为复杂。

（三）刺绣手法展示了民族外文化生态场域的磁场效应以及内文化生态的差异

苗侗二者绣品都是分片绣好，接合之处不同。如图4-4所示，融水杆洞苗族的绣品是用银色的条状装饰在每个绣片的两边，两绣片接合处有银光闪闪之气；而三江富禄侗族在绣片的接合处是彩色布条。融水也有一些地方与三江侗族非常一致的，如拱洞苗族的袖口装饰，其绣片接合之处也是各种色彩的布条拼合。融水的刺绣手法多为平绣和凸绣，与三江同乐侗族相似，而三江富禄（与贵州交界）侗族的刺绣除了凸绣外，还有十字绣、锁绣、皱绣，显示出三江侗族服饰文化生态不仅与融水的苗族服饰文化生态融合，同时也与从江苗侗服饰文化生态融合。

娃崽背带刺绣是最能体现民族服饰文化传承的载体。背带是女孩子在娘家为结婚以后生孩子准备的物品，与服装刺绣相比更能传承本民族的母性文化。婚前绣和婚后绣会存在差异，这与女性生活的文化磁场相关，主要体现在服装的刺绣中。女性与母亲的生活是婚前，之后要融入丈夫生活的族群中，因此，服装的刺绣会受到所处环境的影响而发生变化，而背带是在婚前早已准备好的物品，不受婚姻的影响。在融水县拱洞乡培基村，我见到有女性身着苗衣，但背带是侗族典型的榕树刺

图4-4　融水杆洞苗族刺绣、融水拱洞苗族刺绣及三江富禄侗族刺绣（图片来源于笔者实地拍摄）

绣。因此，背带更能体现民族的族群性特点，也更能传承民族服饰文化的特色。融水县不同地域，苗族背带的刺绣主体纹样各有千秋，三江县侗族也是如此。

作为人类生活重要的物质生活资料，服饰由于其不可缺少的使用价值和审美价值，成为民族文化的重要载体。我们从中可以看见民族文化发展的轨迹和各民族间的相互影响。

文化是流动的、传递的，只要有一个相同、相似的自然条件以及相通的生活风俗习惯，其文化现象就会有许多相似之处。广西融水县和三江县地理位置相近，自然条件相似，生活习俗相近，在经济、文化等方面联系密切，这些因素的存在，造成其民族服饰文化的相近。

广西融水县的苗族和侗族在共同的生存场域中，由于各个族群之间文化差异性存在，通过族群文化接触和传播，会出现文化涵化现象，这样便促使这个生存场域范围内的文化生态系统彰显出文化整合性的特征，形成一种"我中有你，你中有我"的文化生态和谐态势。侗族与苗族之间的文化不断接触、交流与磨合，证明了不同族群间文化互动由最初的"磨合"到"认同、"对话"，最终走向"共生"的良性文化发展途径。苗族与侗族其语言不属于一个片系，即苗瑶一家（苗瑶语族），壮侗一家（壮侗语族），但由于其生活的地域一样，处于共同的生存场域，故文化涵化现象引起风俗的融合，服饰的融合，出现文化同质化的现象。

文化涵化也可能会引起一种民族文化的没落。融水县的侗族长期与苗族生息在这片土地上，侗族在文化接触中逐渐丧失原有文化体系或者说丧失了其中的实质性部分，表现出民风民俗服饰文化接近苗族，这是文化涵化过程中必然的结果之一。

二、广西融水苗族服饰与瑶族服饰的文化涵化研究

融水县境内的红瑶大致在三百多年前从三个方向迁入融水，因此瑶族迁入融水晚于苗族，杆洞村的必街屯是瑶族村落，主要从广西三江县同乐乡和贵州省迁入的。在必街屯居住戴姓的最多，已有十二代了，其次是卜、宛、邓、杨几个姓氏。

笔者实地取材发现，虽然杆洞屯和必街屯苗瑶服饰款式上有所差别，但从纹样到工艺制作，有很多共同之处。

（一）亮布制作工艺相仿，后期处理反映出民族间不同的审美需求

在调研中，笔者问及红瑶和苗族布料的区别时，红瑶人说二者制作工序基本一致，只是在后期面料的光泽处理上，瑶族

表4-3　融水杆洞屯苗族和必街屯瑶族服饰的比较
（图片均来源于笔者实地拍摄）

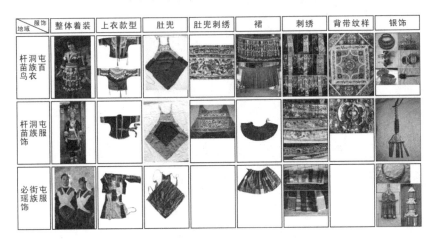

服饰\地域	整体着装	上衣款型	肚兜	肚兜刺绣	裙	刺绣	背带纹样	银饰
杆洞屯苗族百鸟衣								
杆洞屯苗族服饰								
必街屯瑶族服饰								

不上蛋清，而苗族上蛋清。即红瑶的蓝靛染色工艺与汉族传统的工艺更为接近。

苗侗都喜欢布料的光泽度和硬挺度，因此他们都会在蓝靛染色过程中强调靛红素的作用，并且一定在后期布料处理上刷上蛋清。而瑶族的服饰审美中则不强调布料的亮度，而是强调搭配色彩的艳度。在瑶族的耳饰上和上衣中玫红色、柠檬黄非常饱和，显示出服饰的整体设计的美学特点。苗侗服饰整体色彩偏黑，色调沉闷，大面积的蓝黑色加少许点缀色，因此，从美学的角度上看，提升布料的光感，则会起到为服饰增光添彩的效果。

（二）装饰手法都采用刺绣和织锦，其差异性与各自服饰文化生态的开放性有关

在服装的纹样装饰手法上，都喜欢用织锦和刺绣。红瑶以织锦为主，刺绣为辅；而苗族则以刺绣为主，织锦为辅。红瑶的刺绣多为几何抽象纹样，针法较为简单，平绣居多；而苗族多为具象的纹样，花鸟居多，凸绣为主。相比之下，苗族刺绣要精细过红瑶。

融水县的红瑶至今还保持传统的蓝靛制作土布和上染织锦纱线的习俗，这与其女子接受教育的时间有很大的关系。红瑶较为保守，红瑶女性直到20世纪80年代末期才开始接受教育，因此保留本民族文化要多于苗族，反映出红瑶女性服饰文化更为原始或者更为原生态。

苗族的文化生态的开放性要强过于红瑶，即苗族更能接受其他民族优良的文化，如刺绣的精细、服装款式与宋代服饰相似，都显示出苗汉文化的沟通。而红瑶从其婚姻制度不与外接和女性不读书这些风俗来看，文化生态较为保守，文化的场域效应更多来自本民族内文化生态的影响。

（三）服（装）饰的制作和穿用与婚俗有关

苗瑶筒裙结构相似，都是以多幅布料拼接组成一片长方形布料的筒裙，结构和穿着方式相似，长度及膝。由于风俗的差异，瑶族妇女可以从裙子上看出已婚和未婚的区别。未婚女孩子穿着的裙子刺绣是在亮布做好之后做的，已婚的妇女穿用的则是做好了整条裙子（包括上面的刺绣和织锦）（如图4-5），再放到染缸里染，使色彩更加统一和灰雅。苗族的裙子没有此

图4-5 融水杆洞必街屯瑶族制作亮布同时用蓝靛上染整条做好的裙子（图片来源于笔者实地拍摄）

杆洞女装多层刺绣缘边装饰

红瑶男装多层穿用

图4-6 红瑶图片来源于《瑶族服饰》（广西壮族自治区民族事务委员会，北京：民族出版，社1985年），其他图片均为笔者实地拍摄

图4-7　融水苗（图上方两张）瑶（图下方两张）银饰中的蝴蝶造型（图片来源于笔者实地拍摄）

类区别，只有新款和旧款的区别，旧款裙前面要比后面短两寸，而新款则是前后一样。

　　苗瑶都会采用层叠的形式表达某种意义。在红瑶的婚礼上，男方上身穿了七八件衣服（如图4-6），蓝绿白色为主要色彩，用市场上买回的面料做的，但最外边是家做的土布服装，下摆一层比一层长，最里面的那件服装最长，这样的着装方式是显示男方家有钱。女方穿多条裙子，一般是五条，显示女孩子手巧，勤劳。杆洞苗族结婚服饰的男装上衣穿着一层即可，女装也不必穿着如此丰富的层次。不过融水的苗族服饰会在边饰上多镶嵌几层，显示女孩子手巧。

（四）银饰造型的相似性体现出外文化生态场域的效应

　　苗瑶银饰除本土民间传承以外，还大量融入了中原文化的特色。东汉以后中央集权对西南夷的管理愈益加强，汉人移居广西已属常见。这必然会便汉族文化生态场域对广西少数民族文化艺术的发展产生不可低估的作用。

苗瑶银饰的蝴蝶造型纹样相似。蝴蝶是一种通用的吉祥纹样，不论少数民族还是汉族，都喜欢采用。在苗族的祖先崇拜里，还有蝴蝶妈妈的传说。如黔东南的《苗族古歌》中说到万物的起源，从原始混沌后的枫木中生出苗族的母祖大神妹榜留（苗语，译为蝴蝶妈妈），她与水泡游方了十二天，结合怀孕，在貅狃窝里生下十二个蛋。枫木树梢化作鸡宇鸟，蝴蝶妈妈没有能力抱孵，就请鸡宇鸟帮忙，鸡宇鸟帮助她把蛋孵出来，从中产生了雷公、虎、龙、水牛、蛇、蜈蚣、姜央等各种神、人和动物，其中最后一个蛋中就是人祖姜央——苗族的祖先。《苗族古歌》道出了苗族的祖先——蝴蝶妈妈，苗族人民把蝴蝶戴在身上，也许是出于缅怀自己的祖先，当然也会认为"蝴"通"福"，希望能保佑自己，福气多多。（如图4-7）瑶族的祖先不是蝴蝶，对蝴蝶的喜爱，或者与汉族同。苗族银饰的发生发展，与汉族是分不开的（见第三章的分析），因此，汉族银饰文化生态场对少数民族的影响和渗透也是不可估量的。

（五）文化涵化过程中苗瑶各自保留了民族性特征

同一自然生态环境中，苗瑶服饰存在较大区别，与服饰内文化生态差异关系密切。苗瑶上衣的款式和着装方式有所不同，与其民族信仰相关，但都体现了各自对祖先的崇敬，这种崇敬来自感恩之心。红瑶上衣的上前襟有两条白色长带，将长带交叉后背系结；苗族则是将门襟处两条长带在左侧系结。红瑶上衣款式是前短后长的款型，这种款型，从历史记载中可见是模仿狗尾的一种样式，如明代王士性在《桂海志续》中说，西南诸夷，"俗惟瑶最陋。瑶自谓盘瓠所生，男则长髻插梳，两耳穿孔。富者贯以金银大环，贫者以鸡、鹅毛杂棉絮绳贯之。衣仅齐腰，袖极短。年十八以上谓之裸汉，用猪粪烧灰，洗其发尾令红，垂于髻端。插雉尾以示勇。……女则用五彩缯帛缀于两袖前襟至腰，后幅垂至膝下，名狗尾衫，示不忘祖也。……亦造金银首饰如火筋，横于髻，谓火筴钗。有裙有裤，裙最短，露膝"。[3]因为瑶族认为他们的祖先盘瓠是狗，故在服饰上表达对祖先的怀念。而杆洞苗族的"百鸟衣"的传说，一是认为鸟是融水苗族的祖先；二是融水苗族认为百鸟翩翩起舞非常美丽，故竞相效仿；三是融水苗族的祖先在当年遇到饥荒，百鸟衔食物解救苗族的祖先，为了感谢和纪念百鸟，故苗族世代穿着百鸟衣，于是形成了杆洞苗族特有的服饰，一直流传至今。

在色彩的偏好上，红瑶偏重玫红色，如在耳饰上，红瑶喜

欢用红色的毛线系扎，（如图4-8）服装上的刺绣，也喜欢采
用玫红色的丝线，而苗族偏重湖蓝色，在服饰上，蓝色的花带
装饰很醒目，刺绣的条带中也有湖蓝色的图形等。从这点上反
映出各民族的审美与文化内涵的不同。在广西金秀的瑶族、南
丹的白裤瑶都喜欢用大红色刺绣，如白裤瑶背上大红色的瑶王
印章，是纪念祖先的皇印被外族偷窃而在服装上留下的印记。
龙胜的红瑶同融水的红瑶一样喜欢玫红，红色在红瑶的观念中
是一种喜庆色彩，还有一种辟邪、镇邪的作用。（如图4-9）
融水的红瑶喜欢红色还与他们本地的传说有关。杆洞村必街

图4-8　笔者在实地采
访融水红瑶

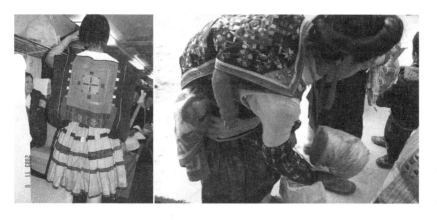

图4-9　南丹瑶族和融
水瑶族对红色的偏好
（图片来源于笔者实
地拍摄）

屯的戴书记告诉了我一则传说：很久以前，红瑶先民住在深山老林里。有一年，正是五荒六月的时候，他们养了一个女孩，不久，女孩的母亲离开人世，在颗粒无存的情况下，母亲的去世对孩子的生存是最大的威胁。这时家里养了一只母狗生了一窝小狗崽，家人只好用狗奶喂养女孩，女孩居然长大成人。后来，在一场与入侵者的战斗中，狗母身受重伤，鲜血直流，女孩将狗母背回了家，狗母的鲜血从其两肩头上流往胸部，形成鲜红的图案，不久，狗母因伤势过重死亡。为了记住这一段悲壮的经历，为了对狗母的奶养之恩的纪念，女孩将狗母视作人一样处理后事，并发誓永不吃狗肉，并在自己的衣服上按照狗血留下的图案镶上鲜红的颜色。因此，红瑶不吃狗肉的习俗和女装上镶嵌红色就是从那时沿袭下来的。

在融水县，苗瑶族性情相近，有打同年打老庚的习俗，即交朋友，"苗人同类称曰同年"[7]，但瑶族比较孤立，在笔者的调研中，融水的红瑶是最为孤立而保守的，笔者在竹口乡瑶口村采访时，其中心小学的凤校长是红瑶人，年龄40岁，1992年结婚，听他描述红瑶在90年代才开始与外界通婚，在杆洞村笔者与村干部进行采访时，必街屯的支书说他们红瑶的老人是不允许他们与外族人通婚的，传说瑶族祖先发过誓："若有其他哪个族做到公牛生仔，公鸡下蛋，老糠搓成绳，三坛酸蚊子作彩礼，才能与他通婚。"并且由于苗、瑶语言不相通，故自身也不愿通婚，这便阻碍了他们的服饰与外界的交融。

"猺人八蛮之种也，椎髻跣足，衣斑斓布"，[5]在融水县杆洞村必街屯的瑶族服饰上反映出南方农耕经济文化，自织、自染、衣裙挑花刺绣，衣裙季节变化不大，讲究发式，不穿鞋，在必街屯，瑶族大都通过耕作土地来获取丰富的生活资料，因而他们的服饰原料更多地采用自织自染的棉麻土布为主要原料。

瑶族服饰的染色技术反映出古代瑶族农耕经济文化的生产

力水平。瑶族早在汉代就掌握了染色技术。宋代，瑶族已运用蓝靛和白蜡在白布上染出精美细致的花纹绣，即"瑶斑布"。明清时期，瑶族的挑花刺绣已很盛行，瑶族妇女用蓝靛布为底布，用红、黄、绿、白、黑五色丝线来刺绣。但由于融水县杆洞村必街屯的红瑶素有"狗不耕田，女不读书"的习俗，女孩从小就开始学习挑花刺绣，等待她们的是早婚早育，女孩1988年才逐步接受教育，故即使在今天改革开放三十年，瑶族仍然可见妇女们"椎髻跣足"的日常生活状态，制作亮布仍然是家家户户的服饰传统，在他们的社会里更能看到最为原始的遗迹。现代融水的红瑶妇女，其服饰变化最为明显的则是上衣，一身上下只有上衣是市场上的服装，耳戴红绒线，下穿亮布传统筒裙。还能见到"赤髀横裙"传统服饰习俗。苗瑶同源，从瑶族的生活和服饰里，笔者看到更多的是苗族的过去。

三、广西的民族分布为民族服饰的文化涵化提供了有利条件

广西的民族分布上，各少数民族与汉族大杂居的特点十分突出。与此同时，少数民族又有相对集中的杂居地域，形成了多元一体、互融的社会结构，为民族服饰的文化涵化提供了有利条件。如：苗族、瑶族主要集中分布在桂北、桂中和桂西山区，壮族主要分布在桂西、桂中地区，侗族主要集中分布在桂北三江、龙胜和融水等地域，京族集中分布在防城港东兴、江平一带，彝族、仡佬族主要集中分布在桂西隆林，水族主要分布在南丹。汉族在广西各个县份都有分布，每个县份几乎都有两个以上的民族聚居。

"高山瑶、矮山苗，平地汉族居，壮侗居山槽"[6]的民族杂居生态，为他们服饰文化的交融提供了天然的条件。其民族杂居生态与民族的迁徙相关，民族迁入的先后和人口的比例决定了服饰文化的强弱。融水县是以苗族为主要民族的自治县，苗族大约在五百年前，属于黔东南方言区，与湖南、贵州二省苗族属于一个民族集团，融水的瑶族大致在三百多年前迁入融水，也是从湖南、贵州迁入，但随着汉族地主和商人势力的深入，瑶族不堪民族歧视和民族压迫，被迫沿贝江而上迁到贝江源头地带，躲到"狗叫听不见，鸡啼闻不及"的深山老林中，融水的侗族从湘西迁来，属于百越民族"隙"的一部分，原先在融江河沿岸居住，是融水镇最早的居民之一，后不堪汉族统治者的欺压，逐渐沿贝江河流域迁徙，与两岸的苗、瑶、壮杂居。壮族从桂南、桂西沿江进入大苗山，汉族来自广东、

湖南、江西、福建等省。由此可见，在融水县的民族分布中，苗族最先来到融水，虽然侗族是迁入融江河沿岸最早的民族之一，但侗族是在苗、瑶、壮族杂居后，再迁徙来与他们融合的。因此，侗族在融水县的民族中地位要次于苗、瑶二族。在他们的文化接触过程中，处于从属地位的民族通常从处于支配地位的强大民族一方借用较多的文化因素，因此其服饰被支配地位的民族同化的可能性最大，故有些地域出现苗族、侗族服饰难以区分的现象。

民族地域的边界上文化涵化的表现非常明显，体现出民族服饰文化和谐共处、相互交融的生态特点。融水县的苗族服饰、瑶族服饰和三江县侗族服饰上表现出相对集中、特征鲜明的地域特色，这与其地理环境、自然生态密切相关。同处桂北区域，其地理位置相近，季节气候、自然植被相似，因此服饰文化相近。从历史的发展来看，这种地域特征之所以那么突出和鲜明，是因为民族文化在长期的积累和发展中相互整合，呈现出以某一文化特质或文化元素为中心形成一组相关联的文化元素，具体表现为前面所述的亮布工艺、服装结构、装饰手法、图案纹样的相仿。

地理环境和民族杂居的特色使得融水县在长期的历史演进过程中形成了兼容性较强的社会结构，形成了具有地方文化特色的、适应本地多民族文化社会的运行机制和社会控制机制，民族道德规范、风俗习惯和社会舆论被各个民族的成员所接受，使民族之间和谐共存，同时使各民族服饰文化之间相互渗透和同化。

四、在涵化过程中的草根力量保护了各民族的服饰特色

"草根"（grass roots）一词，一种说法来源于19世纪的美国淘金热时期，当时相传在山脉土壤表层草根生长茂盛的地方下面蕴藏着黄金。该词后来被社会学赋予了"基层民众"的内涵。另一种说法来源于1935年美国共和党召开著名的Grass Roots Conference，因此，"草根"一词指的是农民群众阶层。在中国古代，早就有"一介草民"的说法，以"草"来比喻生命的微不足道。草根是相对于皇室、正统、主流而言的，它所表述的是一种非主流、非正统、非专业的原生态，甚至是来自民间草泽的人所构成的群体。因此，本文用草根代表着长期生活在融水县山林中的苗族人。

融水县的苗民，不断地跳出农门，当他们从日常生活到节日活动中淡出苗族传统服饰时，民族的草根力量无法将他们

锁定在苗族文化里，他们从族群文化进入了一种行业文化，民族的特征不再成为这类人群主要的划分界限，此时这类人群中民族的草根力量像无源之水，越来越薄弱。而在乡村生活的苗民，与进城的苗族人有着不同的生活方式，他们依旧耕耘在老祖宗留下的土地上，过着苗族传统的生活，正是这个群体，传承着苗族传统的文化，让苗族服饰保留了固有的特色。当不同的文化发生接触时，苗族文化不断地与周边民族文化，与外界的大众文化、精英文化、主流文化相互之间发生文化采借、转换、涵化、整合的过程，而苗族文化的草根力量使它的深层的文化特性得以很好地保存，因此苗族文化才能呈显出不同于他者的价值体系和意义系统。正因为如此，融水县的苗、瑶、壮、侗各民族在历史的洗礼中保留着各自独特的文化。

这种文化的草根力量体现为一种民族的信仰、民族的精神，使民族的内聚力加强和巩固的是来自本民族内部的一种强大的动力，与民族文化的传承密不可分。民族服饰在与其他民族发生接触，在涵化的长期过程中总能保持它独特的一面而代代相传。

在文化涵化的过程中仍然会存在着文化的抗拒，由于接触的双方差异过大，从而造成民族文化之间的排斥或者弱势者对强势者的抗拒。尽管融水县各民族现在能够友好相处，但他们之间在自信心、政治权利意识、审美观和生活方式等方面仍存在差异，虽然苗族、瑶族从历史的角度来看还是由一个族群分化出来的，有着共同的祖先，但在融水县，其服饰的款型区别还是较大的，反映出瑶族内部社会结构的保守和严密，以及在文化上对苗族文化的抗拒。

注　释

1. 宇晓：《瑶族的汉式姓氏和字辈制度——瑶汉文化涵化的一个横断面》，《贵州民族研究》（季刊），1995 年 10 月，第 107 页。M.J.Herskovits:*Acculturation:theStudy of Cultural Contact*.Cloucester,Mass.:Peter Smith,1938. 美国著名人类学家 M.J. 赫斯科维茨《涵化：文化接触之研究》中对文化涵化的定义。

2. 韦茂繁、秦红增等著：《苗族文化的变迁图像 广西融水雨卜村调查研究》北京：民族出版社，2007 年版。

3. （清）谢启昆修，胡虔纂，广西师范大学历史系、中国历史文献研究室点校：《广西通志》，南宁：广西人民出版社，1988 年版，第 6871 页。

4. （清）陆次云：《峒溪纤志》，载《说铃》，明新堂藏版，卷二十九。

5. （清）刘斯誉修，路顺德、吴建勋纂：《融县志》复印本（据民国抄本复印），卷一。

6. 融水苗族自治县地方志编纂委员会：《融水苗族自治县县志》，北京：生活·读书·新知三联书店，1998 年版，第 664 页。

第五章

广西融水苗族服饰的民族文化生态系统

　　苗族服饰在苗族文化系统中产生、发展、传承、传播，与苗族文化系统中的相关要素相互交织、相互影响，共同构成了苗族文化的特质，反映了苗族人民的生活态度和思想情感。因此，研究苗族服饰不仅仅只在于服饰本身的研究，把它放在苗族文化系统的背景中则更加能全面地考察它。

　　"不将民间艺术当作民俗现象来考察，不研究它与其他民俗活动的联系，也就使民间艺术失去了依托，不可能对民间美术有深层的了解。"[1]故在本章里，笔者主要是将服饰当成一种民俗现象，研究融水苗族服饰与其民族风俗、生活方式的关系。

　　"风俗"一词在我国历史上早有出现。《周礼》中云："俗者习也，上所化曰风，下所化曰俗。"李果《风俗通义》中说："上行下效谓之风，众心安定谓之俗。"这里所说的"风"，指上层社会倡导大家效仿而形成的社会风尚，而"俗"则是指在民众历代沿袭中共同遵守的习惯。《辞海》对风俗的解释为："历代相传积久成习的风尚、习俗。"风俗，是在一定社会中被普遍公认、积久成习的生活方式。风俗是被模式化了的社会生活方式。具有社会性、恒定性和模式化的特征。少数民族长期形成的风俗是其传统文化和社会心理的活态表述，苗族服饰与其民族风俗紧密相关，相互依存、融汇交织。

　　融水苗族妇女缝制传统苗装，不仅满足生活的需要，更重要的是为了满足苗族习俗的需要。在融水县，一个苗族妇女，从她出生起就决定了她的苗族服装款型，从幼年、青年、中年、老年，直到死亡，春夏秋冬、婚庆丧葬、宗教活动，都只能穿这一支系的苗族款型的服装。

一、广西融水苗族服饰与民族信仰习俗

信仰风俗是在一定社会人群中，被普遍公认、积久成习，表达共同信仰观念的生活方式。在杆洞屯，信仰风俗包括宗教信仰、巫术禁忌、驱邪祈愿、预兆占卜、祭神祀鬼等。

（一）民族多元神灵崇拜所反映的稻作农耕文化

在融水县杆洞屯，苗族没有统一的宗教，其传统社会意识形态之主流是建立在万物有灵观念基础上的灵魂崇拜、自然崇拜和祖先崇拜为主的苗族原生型宗教。这种宗教观念的存在，体现了苗族对自我生命意识冲动和对永恒价值追求，它不仅寄托了民族的伟大情感，而且在一定程度上成为民族人性发展的至深动力。

融水的苗族相信自然现象和人一样有灵魂，可以被人类感知，并且与人们日常生活中的祸福息息相关。因之，在不同的时节，出于不同的心理需要，都有对自然崇拜对象的敬祭行为发生。崇拜的自然对象物主要有天、地、日、月、雷、山、石、河、水、树、桥、灶、火等，他们认为万物都有灵魂存在，因此在民间有五谷神、土地神、山神、火神、雷神等的信仰，每年六月六要祭祀五谷神，开春要祭祀土地神，上山打猎要祭祀山神等等，这些都是稻作农耕生产和生活的反映，或其本身就承载着稻作农耕文化的部分文化元素。

1. 巫术信仰

大多数苗人虔信巫术。巫术，是巫师借助主观行为影响鬼神的法术。弗雷泽将巫术分为模仿巫术和接触巫术两种，根据弗雷泽在《金枝》一书中的研究，巫术所依据的思想原则主要有两种：一种是"相似律"，也就是相似的东西可以相互影响；第二种是"接触律"，也就是跟巫术接触过的物体在脱离接触之后也能够产生作用。由此产生两种巫术形式：基于前者的称为"模仿巫术"或"顺势巫术"；基于后者的称为"接触巫术"或"感染巫术"。而融水的巫术多半为后者，即"接触巫术"。在苗人的观念中，巫术是十分严肃的活动。在杆洞的苗族里，主要的巫术活动有过阴、占卜、神明裁判、祭鬼等。苗人眼中，巫术和科学时常被认为是共存一体的，因此，在很多的事情处理上都会请巫师。

2. 自然崇拜

自然崇拜始于人类历史初期的原始社会，由于生产力水平低下，人类对大自然中的种种怪异自然现象不能理解和正确认识，故认为万物有灵，自然界存在着可以主宰人类命运的超人力量，于是就产生了自然崇拜。自然崇拜是杆洞苗族最原始的宗教崇拜，表现为一种"万物有灵"的信仰，这种神鬼的信仰，显然都是从原始的自然崇拜演化而来。

自然崇拜的产生和发展，反映了苗族先民在最初由于不了解自然规律，对自然天灾无力抗争的理性反思，体现了他们希望了解自然、把握自然的主观愿望。因此，它以宗教崇拜形式的神灵名义要求人们关注大自然，行使生态调适的功能，它反映出苗族人民注重人与自然之间的利弊关系，追求人与自然的和谐共处。

在杆洞屯，苗族凡看见一些怪石、古树、沟溪及土堆，都要挂上巴掌大的红纸条幅，带上一些酒肉祭品，点上香纸和蜡烛进行祭拜。万物有灵的观念在苗族地区是相当广泛的，苗族认为一些巨形或奇形的自然物是一种灵性的体现，因而对其顶礼膜拜。这一自然崇拜现象早在民国时期的一些文献中亦多有描述，如刘锡蕃先生到融水县属的四荣、安太、洞头、杆洞等苗寨考察后，在其著作《岭表纪蛮》一书中曾如此载述："蛮人……凡天然可惊可怖之物，无不信以为神，竞向膜拜……"[2]从自然到神灵，苗山神灵无所不在、无处不存。

3. 图腾崇拜

图腾氏族认为本氏族起源于某种特定的动物、植物，这种动物、植物与他们有血缘关系，是本氏族的祖先或保护神，是神圣不可侵犯的，人们对之顶礼膜拜，奉其为本氏族的图腾崇拜物，并形成相应的礼仪、制度、禁忌和风俗。图腾表现了原始人类丰富的想象力，它把对某种动物崇拜与祖宗的观念联系起来而加以物态化的表现形式——图像化造型。图腾崇拜是原始宗教的主要形态之一，它的发生，实际上体现了原始思维的一个突出特点：一个物象可能就是另一个物象，一个物象也能够把一种神秘性质传导给另一个物象。

在杆洞屯，苗族崇拜的图腾主要有龙、鸟和蝴蝶。他们把龙作为自己的祖宗、保护者和象征，把自己看作是龙的后代，将龙作为本族的族徽和标志，虔诚地加以膜拜。苗族对龙的崇拜主要表现在祭祀活动上，其中最常见的形式是置龙坛。在杆洞屯的中央有一个地坪，称为龙坪，这是建寨时特地留出来的，是祭祀活动的场所。听当地的寨老说，都是先选地坪才定寨址。地坪是一块有水源、能种五谷的地方，人们就在此地偏东方向专门设置龙坛，目的是以龙镇寨，求得平安。在杆洞屯，龙坛是一个两米左右见方的圆形土坛，中间放有一个陶制

图5-1　融水苗族立龙柱和祭龙柱（图片来源于笔者在拱洞坡会的实地拍摄）

的水缸，里面盛有水，水里放有几条黄鳝，苗人认为黄鳝就是龙的化身。平常时候这水缸都是用盖子盖上的。

　　苗人供奉龙坛，在他们眼中，寨子里的兴灾福祸，都与龙有关。如果是风调雨顺，说明这龙平安；如果村寨里出现了不祥之兆或者灾难，那说明龙出走了。所以，每年农历八月中旬，苗寨里都要举行"安龙"的祭祀活动。杆洞屯的"安龙"仪式，一般是先杀一头猪，用它的内脏作供品，肉则分给各家各户在家里做祭祀活动。巫师用一个雕龙的模版涂墨汁印出大量的龙纹样纸张，发给村里的人，让大家贴在自家的祖宗灵位或水缸边上，祈求龙保佑平安。

　　如果遇到灾荒，杆洞屯要举行"接龙"仪式。屯里的巫师、寨老则带领全村男女老少到龙坛边请龙。请龙的仪式是在坛边摆上酸鱼酸肉、糯米酒、糯米饭，巫师手上挥动着旗子做礼拜仪式，寨老们唱"请龙歌"。每唱一段，巫师就往潭里投石头，如果有水泡，则说明龙有反应了，此时一青年男子立即舀起"龙水"装进桶中，带回去倒进自己家的水缸中，"接龙"的仪式就完成。

　　另一种形式是立龙柱。龙柱竖立在龙坪和芦笙堂中间，是一根装饰有木制牛角的雕龙彩柱。柱上刻有一条龙，插有木制的牛角，柱顶上立有一只木刻的锦鸡。这些崇拜物，是苗民祭祀的象征物和崇拜物。

如图5-1左图所示，这是融水县苗族生态博物馆展馆在安太乡小桑村立的龙柱。龙柱上的崇拜物都要分别涂上色彩，龙是黄色的，牛角是黑色的，锦鸡是金色的。每逢节日或寨中的大事，村里的人都先围绕龙柱祈祷礼拜后才开始，如芦笙踩堂之前都要祭拜龙柱，目的是求龙神保佑之意。龙柱是苗族族群的象征，表示兴旺发达之意。故苗人对之无不顶礼膜拜。（如图5-1右图所示，这是笔者在十六坡拍到的祭祀龙柱的场面，每个龙柱代表着一个村落。）

还有一种形式是树龙旗。龙旗即为村旗，是用纯色的丝绸制作的旗帜。如图5-2所示，旗帜中央画上腾龙，旗的形状为宽

图5-2 龙旗（图片来源于笔者在拱洞坡会的实地拍摄）

条幅挂式，左右各垂一边屏，装饰有花色、犬牙、串珠、白禽毛等，用竹竿撑起。各村逢年过节或大典，作为指挥旗，旗进人进，旗退人退。龙旗一般都能用一代或几代人。平常时由寨老收藏，收藏者把它看成同生命一样重要，龙旗如果烂了是可以再复制的。

4．生殖崇拜

生殖崇拜是世界各地原始初民的一种普遍现象，黑格尔认为重视生殖是东方文化的重要特征，他认为东方所强调和崇拜的往往是自然界普遍的生命力，不是思想意识的精神性和威力，而是生殖方面的创造力。

在苗族的祖先崇拜中，最独特的是人格化的蝴蝶形象——蝴蝶妈妈。"美丽可爱的花蝴蝶，不久生下了十二个蛋，一个个蛋又圆又亮，像天上的星子光闪闪。"花蝴蝶请汪通（传说中天上的能人）孵抱，第一个蛋孵出了一个人，叫贾玛（与太阳、星星同辈），第二个蛋生出一个圆团，名字叫太阳，第三个蛋生出一串珠子，名字叫星星。有八个蛋孵不出生命，剩下第十二个蛋，孵了十二个月零九天，才孵出一个人。名字叫顶洛。[3]

此类的神话在黔东南苗族里以不同的版本出现，蝴蝶妈妈是苗族广为流传的始祖。对此的崇拜在服饰的纹样中频繁出现。

（二）苗族服饰是文化的载体，是民族信仰的投射面

融水的苗族服饰与其民族信仰有着密切的关联。如融水苗族服饰亮布的色彩是蓝黑中偏红光，其色彩的寓意非常诡秘，带有明显的巫术色彩。诚然，苗族的蓝染技术与汉族相似，但在汉族的服饰中几乎不会出现苗族亮布后期加入红色染料的处理，这种处理方式在侗族中也非常常见，如加入猪血，让亮布蓝黑中泛红。红色，是血的颜色，红色用品可以辟邪，穿着红色可以消灾。血也是巫术中经常出现的物品，因此，亮布的色彩与巫术是有所关联的。如在融水县，一般巫师施行法术前，都要求患者将其使用过的衣服扯出其中一个小部分，哈上一口气，然后交巫师施行法术。这时，亮布变成为巫师行使巫术的时候通灵通神的载体。

蝴蝶纹样在苗族服饰里出现的频率非常高。如杆洞屯苗族的刺绣和银饰中的蝴蝶造型的图式。（如图5-3所示）蝴蝶纹是苗族古歌"蝴蝶妈妈"的故事在服饰中的具体体现，诠释了"万物同源"、"万物有灵"、"生命平等"的原始思维观念。苗族崇拜蝴蝶是带有图腾性质的，并且在日常生活里苗族是不允许打杀蝴蝶的。古代中国母系氏族社会曾有过对昆虫的崇拜，也证明了苗族服饰保留的神话及其艺术形象之古老。

在杆洞屯，背带刺绣中最为多见的"螃蟹花"也是表达生

图5-3 杆洞银饰中的
蝴蝶纹（图片来源于
笔者在拱洞坡会的实
地拍摄）

殖崇拜的主题纹样，螃蟹与花融合为一体的图案象征旺盛的生
殖力。（如图5-4）

　　苗族服饰作为文化的载体，是苗族族群意识的反映。如杆
洞屯苗族传统女装，在肩部和裙子以大量羽毛装饰，透露出鸟
图腾崇拜的某种印痕。鸟纹的内涵在远古时代与男性生殖崇拜
有关，所以鸟纹在苗族服饰中大量出现，也寄寓了苗族兴旺繁
衍的愿望。（如图5-5）而龙纹，笔者在拱洞、大年一带调研

图5-4 杆洞背带盖刺绣的螃蟹花（图片来源于笔者实地拍摄）

图5-5 融水杆洞刺绣的鸟纹和拱洞刺绣的龙纹（图片来源于笔者实地拍摄）

时，发现人们颇喜欢刺绣龙纹。（如图5-5）。龙纹是分段穿插于其他纹样中，造型朴拙而富有生机，在融水苗族的服饰图案中大量存在着民族原生文化的图腾崇拜的遗迹。

二、广西融水苗族服饰与民族生活方式

融水民族的分布如民谣所说："高山瑶、矮山苗，平地汉族居，壮侗居山槽。"瑶族绝大多数都住在崇山峻岭的老林之中，苗族多居住在山坡或者矮山坡顶，汉族多居住在榕江两岸的丘陵地带，壮族和侗族多居住在河谷两岸或者山冲之中。这是历史上对融水苗族居住的一个描述，现如今苗族仍然居住在山坡或者矮山坡顶，但生活方式发生了重大的变迁，致使苗族服饰发生了变化。

"生活方式狭义指个人及其家庭的日常生活的活动方式，包括衣、食、住、行以及闲暇时间的利用等。广义指人们一切生活活动的典型方式和特征的总和。包括劳动生活、消费生活和精神生活（如政治生活、文化生活、宗教生活）等活动方式。"[4]生活方式的形成离不开社会、文化和传统的影响，离不开自然环境、风俗习惯、科学文化以及人的人生观、价值观的影响，当今世界经济全球化，人们的生活方式越来越呈现出国际化和多样性的趋势，"生活方式"的内容主要包括人们的物质资料消费方式、精神生活方式以及闲暇生活方式等内容，反映出个人的情趣爱好和价值取向，具有鲜明的时代性和民族性。

随着经济文化发展，传统农耕文化中的"日出而作、日落而息"的生活方式受到很大的冲击。传统的服饰随着婚姻家庭

图5-6　在融水县香粉乡雨卜村农民家中调研，被调研者家里客厅布局（图片由笔者实地拍摄）

生活方式的变迁、物质消费生活方式的变迁、文化娱乐生活方式的变迁而变迁。在杆洞屯，随着国家经济的不断发展，大量的年轻人外出务工，其必然影响婚姻家庭生活方式的变化，而服饰与婚俗紧密挂钩，服饰的作用发生重要的变化。村民们劳作之余，开始有了丰富的文化娱乐生活，许多家庭有了电视机和影碟机。（如图5-6）尤其在农闲时日，村寨里的文体活动也日益活跃起来，体现出物质文明程度提高以后，精神文化需求的迫切性，但同时影响了传统服饰工艺的传承和发展。与生活方式有密切关联的消费观念更新很快，村民们的消费领域明显拓宽，服饰的消费能力得以进一步提升，但消费档次不够，使传统服饰的发展处于尴尬境地。

（一）婚姻家庭生活方式的变迁

历史上苗人在婚姻家庭生活中最具特色的则是"跳月"、"不落夫家"。"跳月"，是古代苗人节日选择婚配的一项婚姻习俗。贵州省中西部及川南、云南一带，称"踩花山"、"跳场"、"跳月"等，黔东南称"跳芦笙"、"踩秧堂"，广西融水、三江等地称"踩堂"或"坡会"。对此，清康熙年间的《峒溪纤志》写得很清楚[5]："苗人之婚礼曰跳月。跳月者，及春月而跳舞求偶也……其父母各率子女择佳地而相为跳月之会。父母群处于平原之上，子与子左，女与女右，分列于原隰之下。原之上，相之燕乐，烧生兽而啖焉，操匕不以箸也。漉咂酒而饮焉，吸管不以杯也。原之下，男则椎髻当前，缠以苗帨，袄不迨腰，裤不蔽膝，裤袄之际锦带束焉。植鸡羽于髻巅，飘飘然，当风而颤。执芦笙六管，长有二尺，盖有六律无六同者焉。女亦植鸡羽于髻如男，尺簪寸环，衫襟袖领悉锦为缘。其锦藻，绘逊中国，而古交异致，无近态焉。联珠以为缨珠，累累绕两鬟，缀贝以为络贝，摇摇翻两肩，裙细褶如蝶版，男反裤不裙，女反裙不裤，裙衫之际，亦锦带束焉。执绣笼。绣笼者，编竹为之，饰以绘，即彩球是也。而妍与媸杂然于其中矣。女并执笼未歌也，原上者语之歌，而无不歌。男并执笙，未吹也，原上者语以吹，而无不吹。其歌哀艳，每尽一韵，三叠曼音以缭绕之，而笙节参差，与为缥缈而相赴。吹且歌。手则翔矣，足则扬矣。睐转肢回，首旋神荡矣。初则欲接还离，少则酣，飞畅舞，交驰迅逐矣。是时也，有男近女而女去之者；有女近男而男去之者；有数女争近一男，而男不知所择者；有数男竞近一女，而女不知所避者；有相近复相舍，相舍仍相盼者。目许心成，笼来笙往，忽焉，挽结。于是妍者负妍者，媸者负媸者，媸与媸不为人负，不得已，而后相负者。媸复见媸，终无所负，涕泫以归，羞愧于得负者。彼负而去者，渡涧越溪，选幽而合，解锦带而互系焉。相携以还于跳月之所，各随父母以返，而后议聘。聘以牛，牛必双；以羊，羊必偶。"

　　"跳月"的时间一般都是在每年春暖花开的时节，"月场"是男女择偶的地方。父母带着成年的儿女去赴会。到了会场，父母便坐在高处旁观，而所有到场的男女青年，男左女右分两列坐于"跳月"场上，大家席地而坐，一边用匕首（不用筷子）割烤肉吃，一边用芦管吸酒喝（苗族古时喝酒不用杯），肚饱酒酣之后，男女载歌载舞。

　　在"月场"上，男子束发髻，用苗族土布缠裹头部，上衣短至腰间，裤长不过膝，裤子和上衣之间的地方用织锦的带子束缚，锦鸡羽毛插在发髻上，当风飘逸。男子手里握着芦笙吹奏。女子头上也像男子那样插锦鸡羽毛，插一尺长的发簪，耳戴一寸大耳环，衣服的衣袖、衣襟都镶以织锦为缘边。织锦用五彩的丝线，而刺绣不及中原地区，古代处理衣服的缘边与现在不同。把珠子串联在一起成为垂挂的缨络，在头上绕成两个像发髻一样的圈饰，缀上贝壳，垂在两肩上摆动。裙子的细褶如蝴蝶一般，男子穿裤不穿裙，女子穿裙不穿裤，裙腰上也用锦带束扎。

　　女子手执绣球，男子吹奏芦笙，穿梭交舞，舞中有歌，歌中有舞。经过一段时间之后，一些男女都选定了对象，心领神会，离开"跳月"会场，向山林或幽谷走去。每对男女在山盟海誓之后即进行野合，事毕又双双返回"跳月"场。父母见到儿女找到如意的配偶都很高兴。散会后，父母各带儿女回家。择定配偶的儿女亲家，开始议定聘礼和婚期。苗家的聘礼，往往是牛、羊为主，其数量必须是偶数。

　　成婚那天，场面并不像汉族举办婚礼那样热烈，只是新娘自己打着雨伞，肩上背着装有木枕、衣被等物的竹笼，在母亲和亲友伴送下前往夫家。到了夫家，也不必像汉族那样举行花烛之礼。且新娘头三晚，与母同睡。待母向女婿索取了"奶钱"后，新娘才与新郎同居。

图5-7　融水十六坡会上的斗马和斗牛（图片来源于笔者实地拍摄）

而如今，苗族的"跳月"节日，很多地方已演变成了苗汉等各族人民的共同节日。如融水县的系列坡会，参加此节日的人，除了苗族，还有周边各少数民族和汉族，外来的游客、媒体人士。坡会的节目除了跳芦笙，还增加了斗牛、逗鸟、舞龙和文艺演出等（如图5-7），在"跳月"场所，各地商家纷纷前来销售饮食糖果、服装、民族用品、土特产品等，各式商品琳琅满目，"月场"逐渐发展成为非集市的商品销售地，"跳月"节促进了当地民族经济的发展。

　　这种古老的相亲制度，到现在功能逐步减退。笔者曾访谈过一对母女，母亲45岁左右，女儿20岁左右。当笔者问及母亲是否是在坡会认识父亲的，在母亲羞涩中，女儿给出了肯定的回答，而问及女儿时，女儿说是来玩的，并没有什么目的，凑热闹而已。还有很多年轻的妈妈们，带着自己四五岁的女儿来玩，芦笙踩堂，现在小孩子来凑热闹的很多。（如图5-8）

　　现在"跳月"场更像是妈妈们展示自己为女儿制备的漂亮苗装的场所，因为很多游客喜欢摄影，苗装的穿用很多人则是为了博取游客的目光。

　　"不落夫家"，是融水县旧时的一种风俗，指女子出嫁后不久即回娘家居住，直至怀孕或生育后才回夫家定居的习俗。这种风俗反映了苗族母系氏族文化的留存。而如今这种风俗被废除了，因为人们的生活发生了巨大的变化，年轻人结了婚，大多是出去外边打工，他们更容易受外面现代生活方式的影响，故笔者在杆洞屯问杨村长时，他说村里已没有此风俗了。

　　在旧时，此风俗也有对服饰传承有利的一面，因为女子可

图5-8　融水香粉乡
十六坡会上芦笙踩堂，
儿童也参与（图片来源
于笔者实地拍摄）

　　广西融水苗族服饰的文化生态研究

以利用这段时间在娘家多做些针线活，而如今，女孩子做针线活的越来越少，而且做得好的也越来越少。

（二）物质消费生活方式的变迁

1. 民居的改变，推动了融水县苗族人民生活方式的现代化进程。

在融水县，苗族基本上保持干栏式建筑的习俗，在杆洞村杆洞屯，有406户，在乡政府附近的一些居民有一些带门面的砖房，其余的都是木屋。（如图5-9）而如今，年轻人外出打工，生活富裕，女孩子都喜欢嫁到外地去，很多家庭留下老人在家，走访了村上原邮政所的贺所长，他有三个女儿，都嫁到了融水县城，而且生活很富裕，他本人90年代也在县城里买了地，砌了四层楼的砖房，但他仍然喜欢住在杆洞村。看他的木屋，已经不同于以前的吊脚楼了，杆洞村很多人像他那样改造自己的木屋。如图5-10，原来一层养牲口的地方变成了一个巨大的厨房和饭厅，配有现代的卫生间，煤气和柴火并用的厨房，不锈钢洗菜盆，盛水的水池（这里的水还是山上引下来的泉水，需要沉淀）。二楼则是看电视的小厅和三间卧室，铝合金窗，从此可以看到杆洞村生活方式的改变。贺所长已经六十多了，老伴去融水县城帮女儿带小孩去了，他在家，养养花，种种田，这似乎成了他的兴趣爱好，而不是生活支持来源。从他的言语中，我们看到的是苗族人生活的自信。

现代化的生活开始在这里蔓延，建筑在改良，如果是旧的木屋，则是在木屋的旁边加一间砖房作为厨房，因为木屋容易着火，因此需要把火源与木屋分开，这也是广西对于吊脚楼改

图5-9 图右边为融水县杆洞村传统苗族干栏式建筑，图左边为改造后的房子。（图片来源于笔者实地拍摄）

图5-10 融水县杆洞村
原邮政所贺所长家的厨
房改造。（图片来源于
笔者实地拍摄）

造的一个方案，现在杆洞村正在实施中。杆洞村的苗族木屋紧
密相连，发生火灾后容易使火势快速蔓延，因此，现在政府正
在做木屋的拆迁，把密集的农户拆迁到小河的对面山坡。贺所
长就是其中被拆迁的住户，因此得到重新建屋的机会，他的生
活方式的改变，也普遍代表了杆洞人生活方式的改变。

2．市场上大量廉价的现代服饰冲击传统苗装的制作工
艺。无论是从杆洞乡的市场上，还是从坡会上兜售的服饰上考
察，随处都可见10元至30元低档现代服饰商品，如图5-11，这
类低档商品，冲击着边远山区传统苗装制作工艺的传承。由于
自己制作服装的成本远远高于市场上的服装，而且在穿用功能
上自己制作的传统亮布服装也远不如市场的服装，故在经济允
许的范围内，绝大部分人（除了老者已经难以改变自己的着衣
习惯外，当然，他们的服装也是自己在以前有能力制作亮布时
存储的几卷亮布制作的）选择市场的服装商品，而不是自己制
作，故融水亮布的制作工艺正在消失，如何保护这种工艺成为
一个紧迫的问题。即便是裁缝铺里制作的苗族盛装，在如此低
下的消费能力限制下，也只有采用市场上最为低廉的材料，如
装饰、花线、面料等，制作上一天就可以完成的一套盛装，质
量当然不会太高。（如图5-12）

（三）文化娱乐生活方式的变迁

改革开放前，广大农村的文化娱乐生活长期处于一种"荒
漠化"状态。而如今经济的发展，人们思想的解放，在融水县杆
洞村，农民特别是青年人的文化娱乐生活不断得到改善，并逐步
丰富起来。在改革开放之前，人们农闲之余，男子喝酒聊天、

图5-11　融水县十六坡
会上的低廉服装销售
（图片来源于笔者实地
拍摄）

图5-12　融水县香粉乡
裁缝铺上缝制的苗装
（图片来源于笔者实地
拍摄）

女子刺绣便是其主要的娱乐活动，而如今，电视、音响、网络、DVD的介入，极大地丰富了人们的娱乐活动，如图5-13所示，富裕家庭电视机、音响、影碟机都有，老人们还喜欢通过DVD来观赏苗歌的演唱会。在杆洞村，农村居民家庭里电视机非常普及，看电视节目成为农民最主要的文化娱乐内容，同时也是他们接触外界新事物的最有效的方式。在乡上，录像厅、歌舞厅、台球厅、网吧等各种文化娱乐场所越来越多，品种繁多的图书、报刊样样皆有。近些年，党和国家及社会多方面非常重视农村文化生活的改善，诸如"村村通广播电视"、"文化下乡"及向贫困

图5-13 融水县杆洞屯
的农户家（图片来源于
笔者实地拍摄）

地区捐书等活动不断推出和持续开展，这一切，使得融水县苗族
的文化娱乐生活得到了不断的改善和逐步的丰富。

　　在融水县，大型的娱乐活动就是一些节庆活动。任何民
族的节庆活动，都是和一定的礼仪风俗结合在一起，具有周期
性、广泛性和大众性的特点，是一种源远流长、稳固持久的文
化现象，同时也是族性认同的标志之一。节庆凝聚了苗族的历
史、迁徙、人类来由、战争、民族分支、宗教祭祀、农事生
产、娱乐交际、婚恋等文化要素。在节庆活动典礼上，通过祭
祀、歌舞及唱诵神话史诗古歌等，将本民族的由来、发展等重

大主题晓谕族人，以此增强民族凝聚力、民族自尊心和民族自豪感。可以说，重大节庆已成为民族的象征，民族成员心理的依托。

融水苗族传统的节庆活动从内容大致可分为祭祀类（如拉鼓节）、生产类（如新禾节）、社交娱乐类（如坡会节等），现如今为了发展旅游经济，融水县还有官办的节日，如融水县斗马节。在这些节日中，有些传统的节日被淡化，如苗年、社节、拉鼓节，大家都很少过了，新的节日如"三八"妇女节成为重要的节日，还有一些节日功能减退或转移等等，反映了融水苗族人民的娱乐生活方式的变迁。

表5-1　融水苗族的节日

节日	时间	内容	变迁
苗年	一般为农历十二月初一至十五日为过节期	杀猪宰鸡、冲糍粑、酿酒，祭祀祖先，芦笙赛、斗马、斗牛、斗鸟等活动。青年男女开展社交活动，寻找终身伴侣。打同年是苗年的一项重要活动，苗人奉行的是"穷年不穷餐"的原则，只要有人来打年，都要盛情款待	现在基本都不过苗年。苗年被淡化
春节	初一至十五	苗族称春节为"客家年"。初一清晨，鸣枪放炮迎新年。各户家长到当年"吉利"方向砍回常绿树枝放置于屋内，意为"生财"和"长青"。节间，走亲戚。苗寨举行吹芦笙、唱苗歌、踩堂、跳坡、斗牛等活动	与汉族时间一致，内容更为丰富。坡会也在春节期间，时间为初三至十七
百鸟衣节	正月初八至正月十五	为纪念杆洞苗王的一个妃子而创建的一个节日	按传统
坡会	农历正月初三至十七	方圆数十里的男女老少穿上节日的盛装，吹响芦笙，欢聚一堂。坡上披红挂绿，上香鸣炮。还举行舞龙、耍狮子、赛芦笙、斗马、斗鸟、赛马等比赛，苗族人民通过坡会悼念祖先、去灾祈福、交流感情，让人们在互相赶坡中展现才华、谈情说爱、交友叙旧、传递信息、交流技术、交易商贸。	从相亲发展为大家一同玩耍的场所
社节	有春社、秋社之分，二月社和八月社两次。分别在立春、立秋后的第五个戊日进行	二月社杀猪，八月社宰鸡鸭。社日那天不准晒衣服、踩田及上山烧火等。违者罚用猪、牛、鸡鸭来祭社，还规定凡要去敬神的人在过社前三四十天内不得参加红白喜事。过社敬神要请鬼师，并送给鸡鸭肉作为报酬。过社杀的猪每年都抽签轮流饲养，杀时按户平均分配，但要给钱	较少过社节。节日功能蜕变为交流感情为主

"三八"妇女节	三月八日	是现代的节日，并非苗族传统节日。由于现代妇女地位提高，"三八"节妇女放三天假，不用做任何事情，打扮漂亮四处玩耍	国际节日，现在越来越流行
新禾节（吃新节）	农历六月六	是融水苗族的第三大传统节日，仅次于苗年和拉鼓节，是苗家预祝丰收的传统节日。这天，家家户户都要从稻田里拔回三棵禾胎，将禾胎掺和在蒸熟的糯米饭里，菜肴以田鲤为主，按旧例"鲤鱼粥"为必备的一道菜。全家欢聚一堂品尝新米，起到当年丰收。尝新之余，人们汇集在芦笙坪上，进行芦笙踩堂活动，安太乡元宝村一带还举办斗马、赛马、斗鸟活动，晚上还有文艺活动	按传统
中秋节	农历八月十五日	与汉族节日同	与汉族同
拉鼓节	拉鼓节每十三年或九年过一次的叫大鼓节；每七年或三年过一次的叫小鼓节。大鼓节、小鼓节都在剪禾后的农闲期间举行（十月份）	拉鼓节从选定鼓社头、准备祭牛、砍木制鼓到拉鼓、送鼓，历时三四年，仪式繁多，大致可分为制鼓、拉鼓、送鼓三个阶段。拉鼓是整个活动的高潮，全鼓社的亲友都来参加，远近村寨的群众也来看热闹。拉鼓前一两天，鼓主请祭师把精心喂养的水牯牛杀掉祭祖。拉鼓在地势开阔或较平缓的山坡地进行，用粗藤把一只长约三尺至丈余，粗如碗口的鼓捆牢，鼓身选用空心的泡桐木制成，用牛皮封住两头，本寨和别寨男女青年各执一头竞拉，类似拔河，用以取乐。拉时鼓主和祭师头戴银白色凤尾冠，身披特制的风衣，挂着拐杖，边走边唱拉鼓歌	现在很少过这个节
芦笙节	多于苗年或春节连在一起	历史上苗族各个村寨都有自己的芦笙坪，这是其祖先开辟地方的纪念标志，任何人不得侵犯。故芦笙节一是纪念祖先或者历史重大事件，二是庆祝丰收。芦笙节各村各寨不尽相同，活动有芦笙踩堂、打同年、对歌等	按传统
斗马节	11月26日	苗族传统节日，流行于融水苗族自治县西北部山区。当地苗族有以斗马取乐习俗。相传五百年前，苗族姑娘都爱嫁勇敢的斗马能手，小伙们爱上同一姑娘，苗王就组织斗马来决定姑娘的归属。以后斗马逐渐演变为盛大节日中的主要活动。	融水县组织的大型活动

节庆活动性质发生转向，苗族服饰功能随之改变。现在融水苗族的节庆活动的发展方向为：其一，从祭神到娱人；其二，从封闭到开放；其三，由宗教文化内涵转向经贸联系功能；其四，节庆活动与旅游结合。节庆活动发生了转变，导致苗族服饰的功能发生变化，节庆活动娱乐性、开放性和商业

性，使服饰的审美性、娱乐性、商业性功能越来越突出。

苗族服饰的传承依赖于民族的集体记忆，集体记忆是通过节庆活动不断循环和加强。每一个集体记忆，都需要得到被时空界定的群体的支持。融水苗族每年举行各种公共性的节庆活动，正是要给参与者们造成这样的集体记忆。在往后的岁月里，这些有着共同经历的个体，会通过彼此的接触、交谈、回忆来相互印证和支持这种记忆，由此而获得效仿学习的范本。这种周期性的活动，强化了集体记忆的积累性和连续性，使之慢慢地变成苗族人心中的道德观念和价值标准的组成部分。苗族服饰正是在这种不断重复的集体记忆中得以生存，而这种集体记忆依托于苗族的各种节庆活动。

节庆活动是民族服饰传承必不可少的载体。服饰与节庆活动紧密相连，如果节庆活动淡化了，服饰消失也就不远了。笔者通过实地调研发现在这些节庆活动里，男子很少有穿着民族服饰的，而女装则绚烂多姿，刺绣有全手工的、机械的、半机械半手工的；面料上有亮布的、仿亮布化纤面料；银饰有世代相传的银饰、黄铜仿制品的银饰，还有一些为省钱用银纸剪成的装饰品。

在这里，我们看到的是服饰的传统工艺逐渐消失，其舞台化趋势正在蔓延。这与传统服饰的生活作用逐渐消失有关。当人们外出打工，融入外面文化环境时，民族传统服饰不再成为每天穿用的日常服饰，它的日常功能被淡化。在访谈中，培基村潘家大女儿嫁到了柳州，家庭环境非常好，有一栋三百平方米的别墅，在问及潘家妈妈去女儿家居住时是否穿着民族服饰，潘家妈妈说穿过，但觉得在城里穿着苗装很不合适，潘家女儿为妈妈立即购买了市场上的现代服装。因此，哪怕是不外出打工的老者，当她所处的服饰文化环境不同时，苗装的日常功能马上消失。而在重要场合和节庆活动中，民族服饰才发挥着巨大的舞台展示功能。在融水县哪怕是在外面工作的女孩，回到家里的一些重大场合基本都要穿着苗装。大多数妈妈肯定会为女儿准备一套苗装，有现代布料的，也有传统布料的，回家过节穿用。女孩结婚是一辈子最重要的事情，穿着苗装是必不可少。因此，服饰的日常功能衰退，而舞台功能增强。

由于非物质文化遗产只保护了融水县的系列坡会，而没有框定服饰的工艺制作，这加大了融水苗族传统服饰保护难度的同时也赋予了它自由发展的空间。

三、广西融水苗族服饰与民族审美意识

审美意识是客观存在的审美对象在人们头脑中能动的反映。审美意识是人类社会生活实践和审美实践的产物,并随着社会实践的发展而发展。一个民族的审美意识存在着某种共同的特征,这社会历史发展状况、物质生活条件和民族文化心理素质有关。同属一个文化生态圈内的民族群,审美意识也会具有某些共同点。如融水的苗族与三江的侗族服饰审美相近,反映其共同的文化生态圈的特征。

融水苗族传统服饰传承性和集体性比较强,这与当今设计领域强调"个性"、"自我"的独特风格大相径庭。苗族服饰则是以一种群体的共同审美代代传承,个人的才智和创造是在共性中显现出来的。

苗族服饰是其民族文化观念的物化形式,具有实用性与艺术性共存的特点,不仅能满足人们的物质和精神需求,而且倾注了民众自身的感情,反映出本民族的审美意识,体现着民众的审美观念、审美标准、审美判断、审美理想、审美趣味、审美情感、审美评价。

(一)服饰的创作来自对自然美的体悟

自然环境影响人们对服饰的审美。融水县得天独厚的自然环境,使得苗族在其服饰上强烈地表达出热爱自然生命的意识。融水苗族妇女穿的服装上,最喜欢用到的色彩就是蓝色和绿色,这是大自然中最常见的色彩,显现出苗族生活的花草树木与绿色自然环境和谐一致,浑然天成。而苗族刺绣中大量的动植物纹样,说明了苗族从大自然中得到美的启示所进行的创造,对大自然的描绘与创造性运用,是他们亲和自然,与大自然投合、相融的审美情感的自然流露。

(二)服饰的创作体现实用为美的设计原则

融水县的苗族服饰非常注重实用功能,其款式顺应周围的环境,与自然协调和谐,融实用与美为一体。苗族服饰的对襟上衣、半截裤、百褶裙,款式宽松,自然随意,非常适合下地劳作。在融水县,苗族妇女在家既要承担家务,又要外出做农活,非常辛苦,所以除了节日盛装外,她们平日里喜欢穿着及膝的半截裤。因为苗族大多生活在半山腰,山路崎岖陡峭,杂草丛生,蚊虫叮咬,为了保护自己和方便行走,便打上绑腿或腿套。在服装的穿着使用过程中,领口、袖口、衣摆、门襟是最容易被磨损的,因此为了加固这些边角,苗族妇女设计出各种各样的图案纹饰,既美观,又耐磨。服装的边饰是镶嵌上去的,衣服破损后又可以缝到其他服装上去。融水县苗族的服装色彩多为深蓝色或青色，既在劳动中耐脏，又与自然环境搭配和谐，表现出苗族人民在服饰上的设计遵循一种顺应环境、贴近自然的原则，表达出中国传统的"天人合一"观念对少数民族地区的渗透。

在当今社会发展中，自然环境相对稳定、社会环境不断改变的过程中，苗族服饰的审美意识也在发生变化。在过去，苗族服饰作为日常生活中不可缺少的一部分，功能性强，而如今，苗族服饰则是人们在节庆活动竞相比美的工具，是人们衣柜中众多服饰的一种风格，因此，其生活实用性功能趋于淡化，其装饰功能趋于强化，加上现代信息交流频繁，人们的审美意识中折射的现代文化的影响与渗透。比如，融水苗族服饰搭配以西江苗族的银饰（这是媒体宣传的结果，西江苗装现在已经成为苗族服饰的一种象征），融水苗族服饰的装饰手法不用刺绣，而用珠绣代替，这也都是现代文化的介入而出现的结果。还有服饰上出现夸张的肩部造型，体现出苗族人们现代舞台化的审美意识。

四、广西融水苗族服饰与口头文学

广西苗族的口头文学中古歌是保存着完整的苗族活态文化体系，表现了万物有灵、生命神圣、众生平等、人与自然共存共荣、和谐发展的哲学思想，与广大苗族群众的生产、生活和思想感情密切相关。苗族是一个没有文字（或文字丢失）的民族，古歌传唱实际上具有传承民族历史的功能。因此，演唱古歌时有较严格的禁忌，一般都是在祭祖、婚丧、节庆等重大活动中才能演唱，分客主双方对坐，采用盘歌形式问答，一唱就是几天几夜甚至十天半月，调子雄壮而苍凉。

在融水县的苗族中，很多老人目不识丁，但能把苗歌通宵达旦地吟唱几天几夜，字字句句清清楚楚，至今，笔者在调研的过程中仍然可以看到老人们喜欢听现场苗歌的情景，歌手备受尊崇。苗歌在过去没有电视机和音响的日子里，是人们娱乐活动中必不可少的节目。

在融水县的古歌中记录了大量的服饰制作信息。如融水苗族史诗中记录了苗族服装从树叶着装变迁为棉布纺织、蓝靛染色的服装。

"人有了饭吃，还没有衣裳穿；树叶子做衣服，一天穿烂几套。天上有棉花种，谁能上去要？茵请来了贺闹，取回棉种立了功劳。棉花种出来了，一团团雪一样白；不知棉花怎样纺？不知布怎样织？蜘蛛会纺丝，蜘蛛会织网，蜘蛛教人用长藤弹棉花，弹得腾腾腾震耳响。长藤容易断，弹棉的弓没有力；茵拿牛筋做弦，茵用铁木做弓。茵做的弹棉弓，弹出的棉花软又松；弹好的棉花，茵请蜘蛛帮纺纱。棉纱一线线，棉纱一根根，线线长又细，根根细又长。有纱怎么织？蜘蛛造织布机；织布机声响不止，织成棉布一疋疋。布疋织好了，用什么染布？茵用火灰来染，染也染不着。田泥黑油油，茵用泥染布，染了一疋疋，染也染不着。茵用火烧石灰，一块块烧成石灰，石灰水沤蓝靛，染布疋又蓝又黑。"[6]

从古歌中看出融水的苗族祖先或许是从蜘蛛吐丝织网的现象里学会了弹棉花和纺纱织布。当然，这也存在人为杜撰可能，因为口头文学存在着诸多可能性的弊端，但棉花纺纱的方法是事实存在的，即融水的苗族是善于用棉花来进行纺织的。上染棉布不能用火灰、泥土，只能用蓝靛，还要添加石灰，这样染出的布料才会变成蓝黑色。蓝黑色也就成为融水苗布的统一色彩。

关于亮布制作，位于县境东北部的良寨、大年、拱洞等乡镇有着这样的传说：苗家自古以来喜欢唱歌跳舞，姑娘爱美爱打扮，只是穿的衣裙，又硬又粗，像一块牛皮，跳起舞来，咔嚓咔嚓地响。孔明（三国时期）知道了，便差人教苗民种植蓝靛草开染缸，又剥下杨梅树皮熬汤上色，经数次染漂、捶打，粗硬的布匹变得柔软，红里透亮。姑娘们用它做成衣裙，跳起舞来，飘逸轻快。漂染时间为夏末秋初，苗家的妇女们，便在房前屋后的青石板上捶布，一直捶到半夜三更。有一首苗歌唱道：乒乒乓乓响，苗家捶布忙，粗布变细布，软和又发光。这个传说把苗族亮布的制作工艺描绘得非常清楚，从制作亮布的时间，蓝靛染色，到杨梅树皮固色，以及捶布和布料色泽的美感要求，都一一作了描述，由此可见几百年来口头文学是融水苗族服饰技艺传承的重要载体。

融水苗族史诗还描述了苗族服装的款型、色泽和配饰。这便是苗族服饰几百年来款型和搭配稳固的内在因素，决定了苗族共同的审美意识和审美标准。

"蓝靛染的布，透亮映金光，缝成新衣裳，滑亮渗铜色，衣襟和袖尾，绣青绿花边，乃闹穿裙子，纹皱密又细；左边右边挂两块，两块绸缎挂花球，玄色的脚绊，上端结青带，留头又留尾，走路迎风摆，像湖中纹波，迎风逐浪高。乃闹戴项圈，手镯手上串，一个又一个。头发绾盘髻，髻上插银花，银花闪闪动，光亮耀人眼，波光一圈圈，路走到哪里，闪闪映四周。"[7]

在史诗中，乃闹便是苗族女孩追寻的偶像，她的着装成为人们效仿的标志。即便是现代融水的苗族女孩，其选择服装面料的色泽——铜色和金光仍然是以史诗中的描述为标准，衣襟和袖口青绿花边，细密的百褶裙，银项圈，盘髻插银饰成为融水片系苗族服饰墨守成规的搭配，在苗族服饰的传承过程中，口头文学起到了潜移默化的效果。

服饰的传承与民族文学是分不开的。在千百年来没有文字记载的情况下，民族服饰中的非物质文化遗产信息通过民族文学的形式，口口传唱，代代相传。而如今，在融水县，会唱苗歌的人越来越少，苗话越来越被桂柳话和普通话所冲击，传唱相继越来越难，这也阻碍了服饰的传承。

笔者认为文学艺术的形象化是与服饰分不开的，也可以说文学艺术描写的内容包含了服饰，民族文学艺术的消失使得服饰丧失了文化生存的重要土壤。

五、广西融水苗族服饰与民族音乐舞蹈艺术

舞蹈，即手舞足蹈。服饰和舞蹈虽然属于不同门类的艺术，但二者有着相通的艺术语言。融水县的苗族是一个爱唱爱跳的民族，音乐、舞蹈和苗族服饰不可分割。在融水县，每一个苗人都是在音乐和舞蹈中熏陶而长大，而音乐舞蹈大都依附于苗族传统的风俗活动，与生产劳动、岁时节令、婚丧礼仪、信仰崇拜不可分割。

融水的芦笙踩堂便是音乐舞蹈的海洋，也是苗族妇女展示民族服饰的重要载体。悠扬的芦笙，舞动的服饰，既展示了舞者的姿态，又展示了舞者的服饰。融水苗族服饰与芦笙踩堂通过舞蹈中男女的肢体语言表演相辅相成、相得益彰，有机地构成了一个完整的舞蹈艺术形象。而苗族服饰在这重要的场合发挥着它的价值和作用。

（一）苗族服饰在舞蹈中的造型作用

在融水县，苗族的芦笙踩堂更像是女子在音乐中走秀，展示自己的服饰，其舞蹈的动作幅度不大，而男子吹芦笙左右摇摆跳跃，更显示出男性的力量与活力。女子的上衣较为合体，而百褶裙会随着音乐而一张一翕，裙褶的动感与芦笙的音律和谐，与芦笙或大或小的声音节奏一致，在芦笙用力吹时，女子的裙子动感最强，裙子张开幅度最大。而裙子上的各种装饰飘带以及上衣上的飘带，也同样和着芦笙的节奏和韵律而舞动。这种圆形的造型，与芦笙场的圆形造型，与舞者所占据的空间造型相呼应。

（二）苗族服饰与苗族舞蹈风格一致，共同折射出地域文化

地理自然环境会使一个民族形成自己独特的生产方式，从

而也形成了其个性独特的民族服饰。北方游牧民族身穿裘皮服装，抵御寒冷，同时也形成了与之风格相适应的粗犷的舞蹈形式；而融水县的苗族居住在亚热带地区，服装相对显得单薄、透气而轻盈，与之相适应的舞蹈形式也趋于娟秀，加上苗族服装稳重低沉的色彩，衬托出女性的矜持与含蓄，雅致与细腻的性格特征。

小结

融水苗族服饰的民族文化生态系统，即融水苗族服饰生存的内文化生态环境，其构建主要是苗族内部的一些主要文化因素的构成。这个系统主要包含民族信仰、民族生活方式、民族审美意识、口头文学、音乐舞蹈艺术这几大部分，苗族服饰的生存与其关系紧密。如果说由自然环境、社会环境和文化环境组成的外文化生态环境影响苗族服饰的变迁，那么内文化生态环境直接影响到苗族服饰的存亡。内文化生态环境中口头文学、民族音乐舞蹈艺术同时也是非物质文化遗产中的重要部分，对其的保护，更有利于苗族服饰的生存。

注 释

1. 钟敬文著：《话说民间文化》，北京：人民日报出版社，1990 年版，第 117 页。
2. 刘锡蕃著：《岭表记蛮》，上海：商务印书馆，民国 24 年（1935 年），第 86 页。
3. 广西民间文学研究会收集，农冠品整理：《广西民间文学资料（油印之六十一歌谣）顶洛（苗族创世史诗）》，广西民间文学研究会编印，1986 年版，第 1 页。
4. 金炳华主编：《马克思主义哲学大辞典》，上海：上海辞书出版社，2003 年，第 303 页。
5. （清）陆次云撰：《峒溪纤志》，载《说铃》，明新堂藏版，卷二十九。
6. 广西民间文学研究会收集，农冠品整理：《广西民间文学资料（油印之六十一歌谣）顶洛（苗族创世史诗）》，南宁：广西民间文学研究会编印，1986 年版，第 35 页。
7. 覃桂清、贾正林整理，贾正林收集翻译：《广西民间文学资料（油印之二十二）牛纳耐闹（苗族婚俗演变史诗）》南宁：广西民间文学研究会编印，1985 年版，第 21 页。

第六章

广西融水苗族服饰文化生态的失衡

在以上的调研中，我们看到的现象是融水苗族服饰发展状态是男装在消失，亮布工艺在消失，刺绣工艺变得粗糙，机械化制品越来越被大众崇尚和喜爱。是什么使服饰发生如此之变化？笔者认为这是文化生态失衡的表现。

人类的每一种文化的形成都是经过漫长的时间积累而发展起来的，在这个过程中，文化一方面不断地与周围的环境相互调适而生存，另一方面还要受外来文化影响和促进，各民族的文化的形成都是在自己所处的特殊自然环境和人文环境中发展起来。而中国在近百年的时间里经历了从农业社会到工业社会，再从工业社会到信息社会的大转变，传统文化应以何种姿态面对如此的巨变呢？

现在世界一体化的市场经济，需要大家共同遵守统一的文化规则、社会秩序和行为准则，甚至要有统一的语言，这不得不动摇各地方的本土文化所赖以生存的根基，让人类陷入了一个进退两难的矛盾境地：追求物质文明的发展与自然环境的污染之间的矛盾，追求经济一体化与文化多元化之间的矛盾。在现代文明迅速席卷全球的今天，每时每刻有多少土生土长的文化在消失。而劣势文化、弱势文化不得不成为"全球化的消极接受者，他们毫无保护地听任边缘化命运的摆布"。[1]少数民族文化长期淹没在汉族中心主义、西方中心主义当中，而如今，全球化风暴正以西方文化为中心的观念使得文化圈内的文化种类正在递减，当大批原生文化群落消失的时候，我们将面临一个文化资源减少和文化生态遭遇破坏的问题。

人类学家、民族学家向来主张文化没有"高低"、"先进"、"落后"之分，"存在就是合理的"，每一种文化都有其存在的特殊价值。按照这个原理作逆向思考，如果我们想保护某种快要消失的文化，其实质就是找到一种"合理"的方式让它可以适应当前的环境而存在和发展。苗族，其支系有二百种之多，不同的支系，根据自己不同的自然环境和人文环境形成了自己本身的特色文化，这些文化历史和汉族的一样悠久、一样重要、一样珍贵。而苗族的传统服饰文化，会在新的历史条件下和新的文化背景下产生新的变化和发展，"各种文化的相互吸纳与融合十分自然，并不可怕。但很重要的一点是对自己的文化的态度"。[2]希望通过我们的努力，提升民族文化的自觉性，不要让全球经济一体化和文化一体化把苗族服饰的多元文化给冲洗掉。

一、生态系统平衡与失衡理论

（一）生态系统平衡理论

生态系统（ecosystem）的概念是由英国生态学家泰斯利（Tansley）1936年提出的，他认为生态系统包括生物复合体和环境复合体，这种系统是自然界的基本单位。苏联生态学家苏卡乔夫1944年提出"生物地理群落"这一术语，它包括一定地面范围内相似的自然现象（大气、岩石、土壤、水文与动植物及微生物等）的总和。1965年，哥本哈根国际生态学会议决定，生态系统与生物地理群落是同义语。由此可把生态系统定义如下：生态系统是生物群落与其环境之间，在进行物质循环和能量流动过程中所形成的统一整体。生态系统是由生物物体及其生存环境所构成相互作用的动态复合体。[3]

生态系统最核心的规律就是生态系统的动态平衡规律，这种平衡不是瞬间的平衡，而是周期的平衡，因此才具有自我调节和修复的能力，同时也具有发展的能力。生态系统，在通常情况下会保持自身相对稳定的平衡性，"包括结构上的稳定、功能上的稳定和能量输出、输入的稳定。"[4]这种平衡不是固定的，而是一种动态的平衡，即便是有外来干扰也能通过自我调节恢复到稳定状态。

（二）生态系统失衡理论

生态系统通常会通过自我调节能力保持生态平衡，如果外来的冲击或干扰超越了生态系统的"生态阈值"，其自我调节就不起作用，系统的结构和功能就会遭到损伤和破坏，系统就不能复原，整个系统就进入失衡状态。外来的冲击可以从两个方面破坏生态平衡。一是破坏生态系统的结构，导致系统功能的降低。二是引起生态系统功能的衰退，导致系统的结构解体。[5]如我们生活的生态环境发生急剧恶化时，土地沙漠化、水土流失、森林草地退化、江河断流、湖泊萎缩、全球变暖、城市环境污染等一系列生态环境问题日益突出，就会引发生态系统失衡。

二、文化生态系统失衡

不可否认，人类面临的自然生态系统失衡已经得到全社会的普遍重视，不论结果如何，"人与自然"这个古老的问题已经深深地植入现代文化的每一个领域。然而今天人类所面临着另一种生态危机——文化生态系统失衡却远没有引起人们的重视，这种危机是来自人类赖以创造文化的生态环境发生改变而产生的危机，伴随着自然生态环境的恶化和全球化时代的到来而加剧，成为当代社会必须面对的问题。

整个世界的文化生态系统是由许多文化生态群落构成，每个国家的文化都是一个独特的生态群落，有着自己的文化气候，而每个国家里又有各种民族，每个民族有不同的支系，这种文化生态群的树状结构，构成了世界的文化生态系统，而各种民族的文化生态相互影响，相互作用，处于共存的状态。

文化生态系统是如同自然生态系统一样，是一个有机的系统。一个民族的文化，无论它主观上是否愿意与其他民族接触，其他民族文化对它的影响都是存在的，而且在现今信息社会时代是全方位的影响。故一个民族与其他民族的文化生态的关系既不是绝对开放的，也不是绝对封闭的，是一种动态的互相影响和渗透。"中华民族，作为一个自觉的民族实体，是近百年来中国和西方列强对抗中出现的，但作为一个自在的民族实体则是几千年的历史过程所形成的。它的主流是由许许多多分散孤立存在的民族单位，经过接触、混杂、联结和融和，同时也有分裂和消亡，形成一个你来我往，我来你去，我中有你，你中有我，而又各具个性的多元统一体。这也许是世界各地民族形成的共同过程。"[6]这无论从民族形成和分化的历史进程还是发展趋势上看，民族文化生态体现出一种动态性，在动态中寻求各自的平衡。

文化生态是借用生态学的方法研究文化的一个概念，是关于文化性质、存在状态的一个概念，表征的是文化如同生命体一样也具有生态特征，文化体系作为类似于生态系统中的一个体系而存在。[7] "在全球化迅速发展的今天，我们不时听到一些唤起种族和民族情感的、强烈的呼声，这些力量所表现出来外在形式是多种多样的，从根本上讲，他们都代表了一种在失范的和混乱的世界上寻找归属的渴望。"[8]人类社会从传统各自独立生存的民族国家的世界，变成一个互相利用、相互依赖，以高科技为基础的一体化世界，这个世界是一个容易发生冲突的、高度技术化的工业体系，遭遇了一系列经济、社会、生态等问题，其中包括文化生态的问题。而文化生态失衡问题，其实是西方文化以其强势姿态介入世界每个角落的结果。

（一）全球化影响中国少数民族地区的文化生态系统

在全球化的过程中，出现了两个相反的社会趋势：一个是同质化（homogenization），另一个是异质化（heterogenization）。这两种趋势是同时进行的，也是同时发展的，显示出全球各地相互联系和相互影响的结果。文化的同质化趋势促使人们的文化价值观与生活方式日渐相似，从而使文化多样性消失，同质化也会使本土文化受外来文化的冲击和对比后，引发人们的文化自觉和民族认同的意识加强，促使其当地的民众有意地保留甚至加强原有的传统生活方式。

如今世界非物质文化保护的呼声高涨，正因为我们感觉到文化的同质化正在动摇传统本土文化的根基，本土的东西在悄然消失，希望通过保护的行动来使人们意识到文化多元化的重要性，从而加强民族对自身文化自我保护意识。人类社会的文化种类是多种多样的，任何一种文化都是文化生态系统中的一分子，都有其存在的价值，在保持整个人类文化的完整性中发挥着自身的作用，正是这种多样性才维护了文化生态的平衡和稳定。现如今，西方文化正成为一种强势文化，它借助现代交通工具、信息网络，大肆向我国的少数民族地区侵蚀，使民族文化多样性受到严重威胁，一些地方性、区域性文化永远地退出了历史舞台。

中国传统文化在历史上曾经如此辉煌过，曾被多少国家吸取和复制，而如今，也正在复制由少数先进国家输出的所谓的"先进文化"，即便是少数民族地区，"先进文化"也无孔不入，正是这种"先进文化"在逐渐改变着当地原生的文化。西方的饮食习惯、生活方式、行为准则、价值观念渗入该地区文化生态系统的机体内部，冲击了少数民族日常生活中的传统方式，改变了人们的思维方式和价值取向。

（二）文化生态系统结构缺失

从文化生态学的视野看待文化，文化如同自然生态系统一般，有着自己平衡发展和相互制约的机制。在文化生态系统中的每一种文化都是动态的生命体，各种文化聚集在一起，相互交融，形成不同的文化群落、文化圈、文化链，环环相扣、共生共存。就如同一条 "链" 状结构，如果"链"中的某个环节脱落，则会带来一连串的连锁反应。少数民族在传统的农业社会中，特定的自然环境、社会环境以及经济活动、生产方式、生活民俗、原始宗教信仰、文化心理、价值取向等组成了"链"中的各个环节，文化生态系统的自我调节能力会使其保持一种动态的平衡，如果处于核心地位的信仰体系或价值取向发生变化，就会使这个"链"出现结构性缺失。

现在世界发生了变化，各民族的文化也不得不改变，如何改变，能否保持文化生态的平衡，是我们思考的问题。

三、广西融水苗族服饰文化生态失衡的具体原因

（一）广西融水苗族服饰文化生态环境的改变导致文化生态的失衡

广西融水苗族服饰文化生态系统也是众多民族文化生态系统的一个支脉，在历史的演进过程中不断发生改变。

历史上宋代是融水苗族形成的时期，融水苗族因地处偏远山区，民族文化很难接触到西方文化，因此其文化主要是受到本国文化生态环境的影响而发展变化并逐步形成自己的模式。从前面第三章中，我们也不难看出，苗族服饰在历史的发展过程中主要是受到汉文化的影响。古代的中国长期处于稳定的农业经济状态，包括融水苗族在内的少数民族文化生态系统及其中的各种文化因子的变化是缓慢的，其系统依靠自身的调节功能维持着长期的平衡状态。

在鸦片战争后，中国的主流社会接受了大量的西方科学技术的输入，但在中国的农村少数民族地区，并未从根本上动摇农业经济基础，少数民族地区的农业经济状态一直持续到新中国成立初期，融水是1952年才解放的，故此之前苗族的服饰文化生态环境并未发生根本的改变。

"文革"对融水的苗族文化遗产破坏严重，在融水杆洞，"破四旧"对苗族服饰的损坏最为严重，烧掉很多的历史遗留精品。但这场浩劫过去后，人们又本能地恢复了传统的民俗和生活方式。

在改革开放以后，融水苗族服饰文化生态环境发生了根本性的变革。随着中国的现代化步伐的加快，中西文化交流的日益频繁，西方强势文化的大量输入，其辐射面逐步扩展，融水这偏远山区也无法逃脱现代化和西方文化的蚕食，融水苗族在

追求现代化的过程中，往往自觉或不自觉地以牺牲传统地域文化为代价，其结果便是苗族服饰的文化生态系统受到强烈的外来文化的干扰，发展的不和谐和不可持续，苗族服饰文化生态系统依靠自身的力量已无力调节这种干扰，处于失衡状态。在很多苗族人眼中的传统是落后、保守的代名词，纷纷热情地向往和憧憬现代西方文化，民族服饰文化变迁成为人们的一种自觉行为，服饰中很多的传统手工艺逐渐消亡。因此，工业文明及其所携带的外来文化的冲击是融水苗族服饰文化生态环境发生改变的根本原因。

（二）广西融水苗族生活方式的变迁导致传统服饰文化的消解

在融水县，苗族服饰生态改变最大就是在改革开放以后。在融水县教育局教研室主任何博（男，融水县白云乡，苗族，40岁）的访谈中，了解到融水的服饰生态发生改变的时间。

尹：什么时候你发现自己不织布了？

何：1981年、1982年。改革开放后，各方面条件好了。以前没有布卖啊，以前我们小的时候，我们父母还说卖布用布票，国家有指标的呀。

尹：苗族用蓝靛染布到什么时候还有？

何：80年代初期都还盛行，过渡到1984年、1985年慢慢地都没有了。改革开放是1979年，我记得1981年才到我们这里。

尹：现在融水县还有用蓝靛染布吗？

何：融水县苗族很少了，白云乡的红瑶还做得比较多。

尹：1998年我去龙胜调研，那边的红瑶还自己纺纱、织布，你们融水县好像很快就淘汰了这些东西。

何：这样纺纱、织布和染色太麻烦了，纺纱，织布，然后用蓝靛来染，蓝靛又要泡，用石灰来腌，腌到蓝靛成浆状，再来染布，染布时除了石灰还要配很多种物质，要染几道，染完又晾，晾干完又染，重重复复好几次。

苗族服饰与苗族的生活紧密相连，因为苗族在历史上的很多时间里生活方式没有发生变化，因此代代相继而传承下来，它的存在与民族信仰、民族节日、民族审美、民族文学共存共生，在共同的文化生态系统中传承发展。然而，随着现代化、工业化的迅猛发展，商品经济和西方文化的冲击和影响，极大地改变了人们的生活方式、价值观念和审美取向，从而动摇了苗族服饰文化赖以生存、传承的根基。"农民的保守倾向是严重的，但一旦他们接触了新的生活方式，并发现新的生活方式不难接受和更加舒服，他们对陈规陋习和旧的伦理观念的忠诚就会迅速地垮下来。"[9]

图6-1 广西融水县拱洞乡苗族妇女服饰（图片来源于笔者实地拍摄）

　　电视文化、网络文化对融水苗族地区的冲击，是服饰文化生态发生变化的主要原因之一。 20世纪科技的大发展为人类提供了新的休闲娱乐方式，以杆洞为例，在笔者的调研中，看电视占去了女人们休闲的大部分时间，除了收看电视，还有本地拍摄的各种活动的影碟。在这边远的山区，网络普及程度还不高，只有少数人例如学校的老师和家里富裕的人群有接触（在笔者的调研中，小学六年级的学生40人，只有一个人上过网，有QQ号）。对于乡下12岁以下的孩子，网络的影响力还不是很大。但是大一点的孩子到县城上了中学后，就可以接触到网络世界，外界各种文化的冲击，比苗族本身的教育要强势得多。电脑和网络的发展，虚拟世界的出现，使人们的交流方式、交际手段、交流语言发生着一点也不虚拟的变化，影响了融水苗族人们的生产方式、生活方式、价值观念和意识形态，人们对服饰传统制作的意识正在消解，不想也不需要在制作传统服饰上下工夫。

　　苗族传统服饰的变迁折射出苗族人们生活方式多样化的倾向，反映了人们对传统服饰存留的态度。虽然传统苗装依然存在，但其存在形式并不相同，且同种款型的苗装显现出多元化的局面。在融水县拱洞乡初七的坡会上，服饰显现出多姿多彩的局面。

拱洞乡的苗族服饰属于榕江型，在过去是用传统苗族亮布制作服装，而如今，亮布服装几乎见不到了，代替的是各种时尚的带亮片的现代化纤衣料，服装的色彩以艳丽的红色、玫红、紫色、黄色、橙色为主，如图6-1所示，其光泽和效果颇似舞台服装，这显现出现代融水苗族对服饰的审美倾向，其审美倾向折射出电视文化、舞台文化对苗族服饰文化的冲击，以及苗族对歌舞娱乐生活的追求，传统的服饰文化正在被现代消解。

（三）科学技术的发展和机械化大生产对传统手工技艺的冲击

机械化的大生产和市场经济是现代工业的标志，廉价高效的机械化、大批量生产的工业品冲击着古老的手工技艺。诚然，苗族服饰在相当长的时间里，主要是被制作者或者制作者的亲属所用。而如今，在商业活动的刺激下，市场迅速扩大，苗族服饰逐渐发展为我们今天所理解的"商品"，而传统手工制作费工费时，产量少成本高，另一方面也说明，传统手工制作应有的劳动价值没有得到体现。为降低成本，获取更大的经济效益，人们开始逐渐采用半机械、半人工的制作方法，简化制作程序，如服饰中自己只绣出主要的一些绣片，其他的是机械化制作，或者从市场上买回电脑刺绣的绣片，缝到服装上等，银饰更加简单化，还有锡纸做的，致使苗族服饰的制作粗糙，色泽俗艳。这样的发展趋势只能使苗族服饰的工艺进入一种越来越差的恶性循环。在现代社会，引导时尚潮流的先锋永远是高档消费，而时尚的跟风者永远是大众的廉价消费，因此苗族服饰现在和今后都应当进入高档消费品的行列，而不是也不可能保留在大众消费的低档次。在过去，苗族妇女缝制一套衣服，在时间上花费是很多的。根据1957年的调查报告，在贵州省台江县施洞地区，缝制一套一等盛装，需用427天；缝制一套二等盛装，需用337天。在台江县的排羊、南宫、交下等地，缝制一套一等盛装，需用237天。妇女服装比较简单的台江县革东地区，缝制一套冬季盛装，也需用91天。一个苗族妇女，需要的绝不只是一套服装。同时，在准备子女需用的衣物时，背带的制作，也要花费大量的时间。[10]

而如今，贵州省台江县施洞地区的苗族，成立了很多绣花厂，以家庭作坊制批量生产苗族服装。在融水县，裁缝铺里机械化生产的苗装，制作起来也是一天的时间就可以完成，这样生产的苗装价格为300元左右，并且很受当地的妇女喜欢，在笔者的调研中，95%以上的人都喜欢现代机械化刺绣和制作的苗装，而不喜欢过去的苗装，迅速发展的现代化正在造成人们对这种繁杂的传统技术和工艺兴趣的减退，致使苗族服饰的制作技艺的传承面临极大的考验。

　　融水县的苗族服饰不如雷山县的苗族服饰商业氛围那么浓厚，融水县没有卖古旧的民族服饰店，到融水县各乡镇收购民族服饰的也都是从贵州过来的人。在融水县裁缝店里定做一套舞台性的苗装，价格150元左右。在贵州则不然，贵州省随着旅游业的开发，民族服饰更为商业化。在黔东南州州府凯里，到周末时公园里都有从下面村寨搜来的民族服装摆摊，（如图6-2）贵州人从80年代开始贩卖他们的民族服饰，不只是在贵州买，在北京"798"和潘家园都有他们的摊点和门面，还有一些小贩定期到全国各地兜售。原来在施洞和西江银匠村的银匠，也来到凯里摆摊设点，形成了银饰一条街。笔者2003年去千户苗寨的时候，苗寨还只是一个传统的苗寨，寨子里有两家服饰店，一家银饰加工店和一家音像店，现如今商业气息如同阳朔西街，（如图6-3）进寨口修成了售票处，100元的门票现在试营业期间六折，进去便是一条商业街，街道的两旁都是卖民族工艺品的。在调研中也发现很多银饰店是从义乌进货过来的货品，自己苗族的银饰非常少，而且每个店只有那么几个款式。笔者2003年来这里时发现很多的古旧的苗装，现在也被卖得所剩无几，包括在凯里民族服饰博物馆的调研中（博物馆一楼就

图6-2　贵州凯里公园里的民族服饰地摊售卖（图片来源于笔者实地拍摄）

图6-3 贵州省黔东南
西江苗寨（图片来源于
笔者实地拍摄）

图6-4 贵州省黔东南
施洞刺绣新款（图片来
源于笔者实地拍摄）

是传统民族服饰的专柜，个人租赁的门面），贵州有年代有价
值的苗装越来越少，比如笔者在贵州凯里市民族工艺品行业协
会会长刘忠海的收藏中也只拍到了近百年历史的苗装一两件，
市场价格也只是几千元，当然与市场发展对应地出现的新设计
的苗族服饰，在他家也有。刘忠海是施洞人，施洞现制作苗装
形成了手工作坊的批量化，有些自行设计，然后在村寨里找一
些妇女做手工，有一些适应于市场需求的手工刺绣服装，如图
6-4所示，此为施洞刺绣，是在原来传统基础上改变纹样造型
和构图以及工艺简化后的新手工刺绣作品。在黔东南，施洞苗
族服饰市场化发育最早，出现了很多刺绣厂，以家庭作坊式居
多。市场化的东西不如传统的那么精致而讲究。当然，价格也

图6-5　广西融水苗族
服饰刺绣变成钉珠片
（图片来源于笔者实地
拍摄）

在百元左右，适合大众消费。

（四）广西融水苗族民众审美情趣的改变

苗族服饰承载着苗族千百年来的传统民俗，它的内容及色彩反映着民族的审美情趣和审美情感，它是一种生活文化，是和生活融为一体的。现代工业文明改变了人们的生活方式，也改变了人们的审美情趣。"面朝黄土背朝天"不再是融水苗族年轻一代的生活方式，外出打工直接影响了苗族儿女的审美品味。在拱洞乡培基村的调研中，很多外出打工的女人都是从事跳舞的工作，很多夫妻双双都在民俗村中从事民族舞蹈的工作，采访中大潘家的男人带领村上的舞蹈团在桂林、海南、深圳等地演出过，而这群外出打工的人，其收入也是村里较高的人士，故他们的职业和生活方式也备受尊崇，他们舞台化的服饰审美眼光也同样带动了整个村寨的服饰流行趋势。这样的生活方式在融水县很多乡镇也比比皆是，故舞台化的民族服饰在苗寨流行是必然的趋势。

在拱洞乡初七的坡会上，笔者还见到了以珠片代替刺绣方式的装饰手法，如图6-5所示，这表现出苗族现代的审美情趣。这种装饰手法在融水县的苗家乃至侗家和瑶家都不曾见过，是一种非常时尚的手法，可见，为了美化自己的服饰，现代的苗族借助流行文化的语言来美化自己传统的苗装，更重要的是这种用快速的串珠来代替繁琐耗时的刺绣是一种廉价的手法。

（五）广西融水苗族服饰的传承群体和传承空间的变化

在农耕经济社会，苗族服饰其传承空间是在广大的农村，农民是最稳固的传承群体。在融水县的调研中，笔者发现改革开放后，农民相继外出打工，20世纪90年代达到了顶峰，家里剩下老小，小孩还未到传承的年龄，老人才是现代苗族传统服饰传承的主体。因此，笔者在融水县下去调研的村寨，制作传统亮布的人越来越少。而传承的空间，多从村寨转移到了乡镇，而以后如果没有政府下达保护措施，估计融水苗装从人人会做，到只有专业裁缝会做，这也是时代发展的结果。事实上，政府的保护也是在高档的层面。也就是用纳税人的钱把传统服饰维持在一个少众和竭力不走样的层面，也就是把传统服饰间接地维持在高档次的层面。

中国的商品经济虽然发展比较早，但发展非常缓慢，因为它长期依附于农耕经济，所以传统的手工艺一直作为农业家庭副业而存在，用来补充农耕经济的不足，故在长期自给自足的小农经济状态下，苗族服饰的手工制作才得以代代传承。然而，到了现代，在市场经济的挤压下，会制作传统苗装的人数越来越少，且老龄化现象严重。为了适应商品经济的发展，许多会制作苗族服饰的手艺人开始大批量制作市场需求的现代苗装。与此同时，现代社会为年轻人提供了多种多样的职业选择机会和选择自由，年轻人也不愿意学习这繁杂的手工制作，市场提供给苗族人民更多的服饰选择，因此，才出现现在只有老年人才会做、只有老年人才喜欢穿的局面。在很多的调研中，大家都说市场上的衣服又便宜，又好穿，又好看，80%的人平日里更喜欢穿着市场上买的服装，而不选择穿着苗装。这也是传统苗装传承下去一个必须面对的现实。

工业文明取代农业文明，信息时代取代农耕时代，是历史发展的必然，融水苗族服饰文化生态环境的改变是不可避免的，因为文化生态的平衡就是一种动态的平衡，人类所有的社会生活的变化会使文化生态系统不断地更新，在每个新的历史阶段，文化生态系统不断调整自己的结构，建立新的平衡，所以没有必要也不可能保持系统最原初的稳定状态。

面对已经发生变化的文化生态，适合农耕文明的精工细作的传统苗族服饰发生变化是必然的，这是我们今天不得不接受的事实。然而当下的问题则是外来文化对融水苗族服饰文化的冲击太过猛烈和突然，融水苗族男装的消失和女装的制作简单化、机械化和粗糙化，显示出原本缓慢更新的系统迅速陷入失衡状态，使融水苗族服饰文化处于边缘化境地。因此，我们必须采取有效的措施使其文化生态系统恢复平衡，并寻找在新的环境下文化因子新的生存状态，使之得以传承并获得可持续性的发展。

注　释

1. （德）赖纳·特茨拉夫主编，吴志成、韦苏等译：《全球化压力下的世界文化》，南昌：江西人民出版社，2001年版，第12页。

2. 冯骥才编：《紧急呼救——民间文化拨打120》，上海：文汇出版社，2003年版，第31页。

3. 何增耀、叶兆杰、吴方正等编著：《农业环境科学概论》，上海：上海科技出版社，1990年版，第24页。

4. 李博主编：《生态学》，北京：高等教育出版社，2000年版，第206页。

5. 周鸿编：《人类生态学》，北京：高等教育出版社，2001年版，第113页。

6. 费孝通："中华民族的多元一体格局"，《北京大学学报》，1989年第4期，第1页。

7. 高建明：《论生态文化与文化生态》，《系统辩证学学报》，2005年7月，第83页。

8. 费孝通编：《费孝通论文化与文化自觉》，北京：群言出版社，2007年版，第334页。

9. （匈）阿诺德·豪泽尔著，居延安译编：《艺术社会学》，上海：学林出版社，1987年版，第206页。

10. 贵州省编辑组：《苗族社会历史调查》（一），贵阳：贵州民族出版社，1986年版，第122页。

第七章

广西融水苗族服饰文化的保护

　　苗族服饰在长期各种条件作用或影响下形成了自己比较突出的地域性以及相对封闭的自适性，而如今，文化背景发生了巨大的变化，世界经济一体化、科学技术标准化、媒体传播全球化，必然会对苗族服饰的生存与发展产生巨大的影响，何况苗族是一个处于弱势地位的少数民族，他们的文化，"在面临着正控制和统治着一个复杂社会的强势文化时是很难守住阵脚的，可能迟早要被侵蚀和同化"。[1]我们不可能阻止文化的发展或者蜕变，我们只能在新的文化背景之下积极努力地去寻找其生存与发展的途径，保持苗族服饰文化旺盛的生命力。

一、　广西融水苗族服饰文化保护的必要性

　　当今，现代工业的迅速发展，交通的拓展和延伸，网络的密集化，全球经济一体化的趋向，农村人口不断向城市迁徙和结集，旅游业发展的持续高涨，融水的苗族正以空前的速度和规模融入现代社会，苗族传统文化和现代文明既冲撞又交融，苗族传统服饰如何传承与发展，特别是苗族服饰非物质文化遗产的保护问题，是重者之重。

（一）维护民族文化生态平衡的需要

　　民族的概念是进入现代社会才出现的，封建社会及以前只是族群的概念。例如，在封建社会和奴隶社会，苗族就没有统一的理念。所以，将来总有一天民族的概念是会消失的。民族

意识消失了，并不意味着人类的构成单一化，如国家、行业、人种、家族等的概念就体现着不同的人群理念。其实，民族和家族的概念有许多地方是重合的。

"中国改革开放二十多年来的经济高速发展是以生态环境严重破坏为代价的，这一观点现已被社会所广泛接受。然而，中国社会高速发展的经济与社会一体化过程，也导致中国民族文化多样性的迅速丧失。民族文化多样性不仅是中国几千年历史形成的一笔巨大财富和资源，而且，也是整个人类的财富和资源。民族文化的多样性应被视为人类进步的象征。但是，中国民族文化的趋同化和多样性的丧失，却没有像生物多样性保护那样引起政府和社会的普遍重视。"[2]

民族文化多样性是民族文化生态平衡的前提，民族文化多样性的消失，会导致文化生态的严重失衡。文化的民族性和多样性是人类文明演进的自然结果，是人类文明进步的重要动力源泉。在人类历史上，各种文化都以自己的方式为人类文明进步作出了积极的贡献，存在差异才能使各种文化相互借鉴、共同提高，不同文化物种之间的对话与交融是文化繁荣、创新的基础。只有多样性的文化不断碰撞和对话，才能促使文化持续发展，才能不断地滋生出新的文化要素。文化生态会因为物种的单一化而使文化生态进入不平衡状态，这种状态只会导致人类文明失去动力、僵化衰落。

融水的苗族服饰文化中蕴含着深厚的民族文化、民族哲学、民族艺术的基因，就其民族文化生态系统来说，苗族服饰与苗族文学、苗族舞蹈、苗族风俗等共存共生，苗族服饰与剪纸、蜡染等共同构成了苗族艺术的基因库，因此，融水苗族服饰是一种独特的艺术形式，在民族艺术宝库中不能缺失它的生存空间。如果苗族服饰文化遭到破坏，失去的不仅是文化生态的平衡性，而且也会使融水苗族服饰失去相应的文化基因谱系。

（二）民族认同的需要

"认同"是指"个人与他人、群体或模仿人物在感情上、心理上趋同的过程"[3]，即社会群体成员在认知和感情上的同化过程，而民族认同则是"指一个民族成员相互之间包含着情感和态度的一种特殊认知，是将他人和自我认知为同一民族的成员的认识"。[4]费孝通先生认为，民族是一个具有共同生活方式的人们共同体，必须和"非我族类"的外人接触才会发生民族的认同，就是所谓民族意识，所以，一个民族有一个从自在到自觉的发展过程。[5]这种认同主要体现在其对族群边界的认同上，民族服饰不仅是一个族群最明显的边界象征之一，更是展现族群标志性的重要物品。

人类学认为，族群集体记忆的拾回与重组，是族群意识在不同的代际中得以不断地延续和加强的手段，可以起到更加巩固族群的认同的作用，而"集体记忆"总要依附于一定的媒介来保存、强化或重温。在融水的苗族社会中，服饰便成为重拾其族群认同的重要载体。苗族妇女通过自己制作的服装来强化其族群认同意识。其服装特有的图案纹样、色彩搭配和制作工艺都是通过苗族妇女一代又一代的言传身教才得以保存并传承至今。

融水的苗族传统服饰其民族认同最主要地体现在基本款型上。苗族服饰因其长期的历史的存在而形成独特的形态，经一定时间沉淀和固化为一种历史形态，这种形态便是它独特个性化的标志，是其民族文化认同的基石。款型的统一化强化了苗族人民的归属感、忠诚心和奉献精神。

这种民族的集体记忆是以它的生活经验和历史经历为基础的，在全球化对民族文化冲击时，使苗族服饰某些文化内容的趋同化，同时也带来了某些价值上的负面作用，譬如现代化的后果、工具理性等等。

节日作为一种群体的符号性行为方式，与民族认同心理、文化认同、文化象征等深层次的观念意识相联系，通过祭祀仪式、歌舞等活动进行族际识别，以达成现实中民族精神的凝聚。保护传承融水苗族服饰文化不仅是民族文化遗产的继承，更主要的是一种民族情感、民族精神的延续。

对服饰的认同，还包括对一个族群的审美心态、服饰观念等的认同。融水苗族的审美意识主要体现在服装的色彩上，苗族妇女认为蓝色是美丽的色彩，湖蓝是融水苗族服饰中最为常用而且普及的色彩，这种色彩与融水苗族生活的自然生态环境有着密切关系，也与他们喜爱蓝靛染色有关，同时也是融水苗族族群认同的共同色彩。在服饰的图案上，苗族寄托了自己对幸福、吉祥和美满生活的渴望，传达了人们最朴实的思想感情和审美情趣，反映了苗族特有的思维方式和价值观念，它是苗族文化个性和独特精神的重要表征，具有民族文化心理认同的作用。

当代一系列技术革命和制度变迁使民族文化和民族认同在未来的竞争中确实增加了脆弱性和易变性。网络、传媒的出现，已经使全球文化交流成为一体，致使当今的文化交流频繁和加剧，是过去任何一个时代都无法比拟，在这样的场域中，民族文化和民族认同的重要性会变得脆弱。"西化"作为全球化过程中侵蚀、吞并民族文化的表现形式，导致了世界各国各民族面临着民族文化身份、文化认同的逐渐趋向淡化，同时也给非西方不发达民族、国家带来了越来越浓的"文化乡愁"，加重了人们的文化传统失落感和追忆情绪。人们希望通过寻找本土文化的根源，展现本土文化的精髓，引发国民的民族身份认同。于是，东、西方各国的有识之士都纷纷起来保护文化的民族化、本土化。

联合国教科文组织于1972年开始关注民族民间文化保护，1972年通过《保护世界文化和自然遗产公约》时，一些会员国对保护非物质遗产的重要性表示关注。1973年玻利维亚建议为《世界版权公约》增加一项关于保护民俗问题的《议定书》。1989年大会通过了《保护民间创作建议案》，1996年《关于我们创造性的多样性》报告呼吁对手工艺、舞蹈、口头传统等遗产进行深入研究，正式承认这些遍布全球的非物质（即无形）遗产和财富。2001年首次宣布了19项人类口述和非物质遗产代表作。教科文组织会员国通过了《世界文化多样性宣言》和一项行动计划。2003年10月份通过了《保护非物质文化遗产公约》。11月，又宣布了28项人类口述和非物质遗产代表作。

我国也积极参与到保护人类文化遗产的活动当中。1997年5月国务院颁布《保护传统工艺美术条例》，2004年中国加入《保护非物质文化遗产公约》，2006年《保护非物质文化遗产公约》于4月20日生效。迄今为止，共有47个会员国批准了该《公约》。2006年5月20日，公布了首批国家级非物质文化遗产名录共518项，融水苗族系列坡会群被收入其中。

国际社会和我国采取以上措施，目的是通过对各国民族民间文化的保护以维护世界文化多样性，从而满足各族人民文化心理认同的需要。

（三）人们情感寄托的需要

当工业化、现代化带给人们极大的物质富足时，当科学技术为经济发展提供强大动力时，科学技术的负面影响同时给人们带来了种种问题，此时人们会希望传统手工艺的复兴，来满足人们情感寄托的需求。如19世纪下半叶的英国，当威廉·莫里斯为抵制机器产品的冷漠和粗糙而发起并领导了"工艺美术运动"时，希望通过复兴哥德式风格为中心的中世纪手工艺，让手工制品特有的人情味及带给人们的怀旧感满足当时人们情感慰藉的需要。

人类对精神世界和情感需求是多方面的，单一的文化是不利于人类生存发展的。当人们的生活水平越来越高时，科技越发达，人类对文化种类的多样性需求就越强烈，因此保护文化种类的多样性是人类心灵的需要，也是人类健康发展的需要。

我国有五十六个民族，每一个民族，都有自己独特的文化，苗族有二百多个支系，其服饰文化由于地域的差异而各有特色，融水县是贫困县。在这个地域中，苗族的生活节奏或许很缓慢，生活水平还很低下，但他们的文化可能包含有最适宜人类生存的因素。他们顺应自然，率真的性格，或许正好是现代人慢慢丢失的最宝贵的东西，而他们传统的质朴的服饰表达的文化内涵，满足了都市人情感的需求。也许在他们的服饰里可以缅怀汉族服饰的过去，在他们的服饰上寻找到真挚情感的流露。融水苗族服饰，它是苗族精神情感的重要载体，是民俗风情的结晶，是苗族人民代代相传的文化财富，它带给人们以一种特殊的人文关怀，不断给人的心灵以滋润和慰藉。

二、广西融水苗族服饰文化保护的有利条件

（一）各种节会赛事为苗族服饰文化保护提供了平台

乌丙安先生说："民俗传承的活动是人类社会与生俱来的活动，在大多数的人类自发的习俗惯制实践中。它是无意识的，是习以为常或习惯成自然的。"[6]

苗族服饰作为一种文化形态，具有物态形式、民俗活动和精神心态三个层次，民族服饰精神内涵、心理情感和审美意识等深层次的内容通过服饰的质料、款式、结构及其体现的形式美感在民俗活动中被认识。因此，苗族的民俗活动是苗族服饰文化的展示场所，同时也是苗族服饰文化的保护场所。

在融水县，系列坡会就是一种由民间个体自发为主的自娱自乐的娱乐形式，现经过非物质文化遗产保护后，逐渐走向有组织、有规范的民俗活动项目。原来仅仅作为农忙后的休闲娱乐功能，而如今在新的环境下，这个节会通过"文化搭台、经济唱戏"的渠道，不仅为融水带来了丰厚的经济效益，同时唤起社会对苗族文化的关注，而且它也的确促进了苗族文化本身的发展和繁荣。在坡会上，苗族妇女必然要穿着传统苗装，精心打扮后到会场上展示，即便是从外面打工回家的女孩，其母亲或外婆也会为之准备传统苗装。而每年县里举办的斗马节，杆洞乡三年一次举办大型芦笙百鸟衣节，苗妹选美等，则是地方政府以经济建设为工作中心，为发展经济而给苗族传统留下恢复的空间。虽然百姓与政府的目的不一定相同，老百姓的主要目的可能是追求自己的精神生活，而地方政府希望人们聚在一起成为市场，如斗马节可以兜售门票，增加地方经济收入。

这种以"节"的形式，挖掘民族民间文化的资源，促进当地的经济发展，确实是一项伟大的创举。"文化搭台、经济唱戏"，是在改革开放的形势下，地方为了发展市场经济和现代经济全球化，充分利用当地特色的传统文化、民族风情，利用

特有的自然景观和人文景观，举办各种文化活动。通过此项活动，吸引国内外投资者，进行经济文化交流，这是一条经济与文化相互依赖、相互促进的道路。体现了历史与现实、传统与现代的有机结合，为民族文化在现代和未来的发展提供了宽广的道路。

（二）国家及国际社会对非物质文化遗产保护的重视

由于非物质文化遗产面临损坏以至消亡的问题，1972年11月16日，联合国教科文组织在巴黎召开第17届会议，会议通过《保护世界文化和自然遗产公约》（*Convention Concerning the Protection of the World Culture and Natural Heritage*），并在1976年发起组织了世界遗产组织（**WHO**）[7]公约把对人类整体有特殊意义的文物古迹、风景名胜、自然风光和文化及自然景观列入世界遗产公约。

之后，联合国教科文组织连续通过了一系列文件。1989年11月，联合国教科文组织在第25届巴黎大会上通过《关于保护民间传统文化与民间创作的建议案》，对民间创作的定义为"民间创作（或民间传统文化）是指来自某一文化社区的全部创作，这些创作以传统为依据由某一群体或一些个体所表达并被认为是符合社区期望的，作为其文化和社会特征的表达方式、准则和价值，它通过模仿或其他方式口头相传。它的形式包括：语言、文字、音乐、舞蹈、游戏、神话、礼仪、习惯、手工艺、建筑艺术及其他艺术"。[8]

1997年11月，联合国教科文组织第29届全体会议通过《宣布人类口头和非物质遗产代表作申报书编写指南》（*Proclamation of Masterpieces of the Oral andIntangible Heritage of Huminaty*），该《指南》界定了"人类口头和非物质遗产"的含义。

2001年联合国教科文组织第31届会议在巴黎总部通过了《世界文化多样性宣言》，该宣言指出："文化多样性对人类来讲，就像生物多样性对维持生物平衡那样必不可少，从这个意义上说，文化多样性是人类的共同遗产，应该从当代人和子孙后代的利益予以承认和肯定。"[9]其基本精神为世界范围内的非物质文化遗产的保护奠定了良好的基础。

2003年10月17日，联合国教科文组织第32届大会通过《保护非物质文化遗产公约》（*Convention for the Safeguarding of the Intangible Cultural Heritage*）。"非物质文化遗产"的名称和概念在国际标准法律文件中被正式确定下来。

我国于2004年8月，正式加入联合国教科文组织《保护非物质文化遗产公约》。2005年中国国务院下发的《国务院关于加强文化遗产保护的通知》（国发〔2005〕42号），将"非物

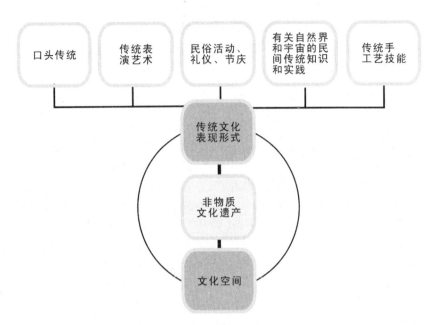

图7-1　非物质文化遗产结构图

质文化遗产"定义为："指各种以非物质形态存在的与群众生活密切相关、世代相传的传统文化表现形式，包括口头传统、传统表演艺术、风俗活动和礼仪与节庆、有关自然界和宇宙的民间传统知识和实践、传统手工艺技能等以及上述传统文化表现形式的相关文化空间。"（图7-1）

2006年国务院公布了首批国家级非物质文化遗产名录，使我国对非物质文化遗产的保护更加规范和主动。

广西壮族自治区人民政府于2005年下发《广西壮族自治区人民政府关于加强我区非物质文化遗产保护工作的意见》（桂政发〔2005〕47号），2005年4月1日广西壮族自治区第十届人民代表大会常务委员会第十三次会议通过《广西壮族自治区民族民间传统文化保护条例》，为保护广西非物质文化遗产采取了主动积极的行动。

2009年，由文化部和国家发改委等14个非物质文化遗产保护工作部际联席会议成员单位及北京市人民政府共同主办，由中国艺术研究院·中国非物质文化遗产保护中心及北京市文化局承办的"中国非物质文化遗产传统技艺大展系列活动"，于2月8日至2月23日在北京农展馆举办。[10]同时针对中国传统技艺发展存在过度开发和保护理念僵化的问题，提出"非物质文化遗产生产性方式保护"措施，围绕如何把文化优势变为产业优势、市场优势进行探讨。

由此可见，国家及国际社会对非物质文化遗产保护的重视。

三、广西融水苗族服饰文化保护的原则

根据联合国教科文组织保护非物质文化遗产公约的约定，对非物质文化遗产的"保护"是"指采取措施，确保非物质文化遗产的生命力，包括这种遗产各个方面的确认、立档、研究、保存、保护、宣传、弘扬、承传（主要通过正规和非正规教育）和振兴"。[11] 因此，保护的概念首先是注重保护对象是有生命的，我们不能把它当成死的标本来进行保护，因此，活态保护就是首要的原则。其次，苗族服饰文化是苗族人创造的文化，服饰的制作首先是苗族人的制作，服饰文化的传承首先也要靠苗族人来传承，因此，保护苗族服饰文化一定要以人为本，保护传承人是最为紧迫的。最后，苗族服饰文化不是独立存在的，它是生活在中国文化生态系统中的一个支脉，同时它的自身文化生态系统的各个要素也是环环相扣的，因此，保护是一种文化生态整体的保护。因此融水苗族服饰文化保护应遵循以下原则：

（一）活态保护原则

文化生态系统是处于动态发展过程中的，虽然从历史的发展角度观察，融水的苗族服饰文化其发展过程比较保守而稳定，但也并非一成不变。只要社会发展，人们的生活发生改变，这个系统就会发生变化，特别是改革开放之后，中国整个文化生态系统发生了巨变，苗族服饰的生态系统随之不断改变。融水苗族服饰中有很多传统手工艺，这是一种活态的非物质文化遗产，这种活态的文化只有在相对紧密、系统而完整的文化空间里，才能得到有效保护和活力传承，因此我们不能像对待古董和收藏文物那样存入博物馆加以保护，这样会切断了它参与生态进化的过程，剥夺了它发展创新的机会，最后只能沦为僵死的标本。因此，只有把融水的苗族服饰放到苗族生活的地方，组织专家小组，亲临当地调研，优化苗族服饰的传统手工艺，让苗族人民更加喜欢穿用它，这才是对它最好的保护。

（二）人本原则

民间艺术的生命力在民间，民间艺术的真正保护者是民众自己。如果绚烂的民族服饰没有传承人，那么传承的生命力就会枯竭。在保护苗族服饰文化中，突出保护服饰制作"传承人"的重要。传承人在其文化活动和文化形态构成上处于核心地位，起着重要作用，只有传承人才真正把握服饰文化的"非物质"属性及其特点。保护好传承人，才能认识和探讨对服饰文化的保护和开发，因此我们在保护融水苗族服饰文化生态的时候必须要坚持"以人为本"。随着农民工进城打工的大潮，女孩子越来越多地嫁到城里安家落户，传统苗族服饰制作传承人越来越少，培养新一代的传承人是保护苗族服饰文化的当务之急。

（三）文化生态整体保护原则

融水的苗族服饰是生活在我国特有的文化生态环境中的，而其自身的组成要素包括民族民间生活、民族民间艺人、民众和文化交流活动，这些要素之间环环相扣、互相影响，共同构成了融水苗族服饰的文化生态环境。

国家的政治、经济、文化生活的繁荣决定了融水县苗族生活的繁荣，融水县苗族生活的繁荣为苗族手工艺者提供了丰富的创作素材，这些创作同时丰富了苗族的民间生活，为文化的交流提供了良好的条件。

苗族的民间艺人为民众提供了消费的产品，如杆洞屯很多妇女都喜欢购买村里剪花最好的人的版样，而他们的生产积极性受经济效益和民族情结的影响。国内外市场的需求和苗族服饰生产的规模化直接影响是苗族服饰的经济效益。民族情结在这里是指对苗族服饰的情感归属，即对苗族服饰发自内心的喜爱。这种民族情结的培养可以通过教育手段培养小孩子对苗族服饰的兴趣，如从小培养儿童进行苗族传统的刺绣。

民众的消费也影响着苗族民间艺人的创作倾向。消费者可以分为国内、国际消费者，苗族服饰自身的适应程度高，以及消费者休闲时间的增多，可以增强苗族服饰的消费力度。苗族服饰的自身适应程度包括苗族服饰的价格是否合理，苗族服饰的创新设计是否与现代生活理念相吻合，以及苗族服饰功能特性是否完善等等。国内消费者对苗族服饰的消费还受苗族服饰传统文化是否兴盛的影响。要振兴苗族服饰传统文化，就要加强本民族的教育，从娃娃抓起，让服饰文化得以传承。国际消费者对苗族服饰的消费还取决于他们对苗族服饰文化的喜爱程度，喜爱程度与苗族服饰特性的保留程度相关，服饰的传统手工艺程度高，受欢迎程度大。政府搭建的相应平台能进一步扩大与巩固国内外市场的需求。

苗族民间艺人和民众都会有文化的交流活动。如在坡会上，大家会精心打扮自己，获得别人的赞许和注目的眼光，坡会成了苗族服饰流行趋势的发布会，这种交流活动会引导服饰的发展和民族的审美。服饰文化的交流活动是在国家、团体、个人都处于开放状态的条件下进行的，这样才能顺利地多层次、全方位地交流，源源不断地为民间生活输入新鲜的血液。（如图7-2）

要做好融水苗族服饰文化的保护，就必须保护好它的文化生态，顺应时代的需要，在继承传统的基础上，不断地创新，以充实它的内涵，使传统的苗族服饰文化与现代新观念结合，使深厚的历史底蕴散发出浓厚的时代气息。让服饰文化系统不断接纳新的文化元素，推动系统整体的更新。

四、广西融水苗族服饰文化保护的思路

笔者所谈的文化生态保护，就是想通过一些方法让原生态的服饰在现代文化生态中继续生存下来，或者可以说这种保护是一种保守的行为，希望保持自然生态的完整，人们继续种植蓝靛，让亮布继续生存下去；希望能保护融水苗族节日歌舞升平，即便是在生活方式变迁后人们还喜欢继续穿戴传统服饰；希望苗族的社会仍然如此和谐，不受外界恶俗的污染，人们继续保持一颗淳朴的心，让艺术创作更加动人；希望这种民族艺术能有更多的人支持和欣赏，能有更多的人传承。

（一）保护的根据

根据图7-2所示，在苗族服饰文化生态要素中，生产、消

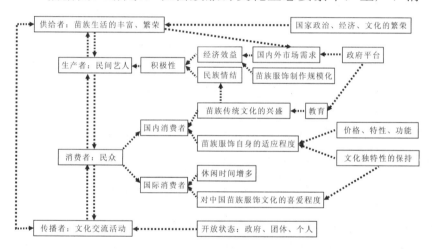

图7-2　文化生态环境相关因素关系结构图

费、传播、交流环环相扣，要实现苗族服饰文化的保护，从根本上来说就是要更好地调动生产者的积极性，扩大苗族服饰的消费、使用群体，通过文化的交流获得文化更新的动力，从而使苗族服饰文化能够持续发展。

（二）保护的方式

1. 让苗族服饰更为广泛地使用，使融水的服饰文化能够持续发展

（1）扩大苗族服饰的使用群体和场所

在融水县，苗族服饰的使用者多半为村寨妇女或民族民间表演团体，除少数老年人习惯平时穿用，其他人群穿着时间大多是过节、婚庆等活动，服饰使用率较低。其原因在于传统的

苗族服饰制作的手工制作费时费力，成本高，不适合大规模的商品生产，市场也就不可能扩大，即使是市场有需求也难以满足。笔者认为，在商品化社会，如果完全把苗族服饰视为商品来重新设计，改善服装的服用性能，更人性化和规范化，可以推广到融水县的各行各业。如高端化产品，可以作为融水县政府的赠送礼品，被予以融水苗族自治县的民族象征之物，同时高端产品可以提供给县政府部门的高端人士，如人大代表、县长等，以高级定制的形式运作。中档产品，可以设计为县级各单位的制服，在县里各重大场合，要求集体穿着，这样可增强融水苗族自治县的民族认同感和民族自信心。如果在各行各业人士中推广，则融水苗族服饰的生命力更强。

在参与广西壮族自治区教育厅课题"苗族服饰元素与现代设计应用"中，笔者以融水苗族服饰的再设计为实施项目。

服饰定位：政府部门的女装礼服。

档次：中端产品。（价位1000元）

主体纹样选择典型化、标识化。在选择有代表特征的服饰元素时，笔者从其刺绣和织锦纹样入手，其特征元素之一为螃蟹花，此纹样为融水地域苗族特色纹样，此纹样有花的造型，螃蟹的眼睛和八只脚的造型，笔者采用此纹样与蝴蝶纹结合成服饰图案中的主体纹样之一，图案的摆放位置与百鸟衣刺绣装饰位置一致。特征元素之二，则为织锦中的菱格纹，将其打散、重构，与渐变条形纹结合，作为服装中主体纹样之二，装饰衣摆和袖口。（如图7-3）

工艺定位简单化、时尚化。从融水苗族服饰的未来发展趋势分析，刺绣迟早是会被机绣所代替的，这是不可阻挡的趋势，或者三十年，或者五十年。因此，笔者进行设计时主要以印染为主。在印染的基础上，再进行手工钉珠装饰，这更适合于批量生产，同时，为喜欢手工艺装饰的爱好者提供DIY的基础。纯粹的手工刺绣会吸引收藏爱好者，而在未来的融水县苗族人，他们

图7-3融水苗族服饰再设计的纹样提取

不会有很多的时间放在服装的刺绣上，应该更接受工艺简洁的服装，服饰的功能性加强，使用率更高。

面料定位高端化。从融水苗族服饰的历史上看，苎麻、棉是被使用最广泛的，这是服装日常劳作使用所需要的，融水苗族服饰未来舞台化、礼服化的发展趋势，必然使服装的面料发生巨大改变。作为礼服的定位，笔者认为缎面真丝更显服装的档次。在服饰面料的选择上，融水县文体局的领导也指定了真丝的面料。苗族历史上没有出现过桑蚕文化，但不代表不喜欢真丝面料。平民着布衣、富人衣锦缎这是自古以来的服饰原则，在苗族地区真丝面料的采用非常稀少，如笔者在榕江的百鸟衣中就找到一种让蚕吐了很厚的一层丝以后，再在上面进行刺绣的服装，穿着这样服饰的人的地位和使用的场合都是非常重要的，也就是苗族族群中的高端人士，因此，为苗族人提升服装的档次，采用真

图7-4 融水苗族服饰设计后与设计前比较

丝是可行的，也是有据可依的。穿着真丝面料的服装可提升穿着者的自信，这有利于提高融水苗族整体民众的自信心。

款式、色彩定位经典化。融水苗族服装女装款型在近百年时间内改变甚少，哪怕是在社会变革时期也保持款式的恒定，因此，笔者在设计中采用的仍然是原来的款式，这是符合其发展趋势的。在服饰的设计上体现出苗族文化的"根"性，因为款型是其族群服饰文化的外在特色，也是其民族的历史文化特色，服饰的发展万变不离其宗，这种根性是不能随意改变的，保留其"根"性也是满足其民族认同的需要的。（如图7-4）

色彩定位保持融水苗族服饰的主色调，色彩更趋于灰雅，强调色价高。融水的苗族服饰因为化纤织物的介入，出现很多俗艳色彩的绣品，这使服饰的品位和档次降低。笔者通过高品位色彩的重构服饰图案，让服饰既符合苗族尚"五色"衣的习俗，同时又彰显服饰的优雅和品质。融水县苗族服装采用与他们原来亮布同色的真丝面料是可取的。融水县的苗族属于"黑苗"的一种，服装的整体色彩偏暗是符合他们长期以来的审美的，因此，在色彩上保持原来的色调是可行的，缎面真丝会发出柔和的光泽，这也符合苗族对布料外观的需求。在服装上采用了他们非常熟悉的民族图案——螃蟹花，作为图案的重点，与他们织锦中的菱格纹结合。这两种纹样都是融水县最具特色的纹样，都是苗族人最喜欢的纹饰，因此纹样在保留特征后进行重构，既能让苗族人喜欢，又能达到一定的设计效果。

（2）传统苗族制作工艺品与旅游结合，直接增加当地群众的经济收入

如果苗族服饰不能够带来充分的经济效益，就难以吸引更多的人加入苗族服饰制作队伍，这使技艺的传承产生困难。笔者在融水县的大多数苗寨调研时，发现的都是如此的情形。即便是在旅游度假村雨卜，苗寨和侗寨都没有人继续从事亮布的制作。当然，这也与旅游市场的导向有关，融水县的旅游导向在于民族歌舞的表演，坡会也是一个表演的场地，因此，服饰未受到很好的重视，这与笔者在贵州省从江县小黄村感受到的完全不一样。小黄村是侗寨，侗族大歌是它出名的亮点，政府部门不但重视对侗族大歌的传承，一两岁的小孩会说话会唱歌就开始教，而且在服饰的传承上也颇下工夫，农历的八月，走进小黄村，阵阵敲打侗布的声音不断传来，家家都种棉花，纺纱织布，染布，布料5元至15元一尺，从传统的民族手工艺出发，原生态的旅游纪念品，比从义乌进货更有特色。笔者认为小黄村是一个优秀的非物质文化保护的案例，既调动了民族服饰生产者的生产积极性，又做到了文化的传承，而且产生了

不可估量的经济效益。笔者认为融水县政府要高度重视服饰文化，如果抓起来，通过歌舞的表演，带出服饰文化的消费，应该比坡会招揽游客创造的经济效益更好。所有的到旅游区旅游的人都希望能带回体现旅游区特色的旅游纪念品，因此，可以在把苗族服饰当成旅游纪念品来设计，从高端到低端开发出不同档次的商品提供给市场。当然，在旅游纪念品开发的同时要注意不能完全抛弃传统的工艺形式，成为商品化的牺牲品。

以杆洞屯苗族服饰的调研为案例，笔者调研的80.9%村民喜欢苗族传统服饰，仅有8.7%经常穿，74.1%的人认为服饰应该传承下去，但他们中的12.9%认为制作费时，14.3%的人认为服装沉重闷热、难洗，绝大部分人认为活动不方便，这些数据表明苗族服装的确受民众喜欢，但苗族传统服装存在着生存力低的致命弱点，这个弱点反而是传统苗族服装的特色。因此杆洞人既希望它继续传承下去，而自己又不想去做复杂的纯手工传统苗装，由于穿上后活动不方便，穿着次数少。亮布对大多数人没有足够的吸引力，大多数制作人喜欢用现代材料制作苗装，穿着它出席苗族传统节日，而不是出于对服饰制作技艺本身的热爱。其实在各种媒体的报道中，杆洞乡被称为百鸟衣之乡，笔者认为，这样的名气应该把旅游的重点落在服饰上。

其一，定位杆洞百鸟衣之乡，把百鸟衣作为杆洞乡的文化符号，体现出杆洞乡独特文化基因和文化个性，成为当地居民文化生态系统中重要的环境因素。其二，通过教育手段，传播苗族服饰制作技艺，扩大服饰文化的群众基础。以杆洞村为例，它有明朝的百鸟衣，可以作为技艺传承的主要效仿实物，可以将它开发为市场化的服饰，如满足歌舞表演，也可作为高端产品，制作技艺高度效仿，作为礼品赠送与工艺品收藏，也可作为融水苗族自治县政府部门穿用的统一民族服饰，也可设计为杆洞村旅游开发服务接待人士服装等等。如果将市场扩大，那么自然而然地就会刺激杆洞村的民众自觉地搬出当年的纺纱织布机，架起染缸，从事这些繁琐的手工艺。

随着人们生活水平的提高，传统手工艺以其特有的人情味令人刮目相看，传统手工艺品的收藏逐渐成为人们日常消费的重要组成部分。笔者认为杆洞乡的人们不愿意从事传统的苗族服饰制作，其主要是因为不喜欢穿着亮布制作的苗族服饰。现在只有60岁以上的老年人才喜欢亮布的服装。因此我们需要通过有意识的教育，培养大家喜欢传统亮布苗装，传播亮布制作技艺，扩大苗族服饰文化的群众基础才是保护传承的根本之道。

2. 政府部门与民间团体、文化研究机构合作共同保护

从笔者通过调查了解到的情况看，目前苗族服饰的保护传

承基本可以归类为两种模式：一是政府优势型，最典型的代表是2009凤凰苗族银饰节。在这个节上，政府邀请了贵州、广西等地的苗族的艺人，当场制作苗族银饰，这种方式让很多旅游者慕名而来，在短时间内就产生了良好的经济效益，但在商业活动中文化本身的价值和对一个社会的意义，并不在于它作为旅游吸引物而具有的外在价值，也不是来自它的创收潜力，而是在于节日之后如何保持文化本身的良性传承和发展。二是民间自发型，比如在杆洞村笔者找到的明朝时的百鸟衣，就是属于民众自己传承下来的服饰，但由于没有经费的支持和保管不善或当地环境的原因如潮湿多雨等，民众缺乏保护观念和保护知识，服饰已有几百年的历史，腐烂难以避免，包括笔者找到另一家百年的百鸟衣，现在已经生虫，因此，希望政府采取更强有力的政策和资金支持。

可见，政府优势型和民间自发型的对苗族服饰的保护传承方式都是有缺陷的，只有通过政府部门、民间组织和文化研究机构的共同努力才能为苗族服饰文化保护提供切实的管理基础。

首先，政府在服饰文化保护传承中起主导作用。融水苗族服饰的非物质文化遗产的生存空间多在于民间，然而民间的自我保护能力是十分有限的，如果它赖以生存的文化生态环境改变，服饰很有可能消失或改变。在乡下碰到的事情常常是几百年的苗族服饰被贵州凯里的服饰倒卖贩子收购。当然，服饰倒卖贩子如能将其倒到收藏家的手中，恐怕客观上也起了保护的作用，总比烂在农民家中要好得多。农民自身对服饰保护的意识薄弱，如果住的木屋出现大面积烧毁，服饰也随之带走，故单靠其自身的能力是很难做好保护工作的。何况面对现代化的冲击，年轻人外出打工，思维与都市人的融合，苗族服饰所承载的精神内涵淡出人们的视野，这也是保护工作实施的困难之处。

我们希望在新的文化生态环境下，苗族服饰既能保留住传统的民族特色，又能适应现代化的社会变迁，并在新的历史进程中重新焕发出生命力，而这仅靠个人和民间组织的力量是很难实现的，必须依靠政府的主导作用。《保护非物质文化遗产公约》，确定"政府主导、社会参与、明确职责、形成合力、长远规划、分步实施、点面结合、讲求实效"[12]的工作原则，并对濒危文化遗产提供资金支持。融水县政府可以通过县文体局和博物馆对本区域苗族非文化遗产进行全面的普查和梳理，（县文体局在2006年申报自治区非物质文化遗产时做过亮布、苗锦、苗绣的申报材料，但申报受挫，之后融水苗族服饰"申遗"工作不了了之），掌握本地文化遗产的保护和发展状况，探寻一整套适合本地遗产保护和传承的科学理论和方法，作为政府制定苗族文化保护政策的依据。凡是成为品牌的广为人知的非物质文化遗产，都是当地政府努力打造出来的。事实证明，小黄村侗布的崛起即是一个成功案例。

其次，苗族服饰文化保护传承的基础在民间，收藏家也在民间，苗族以外的人参与保护也在民间。苗族服饰文化不仅仅是苗族人民的财富，更是全人类的财富，全人类都有责任和权利保护并传承苗族服饰文化这一人类非物质文化遗产。非政府的民间组织应该是保护传承苗族服饰文化的主体。融水县的系列坡会都是各乡镇芦笙队组织的，故苗族服饰文化的保护与当地芦笙队有很大的关联。在笔者的调研中，芦笙队的队员都很少穿着苗族服饰，这需要引起重视，如果政府有一定力量干预，要求坡会上所有参加者都穿着传统苗族服饰，那么坡会的意义就更为重大了。

最后，文化研究机构如广西民族研究所、广西工艺美术研究所、高校等可以对文化遗产保护和发展起到推动作用。融水县为打造融水的旅游品牌，于2009年以100万元的资金邀广西漓江画派及全国各地国画名家到元宝山写生，并且在北京举办这次写生的画展，这确实对融水的自然资源起到了一个很好的广告宣传效应。而融水苗族服饰文化遗产的保护传承更加需要专家、学者的介入，学者的学术研究成果就能打造融水的苗族服饰品牌。在这方面，贵州则是我们学习的榜样，其苗族服饰的学术成果丰厚对于苗族服饰成为旅游开发的重点起到推动作用。

文化研究机构能在一定程度上保证文化遗产保护传承的正确方向。学者往往是从文化遗产本身出发，可以较为真实地反映遗产保护的现状，能够为政府提供遗产保护的科学性、人文性的理论支持，为民间组织提出遗产保护传承的建议，同时对双方起到监督作用，通过理论研究凭借科学的研究成果向社会传播遗产保护的理念。可见，政府、民间加强与高校和研究机构的密切合作是十分必要的。

3. 生态博物馆保护苗族服饰的文化生态比传统博物馆有更大的优势

博物馆在苗族服饰文化的保护、传承、传播中是不可或缺的。传统意义上的博物馆是收藏自然、社会和文化的藏品，并保管、记录、研究和展示它们。传统的博物馆的缺陷就是文物和它们的原始环境失去了"关联"。甚至有些表达的意义被曲解。鉴于此，博物馆采用的方法是利用数字化设备，人造模仿自然和社会的场景，配合影像向观众展示。

苗族服饰的博物馆化保护基本上都是通过综合的民族服饰、民俗文化或民间工艺博物馆来实现的，如民族文化宫博物馆、湘西的中国苗族博物馆、广西民族博物馆、西江苗族博物馆、北京服装学院的民族服饰博物馆、中央民族大学民族服饰博物馆等。博物馆中会有对应的区域展示，苗族服饰与民俗和其他的民间工艺共生共存、相互促进、共同发展的，故把民族信仰、民俗文化、民间手工艺品集中到一起，形成苗族服饰发展繁荣的生态场，这更有利于苗族服饰的全面保护发展，所以，综合性的博物馆更加符合文化生态学的整体性、多样性保护、发展的原则。

另一种保护方式就是生态博物馆保护。非物质文化遗产的保护要求文化遗产应原状地保存和保护在其所属的社区及环境之中，故生态博物馆不仅仅只是物的保护，而且还包括人的保护，因为在环境中，人的行为和思想直接影响到非物质文化遗产的生存问题。生态博物馆是一个大的范畴，它包括自然景观和人文资源，不仅仅是固定的建筑物，还是一个开放的文化机构，是现代社会留给民间文化的一个宽敞的空间，保存着当地的有形文化和无形文化。苗族服饰之于生态博物馆中，应该作为一个信息库，记录和储存本地域特定的苗族文化信息。并且，苗族服饰的文化生态的活态保护要求苗族服饰的展示方式和保护方式更加灵活多变，如邀请民间艺人的现场表演、游客参与制作、民间工艺品的现场出售等等。苗族应当采取开放的态度，允许直至鼓励非苗族人参与到苗族服饰生态博物馆的保护中来。

不同地域的苗族服饰文化特点都可以在服饰的款型、工艺、色彩、图案、装饰等方面表现出来，服饰是民族信仰、民族情感、民族审美、民族哲学和思维方式的折射，生态博物馆保护整个民族文化生态，比传统博物馆有更大的优势。生态博物馆在20世纪70年代诞生于法国，到目前为止，全球已先后建成了三百多座生态博物馆，从1997年到2004年，我国和挪威王国合作，在贵州六枝梭嘎、黎平堂安、锦屏隆里、花溪镇山四

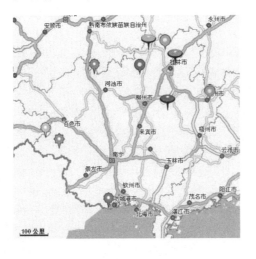

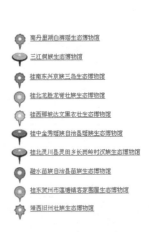

图7-5 广西十个生态博物馆

个古老的民族村寨建立了生态博物馆。至2004年止，中国已经建成的七座生态博物馆，至2010年，广西即将完成十座生态博物馆。（如图7-5）2009年11月26日，融水苗族生态博物馆开馆，是继广西南丹里湖白裤瑶生态博物馆和三江侗族生态博物馆、靖西旧州壮族生态博物馆之后的生态博物馆。生态博物馆是一种社区化管理，保护着本社区内有形和无形的文化。融水县苗族自治县苗族生态博物馆，地点在融水县安太乡的小桑、元宝、培秀等村寨，处于元宝山——贝江景区内，保护的面积10平方公里，集山、林、水、寨为一体。生态博物馆建立保护了当地苗族传统的生产、生活方式，民族文化和自然环境，同时也为研究和展示苗族文化提供了重要的场所。

只有在相对偏远的环境中，少数民族文化受全球化与现代化的冲击与影响较少并且发展变化速度较慢，才更有可能保存着古老原始的民族文化，而这样的地域经济建设相对落后，人民生活水平低下，在这种环境下的民族文化相对来说也是较为脆弱的，在这样的条件与背景下建设民族生态博物馆，既有优势，同时又存在很多的不足，如何保护与传承民族文化，同时又促进当地经济、社会的协调发展，确实需要把握好正确的尺度。

4. 构建传统苗族服饰手工艺的培养体系

苗族服饰传承中，最为重要的就是苗族服饰技艺面临后继无人的问题。而我国现行的教育体制中未能涵盖传统文化及传统手工艺教学。在融水县，只有融水县职业中学才有苗族服饰手工艺课程，笔者在乡下的调研中，虽然贯彻了"乡土文化进校园"、"民族民间文化保护内容进教材进课堂"的思想，特别是小学的美术课程，虽然教材中有一些关于刺绣的课程，但因为没有专门的美术教师，美术课程在学校里不受重视，故在小学、初中很难普及苗族服饰手工艺的教学。故笔者认为，建立从小学到高校的传统手工艺培养体系对苗族服饰的培养后备传承人是至关重要的。具体地说，其一，可以在融水县各中小学设立传统手工艺课，使苗族服饰走进课堂，体现素质教育的特点。其二，在民族地区中小学也开设民族文化的课程，让民族地区的人们从小受教育，增强苗族人们的文化自觉。文化的保护主要还是要靠民众，民众的保护意识培养要从小抓起。在民族地区，经济较为落后，很多人无法进入大学，故对其民族文化教育的课程要开设在中小学，让民族地区的人们增强自信心、文化自豪感和复兴民族事业的使命感，使全社会形成自觉保护民族服饰的意识。其三，在广西各艺术院校中可以开设专门的传统工艺美术类专业，聘请著名的苗族服饰手艺人走入学校课堂，为社会培养能够传承传统手工艺的较高层次的后备人才。在这方面，笔者走访过清华大学美术学院金属工艺系的唐旭祥老师，谈到他们的教学时，清华大学美术学院是每个学期聘请贵州施洞的著名苗族银饰手工艺人到校来给学生示范授课，笔者非常认同这样的教学方法，既为苗族地区手工艺的传承输入了激励机制，同时也为民族传统手工艺与现代设计的结合创造了有利条件。苗族人进入汉族生活圈已是不可避免的趋势，所以，苗族人应当允许非苗族人进入苗族的生活圈，而不能再保持对外封闭的传统。这样，哪怕全中国人中有百万分之一的人愿意学习苗族传统手工艺，也还会形成一个不小的群体。

5. 提高苗族服饰手工艺人传承服饰制作技艺的积极性

苗族服饰手工艺人是文化传承发展中极为重要的一个因素，其传承技艺的积极性对苗族服饰的保护传承至关重要。苗族服饰手工艺人对自己文化的态度和立场，直接影响到文化能否传承和发展。在我国市场经济的浪潮冲击下，民族文化变得日趋商品化，对于民族传统中的各种技能和知识，如果不能立即地获得经济收益，就面临着后继无人的窘境。故激励苗族服饰手工艺人传承苗族服饰是极为重要的。

日本是世界上最早关注民族传统技艺保护的国家，在1950年就制定了《文化财保护法》，这是建立了在全国范围内不定期地选拔认定重要无形文化财技能保有者的制度，即所谓的"人间国宝"制度。半个多世纪以来，已诞生了360位"人间国宝"。日本文化厅对这些"人间国宝"支付特别扶助金，金额高达200万日元（约14万人民币），以鼓励他们不断提高技艺和悉心培养后继传承者。[13]韩国在1962年颁布了《韩国文化财保护法》，半个世纪以来，韩国已经陆续公布了一百多项非物质文化遗产，并将它分为不同等级，由国家、省、市及所在地区分别筹资资助。此外，韩国政府还制定了金字塔式的文化传承人制度，他们是全国具有传统文化技能、民间文化艺能或者是掌握传统工艺制作、加工的最杰出的文化遗产传承人，共有199名，国家给予他们用于公演、展示会等各种活动以及用于研究和扩展技能、艺能的全部经费，同时政府还提供每人每月100万韩元的生活补助并提供一系列医疗保障制度，以保证他们衣食无忧。[14]我国也有类似的保护政策，北京为拯救濒临失传的民族技艺，在2002年颁布了《传统工艺美术保护办法》。北京市政府每年拨款保护资金300万元人民币。对于不同等级的民间手工艺人，可享受不同级别的津贴。

现如今，广西很多地区也选拔一些民族服饰制作手工艺人，被各级政府机构评为民间优秀杰出传承人，但这仅仅只是精神鼓励，没有物质奖励。笔者在桂北少数民族区域调研时，发现融水县苗族没有在民族服饰上选拔优秀的传承人，传承人完全可以是非苗族人，但苗族的传统观念要随之改变才行。三江同乐侗族有传承人，当问及有无经济补贴时，都说没有，只是挂牌而已。故笔者认为，相应的经费应该下达到传承人身上，这样才能起到激励的效果。

6. 通过立法，保护民族服饰文化

在当前，面临着社会全面现代化进程的冲击和改革的要求，苗族的传统服饰文化面临断层和失传。服饰作为苗族文化遗产的重要组成部分，亟待得到抢救发掘和有效保护。一方面，由于服饰的不断弃旧迎新的特性，以及服饰本身的保存困难，民族服饰持有者没有认识到其重要性等多方面原因，服饰文物近年来流失损毁速度相当惊人；另一方面，由于有关方面目前对民族服饰重视力度不够，研究条件较差，资金缺口较大，相关法律政策尚未出台，大量服饰文物精品被国外人士搜集并带出国外，这是我国民族文化艺术宝库的巨大损失。

针对这一情况，要通过立法，用法律来保护和抢救少数民族服饰资源，以免某些富有特色的民族服饰文化消失。

总之，融水苗族服饰文化的保护必须依靠政府的主导职能，发挥当地苗族民众的自觉性、积极性和主动性功能，激发和引导社会各界人士的广泛参与，形成政府为主、社会参与的多元保护机制，苗族服饰文化生态的保护工作才会健康、持续、稳定、规范的发展。

注　释

1. （美）圣·胡安著，肖文燕编译：《全球化时代的多元文化主义症结》，载《全球化与后现代性》，桂林：广西师范大学出版社，2003年版，第248页。
2. 滕星著：《族群、文化与教育》，北京：民族出版社，2002年版，第349页。
3. 陈国验主编：《简明文化人类学词典》，杭州：浙江人民出版社，1990年版，第68页。
4. 王建民：《民族认同浅议》，《中央民族学院学报》，1991年第2期，第56页。
5. 宋蜀华、陈克进主编：《中国民族概论》，北京：中央民族大学出版社，2001年版，第329页。
6. 乌丙安著：《民俗学原理》，沈阳：辽宁教育出版社，2001年版，第325页。
7. 吴必虎、李咪咪、黄国平：《中国世界遗产地与旅游需求关系》，《地理研究》2002年，第21卷第5期，第617页。
8. 王文章主编：《非物质文化遗产概论》，北京：文化艺术出版社，2006年版，第42—43页。

9. 联合国教科文组织官方网站 http://www.unesco.org/

10. 风声:《别让"技艺"成为"记忆"——"中国非物质文化遗产传统技艺大展系列活动"在京举办》,《美术观察》, 2009 年第 3 期, 第 24 页。

11. 贾银忠主编:《中国少数民族非物质文化遗产教程》, 北京:民族出版社, 2008 年版, 第 77 页。

12. 中国民族民间文化保护工程国家中心编:《中国民族民间文化保护工程普查工作手册》, 北京:文化艺术出版社, 2005 年版, 第 171 页。

13. 林和生:《日本对非物质文化遗产保护的启示》, 陶立璠、樱井龙彦著《非物质文化遗产学论集》, 北京:学苑出版社, 2006 年版, 第 340 页。

14. 青峥:《国外保护非物质文化遗产的现状》,《观察与思考》, 2007 年版, 第 33 页。

第八章

广西融水苗族服饰文化的开发利用

对融水苗族服饰文化进行开发利用，也是保护其文化生态平衡的一种手段。苗族服饰在开发的过程中不断地被人们代代相传，不断地得到外界关注，被人想念，被人收藏，就能不断地发挥它的存在价值，拓展它的生存空间。从这方面来说，服饰就有了生命意义，能生态地向前发展。

如果说保护是一种保守，那么开发则是一种开放。让苗族服饰与现代文化生态中的各种要素进行结合，形成新的时代因子，使其得以活化和延续。

一、传统文化保护传承与开发利用

在我国随着现代化建设进程的加快和经济全球化浪潮的冲击，再加上自然和文化遗产的旅游开发，使得传统文化遭遇到不同程度的毁损。在这种情况下，传统文化保护和传承面临着严峻的形势。处理好文化的保护传承与开发利用的关系，是历史、现实和未来的要求。

（一）传统文化是一种文化资本

文化资本的概念，是由美国社会学家科尔曼首先提出。他指出："文化因素对于如何有效地转化劳动、资本、自然这些物质资源以服务于人类的需求和欲望具有重要影响，可以将文化因素看作文化资本或社会资本。"文化作为精神财富和观念，是人类的祖先遗留下来且被后代享用或传承的财富，是一种活态资本，也是一种增值性资本。

将民族的文化传统和设计美学语汇结合作为一种文化资本运用于设计产品中去，以增加产品的文化内涵和美学意蕴，已成为当代设计为人们所重视的重要方面。因此，民族传统文化作为一种文化资本，也是一种增值性的资本，如果开发得当，那么对于文化的传承将起到重要作用。

（二）保护传承和开发利用的关系

保护传承和开发利用既是矛盾体，又不是矛盾体。保护传承不是商业行为，因为对于保护和传承的投入是不能计较产出的；开发利用是有目的的，尤其是作为一种商业行为，谋求最大的经济效益就成为其唯一的目的。在当前社会强调经济利益的前提下，既要保护传承传统文化和又要进行开发利用，二者是有矛盾的。保护传承是开发利用的基础，通过合理的开发利用才能促进苗族服饰文化的保护和传承。

从文化生态学角度分析，传统文化的保护是保持系统文化多样性的重要条件，可以实现维护文化生态系统的静态平衡，而传统文化的开发利用则是通过系统的动态开放和循环更新实现系统的动态平衡，无论是静态平衡还是动态平衡，都可以实现传统文化的传承和可持续发展，二者对系统的生存发展都具有各自特定的意义。

而传统文化的保护对于文化生态系统的意义更具有根本性，因此，在处理传统文化的开发与利用时，必须坚持一个原则，就是开发利用永远是保护、传承的手段和途径。通过这种手段和途径实现在发展创新的基础上传承文化的目的，实现文化的可持续发展。如果说在农耕社会，由于苗族服饰文化与民俗民间文化、节日文化能有机地融合在一起，其传承方式是一种"无意识的传承"，那么今天对苗族服饰文化的开发利用就是一种积极而主动的"有意识传承"。在"文化搭台、经济唱戏"的文化与经济发展模式下，如何处理文化与经济的关系是主要的问题。在开发利用的时候一定要注意文化是一种本体性存在，虽然文化是建立于经济基础之上并服务于经济的，但文化不是经济的附庸。地方政府应该把发展经济和保护传承苗族服饰文化放置在同等重要的位置。笔者到融水县各地方去走访时，发现地方在运用"文化搭台、经济唱戏"这种模式时，不能很好地把握文化的重要性，如县文体局的相关人士还极力推荐把苗族的斗马节变成博彩业来炒作，如果是追求最大的经济效益，那就是成功的。如果利用文化而失去文化的本质，这反而是一种不成功的开发。当今世界，文化是根脉，文化生产力越来越被世人所重视，文化竞争力已经成为一个国家、一个地区乃至一个城市的综合竞争力的重要组成部分，地方在经济发展中必须把文化的重要性放在重要位置，才能实现对传统文化最根本的保护。因此，融水县在开发利用苗族服饰时，必须凸显文化的重要。

二、广西融水苗族服饰文化的产业开发

本土文化与多元文化的交流互渗是当代社会转型期一个不可忽视的问题，把民族文化作为一种实现现代化的资源或工具，进行民族文化资本化运营，是一个文化再创造的过程。融水苗族服饰的开发利用，市场经济决定了必须走文化产业化的发展道路，实现文化价值向经济价值的转换。产业化意味着规模化、市场化和产业链。

实现文化价值向经济价值的转换，恰恰就是获取最大的经济效益，这当然与文化的健康发展相互矛盾。应保持好发展的尺度，不要一味地追求最大经济效益而丧失传统的民族文化。

（一）广西融水现代苗族服饰制造产业

在融水县，苗族服饰批量生产的主要制造者是一些裁缝店，承接了各种节会表演团体的服饰制作，而大部分的苗族服饰，则是自家准备，在家务农的苗族妇女一般都会制作，如果刺绣和缝纫不太好的妇女，也会请村里做得好的女人帮忙。故乡下的服饰呈现出千姿百态的局面，很难有完全一样的服饰。这样的局面，很难有大批量生产的可能，必须开拓市场。以下是苗族服饰制造业发展中应注意的问题：

1. 应重视传统苗族服饰的制造和创新。传统苗族服饰的发展方向一是走高端市场路线，以传统的手工工艺致力于苗族服饰精品、收藏品的制作，满足工业化时代人们对手工制品的收藏需求。

2. 以创新的理念改造融水苗族服饰的制作工艺，运用当今时代科学技术的新成果，来不断提高我们的传统技艺水平，使它既能保持原本的文化内涵，又能更好地适应大规模生产。在这点上，梁子在莨绸的基础上开发出"彩莨"，赋予了莨绸新的生命力，为中国独有的古老而纯天然面料——莨绸的生存提供了新的生存空间。这是现代服装设计师对传统的保护和传承的典范。第二，保证苗族服饰制作的质量。服饰一旦批量生产往往会造成质量的下降，苗族服饰作为融水苗族自治县的形象代表，必须在质量上把好关，服饰性能和服饰外观都要优于原来的传统服饰，如果因质量问题造成人们不愿穿用和收藏，则会造成更大的浪费。

3. 注重与其他民艺品的联合制造开发。传统对于一个具有悠久历史的国度来说确实是一种巨大的话语资源和文化资本，它不仅体现为一种过去的历史，而且也体现为一种精神传统，一种具有某种内在逻辑性的价值体系。这种话语资源和文化资本的继承，以及在当代设计产品中的体现和融合，确实能够体现设计产品的文化语义和美学内涵，并成为确证自我、民族和国家文化形象和身份的某种重要的维度。但是，如果不是从精神和价值上作深刻的领会，从逻辑深度上予以把握，那么这种历史流传下来的话语资源也只能流为一种肤浅的表面的东西。

如苗族服饰可以与苗族的藤编、织锦、蜡染联合制造开发，运用现代的设计思维，赋予苗族服饰现代时尚语言，这样更有利于民族文化生态系统的稳定和繁荣。例如融水县的苗族织锦也是非常有特色的，可作为室内纺织品来重新设计，融水苗族的传统服装也可作为居家服来设计。

4．注重通过与其他行业的联合，以不断拓展苗族服饰制造业的应用领域，扩大苗族服饰的需求量。如与企业宣传活动、赛事等结合，成立苗族服饰的表演队，提供服饰表演。这些活动能够实现苗族服饰的现代价值，提高苗族服饰的影响力。

（二）广西融水苗族服饰旅游产业开发

在现代文化生态环境下，中国传统苗族服饰技艺的传承面临消失的局面是必然的，如果把苗族服饰与旅游活动结合起来，则服饰旅游则有可能成为拯救传统苗族服饰技艺的重要力量之一。以经济为基础，以文化为主导，服饰文化渗透在旅游的各个方面，才能实现民族文化发展和经济发展的良性互动。

融水苗族服饰旅游的目的就是让旅游者认同苗族传统服饰的价值，从而使旅游地的村民在实际生活中认识到苗族传统服饰的旅游价值和经济价值，并进一步认识到保护这些传统服饰就是保护自己的经济利益。笔者在调研中，发现杆洞村明代的百鸟衣已经被贵州凯里的民族服饰贩子以4000元买走，这是曾被媒体和当地政府重点宣传过的服饰，因其主人对民族艺术的保护意识不够而流失了，这确实是融水县民族文化的一个重大损失。在采访融水县生态博物馆石磊馆长时，他本人认为由于博物馆没有足够的经费来收集民间有价值的服饰，因此这件明代的百鸟衣不能被融水县博物馆收藏和保护起来，这令人感到非常遗憾。如果我们能在这件百鸟衣上做好文章，通过文化品牌的打造，与旅游结合起来，或许能使这件服装的真正价值体现出来。

1．广西融水苗族服饰旅游潜力分析

随着人们对旅游的需求日趋多样化和精细化，人们的旅游兴趣转向一种求新、求异、求知、求乐的趋势，单纯的自然旅游资源与文化古迹不能满足现代旅游消费者的兴趣，并且现代城市人面对人际关系的疏远，竞争的无情，环境的破坏，传统意义的丧失，渴求返璞归真，使得民族文化旅游对生活节奏较快的现代城市人有了强烈的吸引力。民族文化旅游迅速成为国内旅游开发的热点，受到国内外游客的青睐。

任何一种文化能成为旅游资源，是旅游市场选择的结果。融水苗族服饰含有文化、艺术、技术、民俗等多重概念，是一种具有较高市场吸引力的旅游资源。首先，苗族服饰的民俗性使它成为重要的民俗旅游资源。融水县的旅游业正是依托这种民俗性来逐步推进旅游业的发展的。最初依靠自然风景，现在推出非物质文化遗产坡会的旅游品牌，但坡会的原生性和自发性较强，还有很好的开发空间。民族服饰依托坡会，静待开发。开发的同时，要注意旅游业的发展给旅游地居民带来经济效益的同时也会给民族文化带来的负面影响，因此要在保护和开发的中寻找到平衡点。舞台化经常被学者批评，他们认为舞台化的表演会使民族传统丧失了原有的文化的"本真性"，而舞台化的民族服饰无疑也会改变服饰文化传统的诸多方面。融水县的坡会，成为融水县的旅游资源，带来了大量的游客，由于服饰与坡会踩堂的民俗活动密不可分，民俗活动一直都是由民间团体组织民众自觉参与，因此穿着服饰也是民众自然而然的行为。但在融水县一些旅游点的活动安排中，为游客表演的节目是根据当地原有的文化特色加工创作的，原有的自发性和公益性的民族歌舞表演成为一种赚取经济收入的职业。由于片面追求舞台化效果，人们抛弃了原有的苗族精美的手工艺装饰，而用一些低廉的机械化产品替代，例如为追求闪光效果，致使纸制银饰出现，纹样变简单化等等，此类的服饰在融水县的坡会上也比比皆是，这对于苗族服饰文化的传承是有很大的负面影响的。

其次，随着旅游业的发展，融水县苗族会使一些原先几乎被人们遗忘了的亮布制作、传统刺绣、织锦得到复兴和开发，传统的手工艺品因市场需求的扩大重新又得到发展，这种通过旅游开发，盘活民族地区传统艺术事业，保护和开发齐头并进的双赢策略，是一种非常可取的手段。

再者，苗族服饰的制作工艺具有发展体验旅游的优势。随着国家增加假期时间，人们旅游的时间增多，旅游的方式更注重寻求一种自我体验，体验旅游成为现代人的新宠。这个方法笔者在西江千户苗寨考察过，千户苗寨有一个刺绣工作坊，有几个精通苗族刺绣的妇女负责教授游人制作苗家的刺绣，5元包教会，也许她们只是为了赚钱，但这就是苗族人事实上已经在做让非苗族人了解自己文化的工作了。笔者认为这种方法非常可取，即可以让游人体验到了自己亲手学会刺绣的成就，又可以达到苗族非物资文化遗产的传承和技艺的传播的目的。

最后，融水苗族服饰是一种具有民族特色的旅游纪念品。作为一种传统手工艺，可以通过新技术、新手段的采用，精工细作的高档苗族服饰成为重要的旅游纪念品和馈赠品。现在市面上非常缺乏这一层次的商品，可开发的空间很大。

2. 广西融水苗族服饰旅游产业发展形式

融水苗族服饰作为民俗资源发展民俗旅游应突出以下原则：一是独特性原则，这是保持区域苗族服饰市场吸引力的关键；二是参与性原则，让游客在参与到服饰技艺的制作过程中，亲身体验制作服饰（如亮布、织锦、刺绣）的乐趣，而不仅仅是走马观花，一看了之。为此，旅游景点除了要为游客提供操作间之外，还应与旅行社建立密切联系，在旅游线路的设计上保证游客的游览时间。

苗族服饰旅游的开展主要有以下两种形式：

第一，通过苗族的各种节会，打造节庆旅游品牌。

节会旅游是一种传统的旅游形式，各个地方以服饰为旅游吸引物，采取芦笙会、芦笙比赛等形式，以"文化搭台、经济唱戏"为指导思想，以民族艺术带动地方经济发展。努力使节日和盛事成为品牌化的旅游产品。在实地调研中，笔者发现融水县的节会旅游特色不够突出，例如：初三至十七的坡会，几乎天天都有，但每场坡会形式相似，即看完一场就可以了。当然，这是一种原发性的民俗活动，但如果在这基础上，经过一定的策划，使各个村落的坡会各具特色，那么坡会的旅游效应更好。在融水，即便是服装款式相似，但在刺绣的纹样上各个乡镇还是有所区别的，如杆洞村突出的是百鸟衣，大年突出的是刺绣，四荣突出的是织锦，安太突出的是银饰等等，把这些服饰特色与旅游结合在一起，设立参观坊，体验坊，与服饰文化一同带入，可以为融水苗族服饰文化的传播和传承起到积极的推动作用。

第二，苗族服饰与其他民俗资源结合开发。

苗族传统习惯、传统节日、服装礼仪、生活方式等对游人都具有极大的吸引力。将服饰资源与区域内其他民俗资源结合，形成组合型的民俗旅游产品，不仅会提高苗族服饰文化的影响力，还会增强整个地域民俗文化的市场吸引力。比如西江千户苗寨，游客们可以随农家俗、住农家房、吃农家饭，学刺绣、蜡染，令人流连忘返。这极大地提高了西江民俗资源的整体旅游吸引力，奠定了西江旅游发展的基本思路。

进入21世纪后，人类将迈向全新的知识经济时代，文化消费成为时尚和潮流，生态博物馆无意中迎合了这一潮流，成为高档次、高品位的文化旅游消费品。融水县苗族生态博物馆可以与苗族服饰旅游挂钩，可以让游客体验到原汁原味的苗族服饰制作过程，同时体会到融水县苗族独特的民族传统文化。此类开发如贵州的六枝梭嘎生态博物馆，游客可以感受到真实的服饰刺绣、蜡染，并且，有的工艺还相当原始。苗族的传统文化不同于现代文明的文化，其稀有和独特具有较高的旅游价值。融水县生态博物馆与旅游业结合，可以极大地提高旅游业的知名度和吸引力。

生态博物馆旅游是一种文化旅游消费品。生态博物馆开展旅游其根本点应在于在不破坏传统文化遗产的前提下发展旅游业，带动经济发展。这种旅游产品离不开生态博物馆区域内居民的参与，正是这些居民营造了游客向往的文化气息。故对区域内居民的培训是至关重要的，居民可以成为游客的导游，民族文化的讲解者，民族服饰旅游纪念品的制作者和销售者等。旅游开发在促进当地经济发展的同时，必然会造成对传统的冲击。许多地区发展旅游业的负面影响已经告诉我们，大量游客涌入旅游接待地，会逐渐同化当地的民族文化。因此，生态博物馆内的居民必须具有民族文化遗产保护意识和环境保护意识，这样才能不让民族文化生态遭遇到不同程度的破坏。

（三）广西融水苗族服饰的文化创意产业

广西苗族服饰在保护的同时是不可避免地要受到当代文化潮流的影响，如何做到既要保护其原汁原味的特色，又要与时俱进地使其融入现代社会空间，笔者认为这需要把保护原生态和服装的现代化创新分别开来，即双轨并行，才能让保护和发展顺利进行。苗族服饰既要保护，保护的意义更趋于保护苗族服饰的原生态，即应尽量避免当代文化潮流因素干扰原生态，使其在相对自生自为的环境中保持相对独立的生活方式、文化价值和艺术形态，从而形成其自身的文化主体；同时又要发展文化创意产业，创意产业的发展，可以促进中外人士对融水县苗族文化的认知，同时也可以增加融水县民族地区文化生态的活力，使苗族服饰文化更富于现代性，同时还可以推动旅游经济的发展。

1. 现代文化产业的本质特征

知识经济时代的到来是当今世界走向全球化和一体化的显著标志，现代文化产业是知识经济产业的核心产业。文化产业是按照工业标准，生产、再生产、储存以及分配文化产品和服务的一系列活动。[1] 联合国教科文组织对文化产业的定义是：
"结合创造、生产与商品化等方式，运用本质是无形的文化内
容。这些内容基本上受到著作权的保障，其形式可以是货品或
服务。"[2] 文化产业实际上就是文化被当做一种产业来经营和运
作，走上了一条商业化、市场化、产业化的道路。这是经济与
文化的有机结合，是物质的形式、精神的内容，物质文化与精
神文化的有机统一体。文化产业链则是由文化需求创意设计、
文化产品制作传播、文化产品营销三个互相衔接的环节组成。

现代的文化产业是一种以创意为核心的新兴产业。创意产
业不同于过去的传统文化产业，它是适应新的产业形态而出现
的概念，是对文化产业新形态的概括。创意产业是指"从个人
的创造力、技能和天分中获取发展动力的企业，以及通过对知
识产权的开发可创造潜在财富和就业机会的活动。通常包括广
告、建筑艺术、艺术和古董市场、手工艺品、时尚设计、电影
与录像、交互式互动软件、音乐、表演艺术、出版业、软件及
计算机服务、电视和广播等等。此外，还包括旅游、博物馆和
美术馆、遗产和体育等"。[3] 创意产业强调创意在文化产业中的
关键作用，指出创意会衍生出无穷无尽的新产品、新服务、新
市场和创造财富的新机会。目前在全国各地时兴的创意园区的
兴建，也被认为是"创意产业"，具有拉动经济提升、扩大消
费市场的作用。

创意与传统产业相结合，可以提高传统产业的文化附加
值，改变传统产业的增长方式，降低对不可再生资源的使用。
创意产业以高端数字技术为载体，以文化内容为产品，借助强
大的传播力量辐射到全国乃至全世界，更能体现文化产业的低
能耗、高产出，是对文化资源的高层次利用。

2. 苗族服饰的文化生产要素

融水苗族服饰反映了融水县苗族人民独特的民族信仰与
民族审美情感，折射出民众对幸福美好的憧憬向往和积极向上
的人生态度，反映出特定区域的文化特质和人文精神，所有凝
聚在苗族服饰身上的文化要素，都可以转化为创意产业的生产
要素，通过艺术品、影视、动画，甚至游戏软件等载体表现出
来。如苗族服饰的纹样寓意、款型、制作工艺以及所承载的民
间传说、民族信仰、民族审美文化等等外在的和内在的东西，
都可以结合起来进行开发。

苗族服饰以其独特的魅力吸引着世界各地的艺术家和设
计师。约翰·加利亚诺在1999年的高级时装发布会上就已经将
苗族服饰与欧洲的传统文化进行了完美的结合。（如图8-1）
设计作品在色彩上强调深蓝与白色的对比，以中国精美的传统

刺绣、镶滚工艺，结合苗族双龙戏珠银项圈，以及与西方拉夫领非常相像的褶皱纹银项圈，西式露胸过膝的A型Bubble长裙，拿破仑时期毛绒的军帽造型，加上模特手上多个银戒指的呼应，勾勒出来自苗族服饰元素的典雅与高贵。2010年比利时Europalia文化节的中国年题，欧洲艺术家将苗族的刺绣和意大利的镶珠（Perlage）工艺相结合，创作了雕塑——盛装的苗族少女。[4]雕塑中，少女头戴贵州六枝梭嘎长角苗的巨大头饰，身穿银衣和百鸟衣裙，彰显出国外艺术家对苗族服饰综合的理解和创造。（如图8-2）国内的设计师也吸取苗族服饰元素进行再创造的设计。如ＮＥ.ＴＩＧＥＲ2008年的高级定制华服系列中，灵感来自中国汉代的金镂玉衣与苗族"凤鸟纹银衣"的金属银片结合的高级女装，彰显中国华服的精华（图8-3、8-4、8-5），苗族的银饰的光泽在服装中变成了金光闪闪，与中国红的长裙形成了鲜明的对比，显示出中华民族和谐统一的大好局面。郭培为宋祖英鸟巢音乐会设计的"苗族"服装（图8-6），表现宋祖英的民族情结；2009年1月30日，在瑞典首都斯德哥尔摩举行的欧洲婚纱服装发布会上，林雪飞女士将苗族锡绣与礼服巧妙结合。（图8-7）由此可见，苗族服饰备受众人喜爱，其身上有源源不断的开发价值。

图8-1 1999年约翰·加利亚诺的设计作品(图片来源Couture the ultimate fashion)

图8-2 2010年比利时Europalia文化节中的雕塑（图片来源http://www.efu.com.cn/data/&beauty guide for women autumn/winter 2010/2010-01-12/290966.shtml）1998－1999 P361)

图8-3 Alexander
McQueen（亚历山大·
马克奎恩）在2008春夏
巴黎时装周上，以苗族
服饰的头饰结合现代时
装设计，头饰是完全
的西江苗族服饰的头
饰，服装款式略带军
服严谨结构，面料的
肌理和构成体现出服
饰的厚重，这与苗族
崇尚银饰的重量感相
呼应，体现出苗族服
饰的文化魅力所在。

图8-4 亚历山大·马
克奎恩2008春夏设计
作品（图片来源http://
eladies.sina.com.cn/
fa/2010/0212/134297036
5.shtml）

图8-5 2008NE·TIGER
（图片来源http://eladies.
sina.）

图8-6 郭培为宋祖英
设计的"苗族"服装
的华服设计作品（图
片来源http://fashion.
ce.cn/ztpd/com.cn/
fa/2009/0701/101388402
3.shtml）2007/cx/jc/200
711/04/t20071104_1346
9509.shtml）

3．在民族文化本质不变的前提下积极发展苗族服饰创意
产业苗族服饰文化源远流长，具有较强的文化创意产业的发展
优势。融水苗族服饰的创意产业应该以个性化的时尚消费和体
验式消费为卖点，从创意－设计－作品－商品的创作、体验和
满足过程。要在当地培养一大批创意产品消费者，使之逐渐从
"窄众"群体扩大到"平价式时尚"的大众群体。

图8-7 苗族锡绣与
礼服结合（图片来源
http://www.city-cctv.
com/html/chengshilvyou
/4f124b503a8ca4eb1120
8304860ecf5d.html）

图8-8 将苗族的传统
纹样运用到灯具设计
中（设计：尹红）

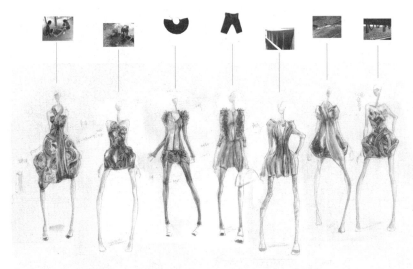

图8-9　服装设计（设计：尹红）

图8-10　服装设计的灵感来源

　　第一，运用创意动力机制，将苗族服饰以及其他民艺品物中的民族传统元素加以分解和重构，运用于传统制造业中，从而增加产品的文化附加值。如将民族元素运用到各种实用生活用品如T恤、布艺装饰、陶瓷、玻璃制品、灯具等设计制造中（如图8-8、图8-9），采用现代时尚的设计手法，使民族文化元素与东西方艺术结合，来满足现代人的审美需求。同时可分为不同档次的设计，满足不同层次的需求。将苗族服饰的民族元素体现在具体实物中，可以在较大程度上提高传统制造业的文化附加值。

　　在灯具的设计中，将融水苗族刺绣的主体纹样，结合现代镭射的工艺手法，将传统的苗族服饰纹样融汇于现代简单几何形灯具中。在服装设计中，以亮布的制作为灵感，从亮布的染、洗、捶打和晾晒工艺链结合苗族传统服饰纹样中的龙纹，

图8-11　王金花手工制作刺绣苗装（图片来源于http://news.sohu.com/20071010/n252574925.shtml）

以及对融水苗族传统的裤子结构的解构，和百褶裙工艺的运用等等（如图8-10），与2011年服装流行款式结合，运用传统的亮布制作出一系列现代服装。

在服饰创意产业中，开发融水旅游纪念服饰产品，有着巨大的市场潜力。虽然苗族旅游资源丰富，但中外游客在各个景点都难以买到有价值的旅游纪念服饰产品，在考察了诸多苗族旅游景点，包括融水县元宝山旅游区，其服饰纪念品大多存在做工粗糙、款式落后的缺点。因此，我们可以开发出风格独特、造型优美、制作精巧的旅游纪念系列服饰产品。

一是仿传统类。用棉、麻、真丝等天然织物制作仿传统的系列服饰产品。这类产品可以开发出高端产品。如图（8-11），在2007年"多彩贵州"旅游商品设计大赛和旅游商品制作能工巧匠选拔大赛总决赛上，来自凯里市的苗族妇女王金花手工制作的一件精美刺绣苗装标出8万元的高价。[5]这件苗

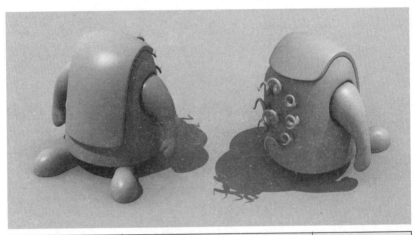

图8-12 以芒篙为原型进行旅游纪念品开发的玩具（设计：尹红）

芒篙原型	现代玩具中流行文化	芒篙玩具设计

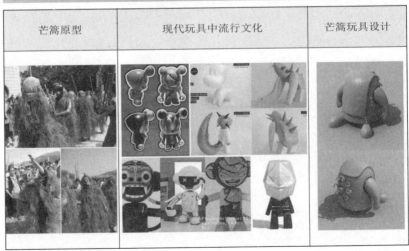

图8-13 以芒篙为原型进行旅游纪念品开发的玩具（设计：尹红）

族盛装的精彩之处在于集叠绣、平绣、辫绣、打籽绣、挑花等多种刺绣手法于一体,将苗族刺绣传统工艺运用到极限。

二是景观类。可以将自然景观、人文景观进行图案化设计,运用于文化衫、休闲服、家居服和饰品等。

三是文化类。如将融水苗族当地特有的芒篙文化与服饰产品结合进行设计,提供给游客观众购买与收藏。如图8-12、8-13所示,这是笔者为融水县旅游局旅游产品开发的设计作品。以融水芒篙为灵感,结合现代玩具造型,将苗族的文化与现代时尚结合,把芒篙形象简单化和几何化,同时玩具的无色可以让设计者苗族服饰图案绘制上去,或买者随意DIY,实现体验设计的目的。

四是民间工艺类。将具有浓厚的融水苗族民间工艺如刺绣、蜡染、织锦等工艺及其纹样与现代服饰创意设计有机结合起来,设计开发出特色的时尚系列产品。在生产加工方式上,可以以"公司(协会)+农户(民间艺人)"的模式进行合作生产。

第二,将苗族服饰通过影视业、动漫业和游戏业来拓展其发展空间。把苗族民间故事变成戏剧的剧本,拍成影视作品,有苗语配音,中文字幕,这样可以让全社会的人士来关注苗族服饰,促进苗族服饰的再创造。新一代的导演如胡庶导演原生态影片《开水要烫,姑娘要壮》(北京金奥尼影视公司和北京温纳环影文化公司出品)、丑丑导演的《阿娜依》(贵州省黔东南苗族侗族自治州电影发行放映公司,国家广播电影电视总局电影卫星频道节目制作中心)和邹亚林《红棉袄》(珠江电影制片有限公司)等都是以苗族的文化、生活为创作题材的影片,观众不仅可以领略到原生态的质朴与神秘,而且大量绚丽的苗族服饰,极大地刺激观者的眼球。(如图8-14、8-15)

在我国,动漫业和游戏业飞速发展,其消费群体就是现代的年轻一代,如果把民族元素与动漫结合,民族元素融合于现代设计中,那么服饰会让新的一代认识、研究和青睐,服饰文化的传承群体就会被拓宽,从而促进苗族服饰的发展和更新。

设计案例:融水苗族文化生态周边特色民艺物品结合服饰纹样进行多维设计。

(1)芒篙

一个民族的传统文化是该民族有别于其他民族的最本质的特征,它凝聚着一个民族在历史的自我生存发展中不断形成的智慧、理性、创造力和自我约束力。在适应本民族特殊的自然环境和社会环境方面具有独特的价值和功能,具有自己的独创性。在研究融水苗族服饰的文化生态过程中,笔者发现融水县

　　最有特色的民艺物品就是"芒篙"的面具，这种面具流传在融水县的安陲、安太、香粉等乡的坡会上。"芒篙"是一种人物造型，是苗族崇拜的娱乐神。在苗语中，"芒"意为古老、往昔，"篙"意为旧。"芒篙"的形象是真人扮演，其扮演者是寨老商议推选出来的有威信、人品正直、乐于助人、身体健壮的苗族男性青壮年担当。芒篙的着装为全身扎满芒草或松枝、杉枝，包得严严实实，脸上戴面具，面具用杉木或其他木料制作，手脚以稻草灰或锅灰涂成黑色。

　　芒篙有公母之分，公芒篙的面具以黑色为底，用白色粗犷的线条在上面勾画，形象非常凶狠。母芒篙的面具则是黑底上

图8-16 融水芒篙分公
母（图片来源于笔者实
地拍摄）

夹杂着红、黄、白、绿等色，形象怪诞。（如图8-16）

公芒篙一般手上会拿着象征阳具的萝卜、竹篙，母芒篙背
背鱼篓。

（2）芒篙文化定位（如图8-17）：

A．傩文化。"芒篙"是融水苗族的一种崇拜对象，苗族把
它看做是沟通人与神阴阳两界的媒介。芒篙的面具各种各样，形
象龇牙咧嘴、表情怪诞、面目狰狞。在安陲乡，当地有一种说法
就是他们观察到人死了以后面目变得扭曲、可怕，于是设计面具
形象丑陋是为了表达苗族对祖宗的缅怀和对祖宗灵魂逝去的敬
畏。苗族人坚信，芒篙节是敬请山神下界来到人间的仪式，面具
沟通了人与神，使神威依附于扮演者的躯体显灵。

B．保护神。"芒篙"是苗族民间传说中的祖先神、保护
神，模样怪异可怕，但法力无边，给人们带来大吉大利，风调雨
顺，五谷丰登。在融水县安陲乡有这样一个传说，在很久远的年
代，苗族的祖先居住在深山老林里，经常会遭遇盗贼的偷窃和掠
夺，他们想了很多方法，都不能避免。于是，他们找来古树皮做

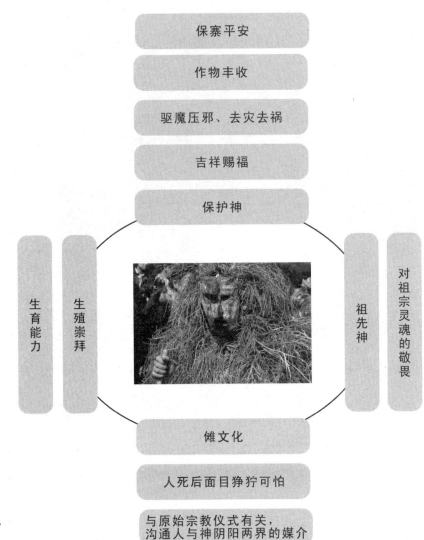

保寨平安

作物丰收

驱魔压邪、去灾去祸

吉祥赐福

保护神

生育能力

生殖崇拜

祖先神

对祖宗灵魂的敬畏

傩文化

人死后面目狰狞可怕

与原始宗教仪式有关，沟通人与神阴阳两界的媒介

图8-17 芒篙文化定位

成面具，用古藤编制成蓑衣，在农历正月十七这天跳起了芒篙舞，盗贼看到了芒篙，误以为天神下凡，不战而退。从此，相貌丑陋但心地善良的"芒篙"就成为融水苗家崇拜的神灵。芒篙的传说，还有人认为是苗族的祖先来到融水县元宝山，山高路远，丛林密布，苗族祖先对原始森林感到恐惧，于是想出芒篙来解救他们。因此，每年农历正月十七，在安陲乡都会跳"芒篙舞"来纪念这位神灵。也有人说，芒篙是深山老林里的野人，关于野人，央视的"探索"节目还特意到融水县做了专辑。

每年正月十七这天，融水苗族的男女老幼都聚集在芦笙坪上等待着"芒篙"的到来。当芦笙队吹响芦笙后，芒篙们手持竹棍冲下山来到芦笙坪围着芦笙柱开始舞蹈。 随着芦笙乐声的节奏，"芒蒿"手持竹棍，身体左右摆动慢慢舞动。他们手中的竹棍是神力的象征，他们不断挥舞竹棍，借助竹棍向前撑空翻，向后抵以仰天、蹲、跳、翻、躺，演示功力以此驱魔压邪、禳灾去祸，保护村寨平安。

芒蒿舞表现主题是原始的农耕、渔猎和生殖崇拜。"芒蒿"模拟春耕、播种、收割等生产动作，旨在消灾避祸、村寨平安，祈求新一年风调雨顺、五谷丰登。"芒蒿"也会模拟搀扶、过桥等生活化的动作，这种动作则表现苗族人相亲相爱、友好相处的和谐社会。"芒蒿"双手涂上黑色的锅灰，拍打老年人的手，则意味着祝福老人健康长寿，拍打女人的手，则是祝福女人越来越漂亮，拍打小孩子的手，则祝福小孩聪明伶俐、快快长大。

"芒蒿"也会手持象征阳具的稻草把、竹根和萝卜，在上面蘸上泥浆，追逐观众。如果是姑娘被撒上泥则预示多子多富，人丁兴盛。老人、小孩沾上泥则认为大吉大利。

"芒蒿"在芦笙坪上表演完之后，还要走街串巷，到每家

图8-18 芒蒿面具（图片来源于笔者实地拍摄）

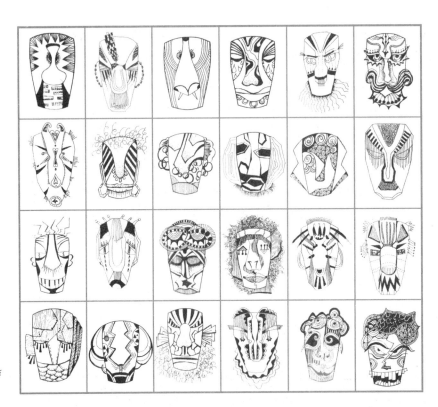

图8-19　芒篙面具图形
化处理（绘制：尹红）

每户去恭贺幸福吉祥。

（3）芒篙面具的图案化设计

将芒篙的面具收集分析进行图案化处理。芒篙的面具（如图8-18）有几大特点：一是鼻子大，不论是公芒篙还是母芒篙，鼻子大是一大共同的特色；二是芒篙面具比较凶狠，神秘色彩浓重；三是芒篙面具都喜欢有一些简洁粗犷的纹样装饰线条，色彩鲜艳，醒目。依据芒篙的文化内涵，和苗族的信仰文化，对自然界各种事物的崇拜，进行纹样的抽象组合搭配，体现出融水苗族本土的文化特征。（如图8-19）

（4）芒篙面具符号化处理。以芒篙面具为符号进入了消费市场，发展成为一种民族文化的符号，成为一个文化品牌。

康德曾提出："没有抽象的视觉谓之盲，没有视觉形象的抽象谓之空。"[6] 规范化的图形、色彩和字体的富有个性的视觉整体，能强化人们的识别和记忆，如果说芒篙面具图案化是提供一个民族文化抽取和组合的过程，那么芒篙面具的符号化则是将这种文化提升到一个简洁、概括的过程，符号化会让芒篙面具更加概念化和市场化。如可口可乐的包装设计，鲜明的红白两色组合，极富动感的字体，简洁、明快的格调，让人们记忆深刻。LV百年不变的棕色色彩和独特的纹样设计，增强了人们心目中的品牌和品质记忆，标准化、系统化、简洁化的图形语言作为一种形象化的视觉语言，更能让世界人们方便地交流。抽象的、概念化的图形表现取代了具象的、精细的绘画表现是时代的需要。在比较芒篙的各种面具时，笔者把芒篙面具基本型简化成一个方体，芒篙身上绿色"毛皮"的特征是不可缺少的，故用在面具的周围，运用三角形、螺旋形、波普的黑白方格对芒篙面具的眼睛、纹饰进行抽象化处理，代表着一种前卫文化与神秘文化的组合，将芒篙的神韵凸显。（如图8-20）

芒篙面具抽象化运用于产品标志设计。如图8-21标志分为上下两部分，由面具和文字组成。芒篙面具带有强烈的神秘感，让人对它浮想联翩，故对面具的标志设计则是把芒篙面

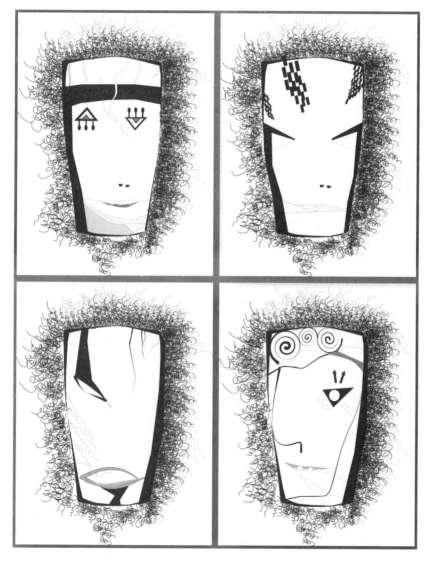

图8-20　芒篙面具符号
化处理（设计：尹红）

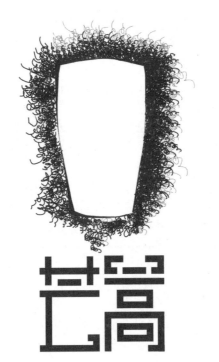

图8-21 芒篙面具的标志设计（设计：尹红）

具面部去掉，这与老子的哲学"道生一、一生二、二生三、三生万物"、"有生于无"不谋而合。"无"则代表可以想象一切，因此面具的空白、空灵表达了人们心目中的种种想象。文字部分是芒篙的字体，字体以方形为基本型，与面具呼应，文字主要在"篙"字上做文章。"篙"字是竹字头，而笔者的设计是"高"字加了个牛角。牛是农耕文化的象征，牛是苗族人们生活的一部分，牛角代表着融水苗族的勤劳勇敢，是苗族努力上进、发奋图强的精神的象征。芒篙面具的标志和抽象纹样可运用在融水的旅游纪念品上。（如图8-22）

（5）芒篙面具与融水苗族织锦纹样结合

融水苗族服饰文化生态的研究表明，服饰是民艺物品之一，与其他民艺物共生共存，其民艺物品各自的文化内涵中贯穿了苗族文化的共性。因此，服饰纹样与芒篙面具的结合也是合情合理的。

苗锦中有一种"蚂拐纹大花锦"，如图8-23所示，其中蚂拐纹排列在上下两部分。蚂拐是广西的地方话，就是青蛙的意思。很多民族都崇拜青蛙，因为青蛙在雷雨过后，能繁殖出大量的后代，被人们寓为是一种多子多福吉祥的象征，同时青蛙也同雷雨相连，壮族的"蚂拐节"上人们祭祀青蛙，可以保佑

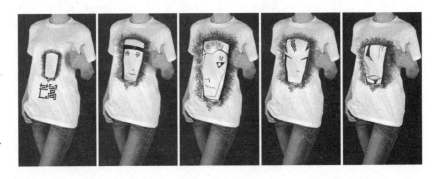

图8-22 旅游纪念品T恤设计（设计：尹红）

图8-23　蚂拐纹大花锦
（图片为笔者广西民族
博物馆实地拍摄）

图8-24　蚂拐纹

图8-25 由蚂拐纹演变
成芒篙吉祥物的主体外
观轮廓

风调雨顺。

蚂拐纹是融水苗族织锦中出现最为频繁的纹样，在苗锦中，青蛙的造型被提炼夸张成菱形，方头，省略前腿，有一对曲折而有弹性的云勾状后腿。（如图8-24）

苗族的织锦非常喜欢用到菱形的造型，因此，笔者从蚂拐纹的外观轮廓结合芒篙面具造型特点设计了芒篙吉祥物，从中运用到了苗锦中的色彩组合和纹样。如图8-25，造型上运用简洁的几何形归纳使芒篙吉祥物具有时尚性和现代感。

案例：芒篙的Flash动画设计（如表8-1）

将芒篙的传说进行现代的演绎。

原始版：在融水县安陲乡有这样一个传说，在很久远的年代，苗族的祖先居住在深山老林里，经常会遭遇盗贼的偷窃和掠夺，他们想了很多方法，都不能避免。于是，他们找来古树皮做成面具，用古藤编制成蓑衣，在农历正月十七这天跳起了芒篙舞，盗贼看到了芒篙，误以为天神下凡，不战而退。从此，相貌丑陋但心地善良的"芒篙"就成为融水苗家崇拜的神灵。芒篙的传说，还有人认为是苗族的祖先来到融水县元宝山，山高路远，丛林密布，苗族祖先对原始森林感到恐惧，于是想出芒篙来解救他们。因此，每年农历正月十七，在安陲乡都会跳"芒篙舞"来纪念这位神灵。

现代版：芒篙来到了现代社会，看到了肯德基、麦当劳，看到了流行服饰，看到了动画片，接触到了西方文化，他会脱掉蒿草的绿色服装，穿着流行服饰，把自己打扮成动画角色造型。但他仍然喜欢本民族特色的图案花纹，经常将他们装饰在身体的上，在农历正月十七跳起了芒篙舞。这样改造过的芒篙，是可爱的，时尚的。

笔者将民族与现代的结合点用芒篙的Flash动画做了一个演示，将民族的信仰进行现代的升华。

1．芒篙外形提取。芒篙身穿蒿草，看不见人形，整体感觉更接近一个圆形，因此在外形的提取上，将芒篙的浑圆的外形与高脚杯的造型进行结合，既能体现芒篙的外形特色，又能将动画角色塑造得更为卡通和特别。在视觉表达上更让人记忆深刻。再者，从苗族是个尚酒的民族，因此高脚杯会让人联想到他们的酒文化，这也是符合苗族文化的定位的。

2．芒篙原始面具的纹样提取。将芒篙原始的面具进行色彩归纳和概况，尽量保留其文化特征，创作出一系列本民族特色的动画角色。

3．芒篙原始面具的纹样变形。将芒篙面具的纹样进行夸张和变形，改变其原初状态，使其更具动画的趣味性。

4．将融水苗族服饰艺术融入芒篙动画角色设计。融水苗族服饰中有大量的纹样可以提取，将其纹样进行抽离、变形、重构，与芒篙面具纹样结合。

5．将各种流行文化要素与融入芒篙动画角色设计。流行文化遭遇民族文化，必然会导致出各种文化现象的发生。

设计的主题就是从芒篙动画角色面部和身体纹样看出现代的文化生态的和谐发展，这也体现了融水苗族服饰的发展趋势。

展望

表8-1　芒篙Flash动画设计

设计过程	图　例
芒篙原型	
芒篙人物造型设计	
芒篙原始面具的纹样提取	

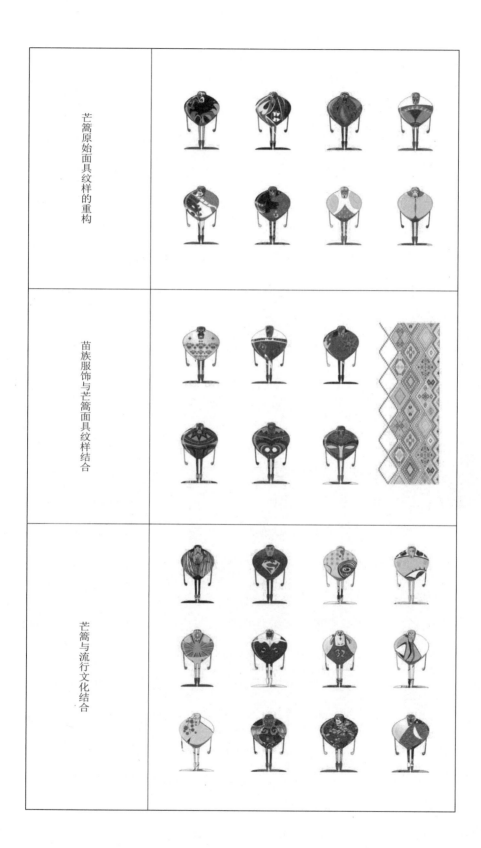

表8-2　杆洞村12岁苗族儿童"我心中最美丽的衣服"
主题绘画分类

	杆洞村12岁苗族儿童心目中最美的衣服
传统苗装	
变体苗装	
现代时装	
韩装	
运动装	

本研究试图以文化生态的研究分析特定地域的民族服饰，从其服饰的生存背景着手调研，从历史的角度展现了它的产生、发展、繁盛和衰落，未来如何变化，笔者为此以一节美术课作了一种试探。笔者在融水县杆洞乡中心学校上了一堂美术课，学生的作业生动而真实。

这是小学六年级学生以主题"我心中最美丽的服装"作画。在他们眼中，我们看到了苗族服饰未来的发展。

数据统计：28%的同学能准确地表达传统的苗族服装；18%的同学画的苗族服装是被设计过的，即变体苗装；45%的同学画出了现代时装；10%的同学画出了韩服；10%的同学画出了运动服。

分析：46%的同学喜欢苗族服装，这点证明苗族服饰在12岁儿童的心目中还是很有位置的。换句话说，苗族服饰还是能在2000年左右出生的青年人中留下美好的记忆。而18%的同学认为传统的服饰应该得以重新设计，设计的方向更加地礼服化。

画出韩服的同学，可见电视文化对少数民族地区的影响，流行文化在这么边远的山区也能生存。在"时尚"一栏中，露肩日常装、礼服、牛仔裤等等，显露出各种流行服饰文化在民族地区的渗透。运动服的喜爱折射出2008奥运会在民族地区的反响。韩装、时装和运动装所占的比例超过50%，可见支持非传统的服饰要大过于传统服饰。

从这些数据得出的结论是：未来苗族传统服饰文化与流行文化既对立又融合。传统苗族服饰会存留在记忆里，以个体理解的苗族服饰创新版本会越来越丰富。

结语

本文从文化生态学的角度去做一个苗族服饰的个案研究，目的在于强调服饰的发生、发展与变迁是与众多因素密不可分、环环相扣的，作为设计人，应该更多地关心服饰成长的背景环境，而不是仅仅只对于表象的采借和拼凑。

时代造就了人们的快节奏生活，服饰的转换犹如走马灯，转瞬即逝，希望通过本文的研究，让人们意识到民族服饰所承载着厚重的历史和文化，让人们意识到民族服饰在全球化中所遭遇的危机，真正去关心民族服饰的生存和发展。

从古代社会到近代社会，苗族在与自然环境和社会环境不断适应的过程中形成了自己的服饰文化，封闭的生活环境、落后的生产力和生产方式反而是其得以"原汁原味"地生存下来的基础。但到了现代社会，文化环境的变迁，致使原来的生存空间缩小，苗族服饰文化由此急速衰落，如何挽救它，成了我们面临的严峻问题，以此为例所进行的探讨，同时也可以为解决情况相似的其他民族服饰文化的生存问题提供一个思路。挽救苗族服饰的方法实质上只有两条，一是找到一条让它适应现代社会的生存空间的方法，"在发展中求生存"；二是努力去创造出一个让它可以生存下去的空间。

本人作为一名设计者和研究者，深知以个人微薄的力量是无法改变民族服饰的发展轨迹的。换句话说，不可能成为拯救濒危的民族服饰文化或者扭转少数民族服饰文化弱化的局面的主导者，只能力图以研究之力梳理融水的苗族服饰文化发展脉络及其文化生态，收集整理和保存好它的文化基因；以设计之力改善苗族服饰粗糙化的状态，为其生存拓展空间；以文字之力呼吁全社会对民族服饰重视。

注　释

8. 彭岚嘉、陈占彪著：《中国西部文化发展战略研究》，北京：中国社会科学出版社，2002 年版，247 页。

9. 傅才武、宋丹娜著：《文化市场演进与文化产业发展——当代中国文化产业发展的理论与实践研究》，武汉：湖北人民出版社，2008 年版，第 19—20 页。

10. 黄小晶著：《时光玫瑰英伦城乡考察回望》，北京：中国经济出版社，2006 年版，第 98 页。

11. http://www.efu.com.cn/data/2010/2010-01-12/290966.shtml

12. http://news.sohu.com/20071010/n252574925.shtml

13. （美）鲁道夫·阿恩海姆著，滕守尧译：《视觉思维：审美直觉心理学》，成都：四川人民出版社，第 284 页。

参考文献

译著

（美）艾尔·巴比著，邱泽奇译：《社会研究方法》（第10版），北京：华夏出版社，2005年版。

（美）史徒华（即斯图尔德）著、张恭启译：《文化变迁的理论》，台湾：远流出版事业股份有限公司，1989年版。

（德）赖纳·特茨拉夫主编，吴志成、韦苏等译：《全球化压力下的世界文化》，南昌：江西人民出版社，2001年版。

（匈）阿诺德·豪泽尔著，居延安译编：《艺术社会学》，上海：学林出版社，1987年版。

（美）鲁道夫·阿恩海姆著，滕守尧译：《视觉思维：审美直觉心理学》，成都：四川人民出版社。

（美）圣·胡安著，肖文燕编译：《全球化时代的多元文化主义症结》，载《全球化与后现代性》，桂林：广西师范大学出版社，2003年版。

古籍书

［北魏］贾思勰撰：《齐民要术》，北京：团结出版社，1996年版。

［唐］李延寿撰：《南史》，北京：中华书局，1975 年版。

［宋］范晔撰：《后汉书》，北京：中华书局，1965 年版。

［宋］祝穆撰：《方舆胜览》，上海：上海古籍出版社，1986 年版。

［宋］李昉等编纂了：《太平御览》，北京：中华书局，1960 年版。

［宋］郭若虚著：《图画见闻志》，北京：人民美术出版社，1963 年版。

［宋］范成大撰，严沛校注：《桂海虞衡志》，南宁：广西人民出版社，1986 年版。

［宋］朱辅撰：《溪蛮丛笑》，上海：商务印书馆，民国 16 年（1927 年），（《说郛》一百卷，卷五）。

［宋］周去非撰，杨武泉校注：《岭外代答》，北京：中华书局，1999 年版。

［明］宋应星撰：《天工开物》，广州：广东人民出版社，1976 年版。

［清］谢启昆修，胡虔纂，广西师范大学历史系、中国历史文献研究室点校：《广西通志》，南宁：广西人民出版社，1988 年版。

［清］傅恒等编著：《皇清职贡图》，沈阳：辽沈书社，1991 年版，第 404 页。

［清］陆次云著：《峒溪纤志》，载《说铃》，明新堂藏版，卷二十九。

古化、刘介著：《苗荒小纪》，商务印书馆，民国十七年（1928 年版）。

刘锡蕃著：《岭表记蛮》，商务印书馆，民国 24 年（1935 年版）。

现代书籍

伍新福著：《苗族文化史》，成都：四川民族出版社，2000 年版。

金元浦主编：《文化研究：理论与实践》，开封：河南大学出版社，2004 年版。

费孝通编：《费孝通论文化与文化自觉》，北京：群言出版社，2007 年版。

梁漱溟著：《中国文化要义》，上海：学林出版社，2000 年版。

许平著：《造物之门》，西安：陕西人民美术出版社，1998 年版。

赵利生著：《民族社会学》，北京：民族出版社，2003 年版。

李素芹、苍大强、李宏编著：《工业生态学》，北京：冶金工业出版社，2007 年版。

唐家路著：《民间艺术的文化生态论》，北京：清华大学出版社，2006 年版。

冯国超主编：《中国传统文化读本》《礼记》，长春：吉林人民出版社，1999 年版。

俞伟超著：《先秦两汉考古学论集》，北京：文物出版社，1985 年版。

尹绍亭著：《文化生态与物质文化——杂文篇》，昆明：云南大学出版社 2007 年版。

覃乃昌主编：《广西世居民族》，南宁：广西民族出版社，2004 年版。

楚文化研究会编：《楚文化研究论集 第 3 集》武汉：湖北人民出版社，1994 年版。

吴曙光著：《楚民族论》，贵阳：贵州民族出版社，1996 年版。

莫清总、乔朝新、贾文彬、贾文质编：《民间歌谣》，融水苗族自治县民间文学编辑组（内部资料）。

广西壮族自治区编辑组：《广西苗族社会历史调查》，南宁：广西民族出版社，1987 年版。

广西民间文学研究会收集，农冠品整理：《广西民间文学资料（油印之六十一歌谣）顶洛（苗族创世史诗）》，南宁：广西民间文学研究会编印，1986 年版。

覃桂清、贾正林整理，贾正林收集翻译：《广西民间文学资料（油印之二十二）牛纳耐闹（苗族婚俗演变史诗）》，南宁：广西民间文学研究会编印，1985 年版。

李博主编:《生态学》,北京:高等教育出版社,2000 年版。

乌丙安著:《民俗学原理》,沈阳:辽宁教育出版社,2001 年版。

王文章主编:《非物质文化遗产概论》,北京:文化艺术出版社,2006 年版。

林和生:"日本对非物质文化遗产保护的启示",陶立璠、樱井龙彦著:《非物质文化遗产学论集》,北京:学苑出版社,2006 年版。

傅才武、宋丹娜著:《文化市场演进与文化产业发展——当代中国文化产业发展的理论与实践研究》,武汉:湖北人民出版社,2008 年版。

广西壮族自治区地方志编撰委员会编:《广西通志民俗志》,南宁:广西人民出版社,1992 年版。

宋生贵著:《当代民族艺术之路——传承与超越》,北京:人民出版社,2007 年版。

融水苗族自治县地方志编纂委员会:《融水苗族自治县县志》北京:生活·读书·新知三联书店,1998 年版。

论文

何红一:"我国南方民间剪纸的文化生态环境",《中南民族大学学报》(人文社会科学版),2004 年第 6 期。

孙卫卫:"文化生态——文化哲学研究的新视野",《江南社会学院学报》,2004 年第 3 期。

柴毅龙:"生态文化与文化生态",《昆明师范高等专科学校学报》,2003 年 6 月。

韩振丽:"文化生态的哲学探析",新疆大学硕士论文 2008 年。

高建明:"论生态文化与文化生态",《系统辩证学学报》,2005 年 7 月。

魏美仙:"文化生态:民族文化传承研究的一个视角",《学术探索》2002 年 7 月。

吴春明:"'岛夷卉服'、'织绩木皮'的民族考古新证",《厦门大学学报》2010 年第 1 期。

龙湘平、陈丽霞："苗族刺绣发展史探究",《装饰》2004 年第 8 期。

伍福新："苗族迁徙的史迹探索",《民族论坛》,1989 年第 2 期。

徐杰舜、罗树杰："广西多民族格局发展轨迹述论",《广西民族研究》1997 年第 4 期。

路律良:"桂北黔南苗傜各部族的经济生活",《旅行杂志》,1944 年 5 月,第 18 卷,第 5 期。

魏党钟:"广西的民族——苗傜僮倮",《新亚西亚》,1931 年 6 月,第 2 卷,第 3 期。

费孝通:"中华民族的多元一体格局",《北京大学学报》,1989 年第 4 期。

王建民:"民族认同浅议",《中央民族学院学报》,1991 年第 2 期。

吴必虎、李咪咪、黄国平:"中国世界遗产地与旅游需求关系",《地理研究》2002 年,第 21 卷,第 5 期。

风声:"别让'技艺'成为'记忆'——'中国非物质文化遗产传统技艺大展系列活动'在京举办",《美术观察》,2009 年第 3 期。

青峥:"国外保护非物质文化遗产的现状",《观察与思考》,2007 年 7 月。

附件

附件一：期刊论文

类型	数目	发表时间	作者	题目	发表刊物
服饰类	1	1994年12月	罗义群	论苗族服饰的开发	黔东南民族师专学报（哲社版）
	2	1994年第4期	王瑞莲	浅谈苗族服饰的演变与款式花纹	民族论坛
	3	1994年第2期	杨鹓	中国苗族三大方言区的服饰形态	中南民族学院学报（哲学社会科学版）
	4	1994年第1期	杨鹓	谈中国三大方言苗族服饰的异同	民族艺术研究
	5	1996年第2期	杨鹓	诞生·成年·死亡:苗族服饰与人生礼仪	民族艺术
	6	1995年第5期	刘鸣洲	瑰丽的串珠——湘西凤凰苗族服饰及其工艺	装饰
	7	1997年第2期	索晓霞	苗族传统社会中妇女服饰的社会文化功能	贵州社会科学
	8	1999年第5期	奖杉	台江县苗族服饰及银饰工艺	贵州文史丛刊
	9	1996年第1期	[日本]江川静英	从沈从义作品看苗族服饰	吉首大学学报（社会科学版）
	10	2004年7月	田鲁	苗族服饰艺术中的氏族象征符号	装饰
	11	1997年第2期	索晓霞	苗族传统社会中妇女服饰的社会文化功能	贵州社会科学
	12	2000年第5期	侯健	苗族服饰的审美价值及其文化内涵	民族艺术研究
	13	2000年第1期	孙玲	毕节灵峰寺苗族服饰成因初探	毕节师范高等专科学校学报
	14	2000年第2期	席克定	试论苗族妇女服装的类型、演变和时代	贵州民族研究
	15	2001年第3期	席克定	再论苗族妇女服装的类型、演变和时代	贵州民族研究
	16	2002年第2期	杨建红	黔东南地区"苗族服饰"现状	浙江工艺美术
	17	2002年第6期	覃军	苗族服饰美术习得与民族认同——融水县高武寨民族研究个案分析	湖北民族学院学报（哲学社会科学版）
	18	2003年第3期	鲁一妹	从苗族服饰看苗人情结	装饰
	19	2003年第1期	席克定	试论苗族妇女服装在苗族婚姻中的作用和意义	贵州民族研究
	20	2005年第3期	刘芳	从苗族服饰看历史——苗族服饰与神话、图腾崇拜	美与时代

	21	2005年9月	郭　锐	民族服饰的演变——谈苗族服饰缘起与演变	武汉科技学院学报
	22	2005年3月	吕　钊 邓咏梅 王立腾	文山苗族服饰及其传承发展研究	西安工程科技学院学报
	23	2005年第12期	谢立俭	油画肖像画中的苗族传统服饰	文艺研究
	24	2005年第3期	杨正文	黔东南苗族传统服饰及工艺市场化状况调查	贵州民族研究
	25	2006年第1期	龙晓飞 石群勇	苗族服饰的生态审美透视	经纪人学报
	26	2006年6月	龙湘平	苗族服饰的民族主义精神	艺术与设计
	27	2006年第6期	成　皓	三大方言区苗族服饰特点及其成因分析	当代经理人（中旬刊）
	28	2007 年4 月	李甫春	服饰:德峨苗族的族群符号	百色学院学报
	29	2007年第2期	杨洪文	生命本能的色彩体现——黔西北苗族服饰文化解读	毕节学院学报
	30	2007年12月	丁　天	浅谈苗族盛装的文化及其保护与开发	南通职业大学学报
	31	2007年 7月	王曼利	民族如何记忆——从苗族服饰与古歌看民族历史的传承	重庆文理学院学报 （社会科学版）
服饰类	32	2007年第5期	刘邦一	试析黔东南苗族服饰的文化特征	
	33	2008年第2 期	何　武	苗族服装的"规则性"及其情感寄托	贵州民族研究
	34	2008年第9期	蔡阳勇	湘西腊尔山寨苗族服饰艺术探析	美术大观
	35	2006年第1期	黄玫菊	论苗族服饰的渊源及其形式美	贵州民族学院学报（哲学社会科学版）
	36	2008年第3期	庄立锋	不同地区苗族服饰的形制与特征	辽宁丝绸
	37	2008年第3期	姜日韦	贵州苗族女性服饰的审美内涵	贵州师范大学学报（社会科学版）
	38	2008年1月	李　禧	湘西苗服与苗风初探	东南大学学报（哲学社会科学版）
	39	2000年第2期	席克定	试论苗族妇女服装的类型、演变和时代	贵州民族研究
	40	2001年第2期	封孝伦	凝重美:对苗族服饰的美学猜想	贵州师范大学学报（社会科学版）
	41	2006年 11期	陈丽霞	苗族服饰的美学价值	装饰
	42	2008年第6期	谭　华	解读西南苗族服饰的审美意境	新西部
	43	2006年第2期	丁文涛	苗族鸡毛服饰与祖灵崇拜	贵州大学学报(艺术版)

	1	1994年第2期	罗有亮 张秀英	云南苗族女服图案的源流及艺术价值	民族艺术研究
	2	1994年第2期	杨鹖	苗族服饰鱼纹诠释	民族艺术
	3	1994年第4期	王瑞莲	浅谈苗族服饰的演变与款式花纹	民族论坛
	4	1997年第2期	陈啸	试析苗族的龙崇拜及其造型艺术的擅变	贵州民族研究
	5	1999年第2期	张萍	试论苗族服饰花纹图案的文化内涵	贵州民族学院学报（社会科学版）
	6	2001年9月	刘锋	苗族服饰交鱼纹图案象征意义剖析	吉首大学学报（社会科学版）
	7	2001年9月	邱红	苗族服饰纹样的抽象造型及其文化意蕴	湖北工学院学报
	8	2003年第9期	丁朝北 丁文涛	丹寨苗族衣袖上的"窝妥"纹	装饰
	9	2003年第6期	宋科新	苗族服饰图案艺术及其文化蕴涵	四川纺织科技
	10	2004年第3期	周继烈	苗族服饰图纹的美学特点及价值	贵州民族研究
纹样类	11	2006年5月	赵玉燕 吴曙光	象征生命的原始符号——苗族童帽图案的诠释	中南民族大学学报（人文社会科学版）
	12	2006年第1期	刘琦	丹寨苗族的"窝妥"纹	饰
	13	2006年8月	陈明春	论苗装图式的美学内涵	黔东南民族师范高等专科学校学报
	14	2006年第26期	崔岩	民族艺术的奇葩——苗族织绣图案（二）苗族织绣图案色彩与造型	纺织服装周刊
	15	2006年第27期	崔岩	民族艺术的奇葩——苗族织绣图案（下）苗族织绣图案的肌理与工艺	纺织服装周刊
	16	2006年第25期	崔岩	民族艺术的奇葩——苗族织绣图案（一）苗族织绣图案的语言表达	纺织服装周刊
	17	2006年2月	崔岩	动物纹样在黔东南苗族服饰中的符号学意义	装饰
	18	2006年第1期	曹佳骊	现代文明对黔东南苗绣图案的冲击	装饰
	19	2006年第2期	马立明	苗龙文化现象浅析	美术
	20	2007年6月	曹海艳 况成泉	贵州西江地区苗绣龙造型纹样特征初探	社会科学家
	21	2007年第4期	李谨伕 杨维平	论苗族剪纸图案的拙朴美	艺术探索
	22	2009年第5期	陈海燕 辛艺华	苗族刺绣纹样之图形语言分析	艺术与设计（理论）

刺绣类	1	1995年第6期	蒙甘露	苗族刺绣艺术的意蕴	中央民族大学学报
	2	1995年1月	张泰明	苗族刺绣的历史踪迹	贵州民族研究（季刊）
	3	1996年第1期	薛定衡	苗绣初探	民族艺术研究
	4	1998年第3期	陈默溪	贵州苗族戳纱绣探胜	贵州民族研究（季刊）
	5	2000年第4期	吴秋林	高坡苗族背牌文化研究	贵州大学学报艺术版
	6	2002年10月	田　鲁	民族艺苑中的一朵奇葩——湘西苗族刺绣艺术赏析	黔东南民族师范高等专科学校学报
	7	2003年第4期	丁荣泉 龙湘平	苗族刺绣发展源流及其造型艺术特征	中南民族大学学报
	8	2002年第2期	杨建红	苗族刺绣技法介绍	浙江工艺美术
	9	2003年第2期	杨建红	苗族刺绣传统工艺的保护和发展	浙江工艺美术
	10	2003年第1期	龙湘平	苗族刺绣的造型特征	装饰
	11	2003年第4期	潘　梅	贵州黄平苗族的刺绣图案	贵州民族学院学报（哲学社会科学版）
	12	2003年第9期	阿　么	苗绣简析	装饰
	13	2004年4月	吴安丽	论现代装饰绘画的色彩搭配——兼谈苗族刺绣用色	黔东南民族师范高等专科学校学
	14	2004年第8期	龙湘平 陈丽霞	苗族刺绣发展史探究	装饰
	15	2004年第2期	田　鲁	苗族刺绣中的象征符号	南京艺术学院学报（美术与设计版）
	16	2005年第2期	田　鲁	苗族刺绣中的象征符号	设计艺术（山东工艺美术学院学报）
	17	2005年12月	田　鲁	苗族服饰刺绣中的故土及迁徙图案纹样	装饰
	18	2004年第4期	翁长庆	谈谈苗族刺绣	丝绸
	19	2006年第3期	吴　平 杨　竑	贵州苗族刺绣文化内涵及技艺初探	贵州民族学院学报（哲学社会科学版）
	20	2006年第4期	郭慧莲	浅议贵州苗族刺绣工艺的现状和保护措施	贵州民族研究
	21	2006年第3期	龙叶先	苗族刺绣文化的现代传承分析	贵阳学院学报（社会科学版）
	22	2007年12期	陈艺方 龙　英	贵州苗族刺绣艺术的装饰意味——兼谈贵州苗族刺绣的文化意蕴	美术

	23	2007年第4期	刘竟艳 李　纶	苗族刺绣在现代纤维艺术中的可运用性初探	美术之友
刺绣类	24	2008年第5期	罗　林	试论苗族刺绣的传承保护	贵州民族研究
	25	2008年第5期	戚　序 罗　丹	自由与和谐——析苗绣中的超时空造型	美术大观
	26	2008年第4期	罗　林 吴培秀	论苗族刺绣及传承	贵州民族学院学报（哲学社会科学版）
	27	2008年第5期	夏晓春	黔东南苗绣艺术非理性符号象征	民族艺术研究
	28	2005年4月	张建春	论苗族刺绣旅游产品的开发	黔东南民族师范高等专科学校学报
	29	2008年第11期	石鑫进	苗绣纹样初探	中国纺织
	30	2008年第1期	龙叶先	论苗族刺绣传承的文化意义——心理人类学的分析视角	贵阳学院学报（社会科学版）
蜡染类	1	1996年第2期	蒙甘露	苗族蜡染造型刍议	贵州民族学院学报（社会科学版）
	2	1999年第3期	高　昌 林开耀	海南苗族蜡染工艺特点	装饰
	3	2004年第2期	尚红燕	蜡染艺术的文化内涵	装饰
	4	1998年第4期	王天锐	试论蜡染艺术的稻作文化内涵	贵州民族研究
	5	2003年第4期	丁朝北	苗族蜡染祭幡纹样试解	贵州大学学报（艺术版）
	6	2007年第2期	熊丽芬	苗族传统蜡染工艺的山地色彩	民族艺术研究
	7	1999年第9期	青林海	苗族与蜡染	科技潮
	8	2002年第3期	韩红星	解读贵州蜡染服饰图腾及其传说	贵州师范大学学报（社会科学版）
	9	2000年第6期	青林海	苗族与蜡染工艺探源	贵州文史天地
	10	2008 年第9期	彭　咏	黔东南苗族传统蜡染的巫术意味与哲学隐喻	作家杂志
	11	2008年第4期	王绿竹	贵州蜡染艺术浅论	贵州大学学报（艺术版）
	12	2001年第4期	者娅芳	苗族纺织及蜡染	民族艺术研究
	13	2008 年第3期	张锦华	浅论苗族民间蜡染与现代绘画创作结合	作家杂志
	14	2007年8月	潘　梅	世俗与神界之间的媒介——苗族传统蜡染的巫术意味	贵州社会科学
	15	2005年第12期	陈　杰 宋崇立	湘西苗族传统蜡染的现状与保护	民族论坛

	16	2001年第4期	胡　进	"点蜡幔"、"顺水斑"质疑	贵州民族研究
	17	2009年第8期	罗文帝	浅谈贵州民间蜡染艺术	大众文艺（理论）
	18	2009年第3期	杜　扬	从黑白殿堂走向多彩的艺术世界——贵州蜡染书法之文化艺术审美	时代文学（下半月）
	19	2008年第3期	杨晓辉	贵州民间蜡染概述	贵州大学学报（艺术版）
	20	2007年第6期	张果果 李锦宏	平坝县桃花村原生态蜡染可持续发展的研究	中共贵州省委党校学报
	21	2003年第4期	周世英	贵州蜡染回眸及未来发展的思考	贵州大学学报（艺术版）
文化类	1	2000年第4期	张　晓	妇女小群体与服饰文化传承——以贵州西江苗族为例	艺术人类学
	2	2000年第1期	梁钰珠	苗族服饰文化考略	民族艺术研究
	3	2001年第2期	李汉林	论黔东方言区苗族服饰文化与其生境关系研究	贵州民族学院学报（哲学社会科学版）
	4	2003年第9期	潘珍琳	多姿多彩的苗族服饰	装饰
	5	2005年10月	夏晓春	苗族服饰文化的探讨	武汉科技学院学报
	6	2006年2月	黎　焰 杨　源	近现代贵州苗族服饰文化的变迁	湛江师范学院学报
	7	2006年12月	梁自玉	近代以来凤凰苗族服饰文化变迁	内蒙古大学艺术学院学报
	8	2006年第3期	周颖虹 康忠慧	苗族传统生态文化初探	贵州文史丛刊
	9	2007年第1期	龙叶先	论苗族服饰文化的活态保护	黔南民族师范学院学报
	10	2008年第3期	谭　华	贵州苗族服饰文化内涵的诠释	贵州大学学报（艺术版）
	11	2005年12期	龙晓飞	苗族服饰文化探析	民族论坛
	12	2007年第5期	刘邦一	试析黔东南苗族服饰的文化特征	贵州民族研究
	13	2007年3月	龙湘平	苗族服饰文化内涵研究	吉首大学学报（社会科学版）
	14	2006年第3期	龙叶先	苗族刺绣文化的现代传承分析	贵阳学院学报（社会科学版）
头饰类	1	2002年第4期	李黔滨	苗族头饰概说——兼析苗族头饰成因	贵州民族研究
银饰类	1	1998年第3期	王维其	苗族与银饰	贵州民族研究（季刊）
	2	1994年第4期	李黔波 孙　力	中国苗族银饰纵横谈	贵州文史丛刊

银饰类	3	1995年第1期	杨宛鸟	苗族银饰的文化人类学意义	中南民族学院学报（哲学社会科学版）
	4	1997年第1期	梁太鹤	苗族银饰的文化特征及其他	贵州民族研究（季刊）
	5	2001年第2期	唐绪祥	贵州施洞苗族银饰考察	装饰
	6	2005年第5期	王荣菊 王克松	苗族银饰源流考	黔南民族师范学院学报
	7	2005年第2期	杨晓辉	贵州台江、雷山苗族银饰调查	贵州大学学报（艺术版）
	8	2005年第4期	赵祎	试析贵州施洞地区苗族银饰文化兴盛的原因	饰
	9	2006年07月	谷锦霞 陶辉	苗族银饰及其美学价值	武汉科技学院学报
	10	2007年第4期	张威媛	苗族银饰的象征	艺术教育
	11	2007年第4期	龙杰	苗族银饰的内涵与开发初探	民族论坛
	12	2003年第9期	杨文斌	熠熠闪烁的苗族银饰	装饰
	13	2007年12月	尹浩英	苗族银饰制作工艺初探	广西民族大学学报（哲学社会科学版）
	14	2008年第10期	刘玲玲 黄贵明	苗族银饰创意产业园的初步构建	科教文汇（中旬刊）
	15	2008年第3期	林毅红	贵州苗族饰品的"银色情结"	贵州大学学报（艺术版）
	16	2008年第3期	潘梅	古老文化与现代审美的结合苗族银饰艺术	上海工艺美术
	17	2008年7月	柳小成	论贵州苗族银饰的价值	中南民族大学学报人文社会科学版
	18	2008年第2期	石群勇	凤凰山江苗族银饰探析	中央民族大学学报（哲学社会科学版）
应用类	1	2004年9月	贵阳金筑大学艺术设计教研室科研课题组	黔东南苗族服饰时尚化创意实践	贵阳金筑大学学报
	2	2004年第2期	芶菊兰 陈立生	贵州西江苗族服饰的发展和时尚化研究	贵州民族研究
	3	2008年第8期	吴安丽	苗族服饰艺术对国画教学的启示	大众文艺（理论）
纺织	1	2008年第3期	王丽华 张柏春	滇东北地区苗族纺织机具的调查	中国科技史杂志
染色	1	2003年第3期	万昌胜	古朴的苗族靛染	华夏文化

附件二：博硕论文

数目	学位年度	作者	题目	授予单位	学科名称	学位级别	论文类型
1	2003	赵一凡	苗族服饰图腾图案研究	天津工业大学	服装设计与工程	硕士	图案
2	2005	申卉芪	论苗族传统服饰图案的现代应用	中央民族大学	中国少数民族艺术	博士	图案
3	2005	龙叶先	苗族刺绣工艺传承的教育人类学研究	中央民族大学	教育学原理	硕士	刺绣
4	2006	李丹	云南苗族服饰图案艺术研究	昆明理工大学	设计艺术学	硕士	图案
5	2006	屠佳	女性文化的性别特征探析——以苗族女性服饰系统为个案	浙江师范大学	社会学	硕士	服饰
6	2007	朱英华	蜡染工艺的现代教学手段探索	山东师范大学	学科教学	硕士	蜡染
7	2007	黄玉冰	浅析黔东南雷山县西江镇苗族刺绣的艺术性	苏州大学	设计艺术学	硕士	刺绣
8	2007	朱晓萌	从苗族银饰的构成艺术探究其内在价值	天津工业大学	设计艺术学	硕士	银饰
9	2007	梁恒	湘黔苗绣装饰图案元素研究	湖南大学	设计艺术学	硕士	图案
10	2007	何小妹	广西隆林苗族蜡染制作工艺考察	广西民族大学	科学技术史	硕士	蜡染
11	2008	刘竟艳	苗族刺绣在现代纤维艺术中的运用研究	昆明理工大学	设计艺术学	硕士	刺绣

附件三：专家专访表格

专　家			时间	年　月　日　时	地点	
专家档案	出生年月： 毕业学校： 电话： 籍贯： 民族： 工作： 成就：					
	访谈问题	回答内容概要				
共同性问题	1．苗族服饰在众多民族中属于非常灿烂的服饰，您觉得他们未来会怎样？					
	2．您觉得"非遗"保护苗族服饰，保护什么最紧迫？					
	3．苗族服饰款型、搭配在历史上有明显的支系区别，而如今，在湘西、广西都出现有把贵州（黔东南）苗族银饰穿戴在他们身上的现象，您能解释一下这种变化吗？					
差异性问题	你们服饰博物馆在民族传统服饰的传承上做了哪些事情？					

附件四

杆洞苗族服饰调查问卷问题

1.受访者：_____性别：□男　　□女　　年龄：_____岁

2.籍贯：_____A杆洞屯　B非杆洞屯

3.婚姻：_____A已婚　B未婚　家庭成员：_____人

4.职业：_____A农民　B工人　C个体　D干部　E教师　F其他

5.文化程度：_____A文盲　B小学　C初中　D高中　E中专
F大专　G本科

6.家庭经济来源：_____A农业收入　B个体经营　C打工　D工资
收入　E政府救助　F其他

7.家庭总收入大约为_____元

8. 你有没有苗装？_____A有　B没有

9.您喜欢本民族服饰吗？_____A喜欢　B不喜欢　C无所谓

10．民族服饰与流行服饰你更喜欢那一种？
A民族服饰　B流行服饰

11.您平时穿本民族服饰吗？_____A经常穿　B很少穿
C不穿　　D上级要求时穿

12.别人对您穿民族服饰的态度？_____A好奇　B赞赏　C无所谓
D老土，看不惯

13. 你的休闲方式_____A看电视　B闲聊　C打牌　D刺绣　E其他

14. 你是否打过工_____A是　B否

15. 你掌握几种刺绣的技法_____A会　B不太会　C两种
D三种　E四种　F五种　G六种　H七种
I八种　J八种以上熟练程度　HS很熟练　S较熟练　M不会

16.您开始学习挑花刺绣是_____岁，向_____学习，做亮布是什
么时候开始学的_____？织锦呢_____？

17.您想学挑花刺绣吗_____A想　B不太想　C不想　D无所谓

18.您认为有本事的女人是_____A会当家　B会刺绣
C有文化知识　D有钱

19.您认为女孩子一定要学刺绣吗_____A是　B否　C无所谓

20.您为什么要花那么多心思为衣服刺绣_____A好看　B耐用
C送人　D不为什么

21.您知道服饰图案纹样的涵义吗？_____A知道　B知道一点
C不知道

22.图案多取材于：_____A花草等植物　B虫鱼鸟等动物
C日常生活用品　D宗教信仰　E其他（请注明）

23. 图案是否受到其他民族的特点：_____A是　B否，体现在：
_____A色彩　B纹样　C布局

24.您刺绣（织锦）的花线是＿＿＿A外买　B自纺的　C半织半买

25.您喜欢用什么线刺绣＿＿＿A麻线　B丝线　C棉线　D腈纶线
用什么线织锦＿＿＿A麻线　B丝线　C棉线　D腈纶线

26.刺绣使用的花线颜色：＿＿＿A白色　B红色　C橙色　D黄色
E绿色　F蓝色　G黑色　H其他（请注明）
织锦使用的花线颜色：＿＿＿A白色　B红色　C橙色　D黄
色　E绿色　F蓝色　G黑色　H其他（请注明）

27.您会染制花线吗＿＿＿A会　B会一点　C不会
染料是＿＿＿A采野生植物　B种植染料　C买化学染料

28.您制作服饰的面料是＿＿＿A外买　B自织的　C半织半买

29.您还种植棉花吗＿＿＿A种植　B不太种　C不种植，从＿＿＿
开始不种植

30.您会蓝靛染布吗＿＿＿A会　B不太会　C不会

31.蓝靛染布要多少时间？＿＿＿A一个月　B两个月　C三个月

32.制作一件传统服饰需要：＿＿＿A三个月　B半年　C一年
D一年半　E两年　F更多时间（请注明）

33.您认为传统民族服装是否还需要穿：＿＿＿A是　B否　C无所谓

34.你不穿传统民族服装的原因：＿＿＿A制作费时　B沉重闷
热、难洗　C活动不方便　D不好看

35.您认为传统服饰制作工艺应该：＿＿＿A传承发展下去
B太落后，抛弃　C无所谓

36.您刺绣的构图是否曾经变动＿＿＿A是　B否
织锦的构图是否曾经变动＿＿＿A是　B否
制作亮布工艺是否改变过＿＿＿A是　B否

攻读博士期间发表论文

1. 2007年论文《服装艺术设计学科属性的思辨》发表在《美苑》第3期。

2. 2010年论文《试论广西融水苗族服饰的文化生态的失衡与保护》发表在《民族论坛》第八期。

3. 2010年论文《解构：是对不可能的肯定——浅谈服装设计中的"解构"》发表在《美术大观》第7期。

4. 2010年论文《"破"而后立?——文化生态理论之于民族服饰文化的典型案例分析》发表在《广西民族大学学报》（哲学社会科学版）6月增刊。

谢词

　　非常感谢中国美术学院给我机会攻读博士学位，在这短暂而漫长的五年里，在导师们的精心培养下，我不断地调整自己，融入到中国美术学院的学术研究的体系当中去。论文从选题、开题到写作完成，在吴海燕教授、宋建明教授和郑巨欣教授的指导下，一步步规范而严谨地走向正轨，从理论到实践，再从实践到理论，不断地论证我的命题。在这导师群里，吴老师一直灌输学术研究的系统化和前瞻性思考，宋老师强调课题实践的重要性，郑老师则强化史学研究的规范和方法，三位导师对我思维的启发和拓展，使我对自己的命题反复思辨和完善，在此对我的导师们表达无尽的谢意！

　　感谢北京服装学院民族服饰博物馆馆长徐雯、中央民族大学民族服饰研究所所长齐春英、中国社会科学院苗族文学研究方向研究员吴晓东、清华大学美术学院金属工艺系系主任唐绪祥、浙江大学人文学院王晓潮教授、广西民族大学教授玉石阶、广西美术出版社编审于亚万为我的研究提出建议与思考。

　　融水县是全国的扶贫县，杆洞乡是贫困中的贫困乡，但这片土壤上生长的人们以其真实而真挚的感情感染了我及我的团队，这让我更加坚信自己的选题，或许通过我的研究，能给他们带来些什么。在此，对融水县文化馆馆长邓江平、融水县博物馆馆长石磊、融水县文化体育局副局长吴隐飞对我学术研究的支持，感谢杆洞村村委全体领导，杆洞村杨书记一家，杆洞屯全体村民，杆洞村中心小学全体老师学生，拱洞乡培基村，高舞村，香粉乡雨卜村、安陲乡乌吉村、四荣乡归报屯等等，在这里写不完姓名的人们，对我调研的配合与支持。同时感谢我的先生一次次地陪我下乡调研，感谢我在广西艺术学院的研究生和本科生团队，作为我的助手，与我一起进行了大量的图片资料收集和数码摄像机（DV）拍摄。感谢我的家人为我免去了后顾之忧，感谢广西艺术学院对我求学的大力支持，让我全身心地投入我的研究。

学位论文对我来说仅仅只是在博士阶段我对我所关注的问题的有限思考，里面肯定存在着很多不足，有待进一步思考和研究。为此，我热切地希望得到各位师友的批评和指正，以便我的学术研究更上一层。

博士生导师
吴海燕

　　吴海燕，女，1958年4月生于杭州。中国美术学院教授、博士生导师。浙江省高校中青年学科带头人。现任中国美术学院设计艺术学院院长。主要专业研究领域：服装设计、染织设计、流行趋势研究。

图书在版编目（ＣＩＰ）数据

广西融水苗族服饰的文化生态研究 / 尹红著. — 杭
州：中国美术学院出版社，2012.9
　（南山博文）
　ISBN 978-7-5503-0340-9

　Ⅰ．①广… Ⅱ．①尹… Ⅲ．①苗族－民族服饰－文化
生态学－研究－融水苗族自治县 Ⅳ．①TS941.742.816

中国版本图书馆CIP数据核字(2012)第210099号

广西融水苗族服饰的文化生态研究

尹　红　著

出　品　人　曹增节
出版发行　中国美术学院出版社
地　　址　中国·杭州南山路218号 / 邮政编码：310002
http://www.caapress.com
经　　销　全国新华书店
制　　版　杭州海洋电脑制版印刷有限公司
印　　刷　浙江省邮电印刷股份有限公司
版　　次　2012年10月第1版
印　　次　2012年10月第1次印刷
印　　张　17
开　　本　787mm×1092mm　1/16
字　　数　160千
图　　数　180幅
印　　数　0001-1000
ISBN 978-7-5503-0340-9
定　　价　42.00元